全国环境影响评价工程师职业资格考试系列参考资料

环境影响评价技术方法

基础过关 800 题

（2023 年版）

刘　亮　主编

中国环境出版集团 · 北京

图书在版编目（CIP）数据

环境影响评价技术方法基础过关800题：2023年版／刘亮主编．—16版．—北京：中国环境出版集团，2023.3
全国环境影响评价工程师职业资格考试系列参考资料
ISBN 978-7-5111-5453-8

Ⅰ．①环… Ⅱ．①刘… Ⅲ．①环境影响—评价—资格考试—习题集 Ⅳ．① X820.3-44

中国国家版本馆CIP数据核字（2023）第037192号

出 版 人 武德凯
责任编辑 黄晓燕
封面制作 宋 瑞

出版发行 中国环境出版集团
（100062 北京市东城区广渠门内大街16号）
网 址：http://www.cesp.com.cn
电子邮箱：bjgl@cesp.com.cn
联系电话：010-67112765（编辑管理部）
010-67112735（第一分社）
发行热线：010-67125803，010-67113405（传真）
印 刷 北京中科印刷有限公司
经 销 各地新华书店
版 次 2007年1月第1版 2023年3月第16版
印 次 2023年3月第1次印刷
开 本 787×960 1/16
印 张 16.5
字 数 270千字
定 价 47.00元

本书编委会

主　　编　刘　亮

副 主 编　王　杰　程晓庆

参编人员　杨怡婷　刁雨薇　李嘉晨　雷　芬

　　　　　张智锋　李　巍　郝　璟　王晓云

　　　　　贾　佳　马　源

前　言

环境影响评价是我国环境管理制度之一，是从源头上预防环境污染的主要手段。环境影响评价工程师职业资格考试制度是提高环境影响评价水平的一种有效举措，自2005年实施以来，对于整体提高我国环境影响评价从业人员的专业素质起到了很大的推进作用。考试科目设环境影响评价相关法律法规、环境影响评价技术导则与标准、环境影响评价技术方法、环境影响评价案例分析共四科，其中前三个科目的考试全部采用客观题，包括单项选择题和不定项选择题。

为帮助广大考生省时高效地复习应考，我们在总结多年来考试试题的基础上，以最新的法律、法规、技术导则、标准和方法为依据，严格按照本年度考试大纲要求，精心编写了本书。本书的全部试题完全按照历年考试试题的形式和考试要求编写，题目涵盖了大纲所有的考点，知识点突出、覆盖面广、仿真性强，部分练习在答案中附有详细解析，方便考生使用。

本书的编写原则是强调实战，急考生之所急，有的放矢，在短时间内帮助考生快速提高应考能力。因为在复习过程中，做练习是检验复习效果的有效方法，也是提高考试成绩的理想途径。

本书可作为环境影响评价工程师考试的辅导材料，并可供高等院校环境科学、环境工程等相关专业教学时参考。

本书在编写的过程中得到了中圣环境科技发展有限公司领导和同事给予的协助和大力支持，在此表示衷心的感谢。同时感谢中国环境出版集团黄晓燕编辑及其同事为本书付出的劳动。本书在编写过程中还参阅了部分国内相关文献和书籍，在此对这些文献和书籍的作者一并表示感谢。

尽管我们为本书的编写付出了大量的精力，但由于编者水平有限，本书的内容仍然可能存在疏漏，不足之处在所难免，敬请同行和读者批评指正。编者联系方式：zhifzhang@qq.com。

编　者

2023年3月

目 录

第一章 工程分析

一、单项选择题（每题的备选选项中，只有一个最符合题意）

1. 分析污染型生产工艺过程中水污染物产生量时，应绘制物料平衡图、水平衡图以及（ ）。

A. 废水处理工艺流程图　　B. 项目总平面图

C. 水环境功能区划图　　D. 生产工艺流程图

2. 下列不属于污染型项目工程分析基本内容的是（ ）。

A. 总图布置方案分析　　B. 环保措施方案分析

C. 工艺流程分析　　D. 替代方案分析

3. 方法较为简便，但所得数据的准确性很难保证，所以只能在评价工作等级较低的建设项目工程分析中使用的是（ ）。

A. 类比法　　B. 物料衡算法

C. 资料复用法　　D. 查阅参考资料分析法

4. 下列不属于工程概况内容的是（ ）。

A. 物料与能源消耗定额　　B. 清洁生产水平

C. 项目组成　　D. 人员数量与工作时间

5. 下列不属于建设项目选址要考虑的内容的是（ ）。

A. 是否与规划相协调　　B. 是否影响敏感的环境保护目标

C. 是否违反法规要求　　D. 是否与当地的经济发展协调

6. 新建项目污染物最终排放量是指（ ）。

A. 工程自身的污染物设计排放量

B. 按治理规划和评价规定措施实施后能够实现的污染物削减量

C. 工程自身的污染物设计排放量减去按治理规划和评价规定措施实施后能够实现的污染物削减量

D. 新建项目达到国家排放标准后的污染物排放量

7. 某企业年工作时间 7 200 h，在生产工程中 HCl 废气产生速率为 0.8 kg/h，废气收集系统可将 90%的废气收集至洗涤塔处理，处理效率为 85%，处理后废气通过 30 m 高排气筒排放，则该企业 HCl 的无组织排放量约为（ ）t/a。

A．0.58　　B．0.78　　C．0.86　　D．1.35

8．煤气化单元收到基煤用量 1 104.1 t/a，煤质分析数据显示收到基水分 24%、空干基水分 14%、硫含量 0.61%，进入气相中的硫年排放量为（　　）kg/a。

A．901　　B．1 901　　C．4 761.5　　D．5 951.9

9．某锅炉燃煤量 100 t/h，煤含硫量 1%，硫进入灰渣中的比例为 20%，烟气脱硫设施的效率为 80%，则排入大气中的 SO_2 量为（　　）t/h。

A．0.08　　B．0.16　　C．0.32　　D．0.40

10．某印染厂上报的统计资料显示新鲜工业用水 0.8 万 t，但其水费单显示新鲜工业用水 1 万 t，无监测排水流量，排污系数取 0.7，其工业废水排放（　　）万 t。

A．1.26　　B．0.56　　C．0.75　　D．0.7

▲（11、12 题根据以下内容回答）A 企业年新鲜工业用水 0.9 万 t，无监测排水流量，排污系数取 0.7，废水处理设施进口 COD 质量浓度为 500 mg/L，排放口 COD 质量浓度为 100 mg/L。

11．A 企业去除 COD（　　）kg。

A．25 200 000　　B．2 520　　C．2 520 000　　D．25 200

12．A 企业排放 COD（　　）kg。

A．6 300　　B．630 000　　C．630　　D．900

13．某企业年烧柴油 200 t，重油 300 t，柴油燃烧排放系数 1.2 万 m^3/t，重油燃烧排放系数 1.5 万 m^3/t，废气年排放量为（　　）万 m^3。

A．690　　B．6 900　　C．660　　D．6 600

14．工程分析时，现有工程污染源源强的核算应优先采用（　　）。

A．产污系数法　　B．排污系数法　　C．类比法　　D．实测法

15．用排污系数法进行工程分析时，此法属于（　　）。

A．物料衡算法　　B．类比法　　C．数学模式法　D．资料复用法

16．物料衡算法能进行工程分析的原理是依据（　　）。

A．自然要素循环定律　　B．市场经济规律

C．质量守恒定律　　D．能量守恒定律

17．采用实测法进行源强核算时，应同步记录监测期间生产装置的（　　）。

A．运行工况参数　　B．物料投加量

C．产品产量　　D．燃料消耗量

18．下图为某厂 A、B、C 三个车间的物料关系，下列物料衡量系统表达正确的是（　　）。

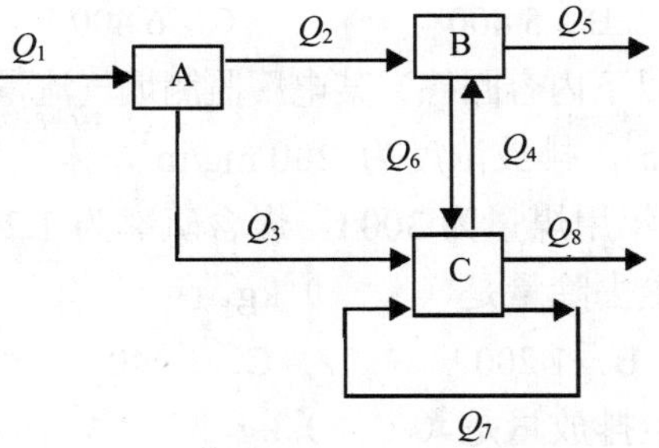

A．$Q_1=Q_5+Q_8$　　B．$Q_3+Q_4=Q_6+Q_8$

C．$Q_2+Q_3=Q_5+Q_7$　　D．$Q_2+Q_3+Q_4=Q_5+Q_6+Q_8$

19．某除尘系统（一个含尘气体进口，一个净化气体出口和一个收集粉尘口），已知每小时进入除尘系统的烟气量 Q_0 为 12 000 m^3，含尘浓度 C_0 为 2 200 mg/m^3，每小时收集的粉尘量 G_2 为 22 kg，若不考虑除尘系统漏气影响，净化后的废气含尘浓度为（　　）mg/m^3。

A．46.68　　B．366.67　　C．36.67　　D．466.8

20．某电镀企业每年用铬酸酐（CrO_3）4 t，其中约 15%的铬沉淀在镀件上，约有 25%的铬以铬酸雾的形式排入大气，约有 50%的铬从废水中流失，其余的损耗在镀槽上，则全年随废水排放的六价铬是（　　）t。（已知：Cr 元素原子量为 52）

A．2　　B．1.04　　C．2.08　　D．无法计算

21．某电镀企业使用 $ZnCl_2$ 做原料，已知年耗 $ZnCl_2$ 100 t（折纯）；98.0%的锌进入电镀产品，1.90%的锌进入固体废物，剩余的锌全部进入废水中；废水排放量为 15 000 m^3/a，废水中总锌的质量浓度为（　　）mg/L。（Zn 原子量：65.4，Cl 原子量：35.5）

A．0.8　　B．1.6　　C．3.2　　D．4.8

22．某化工企业年产 400 t 柠檬黄，另外每年从废水中可回收 4 t 产品，产品的化学成分和所占比例为：铬酸铅（$PbCrO_4$）占 54.5%，硫酸铅（$PbSO_4$）占 37.5%，氢氧化铝［$Al(OH)_3$］占 8%。排放的主要污染物有六价铬及其化合物、铅及其化合物、氮氧化物。已知单位产品消耗的原料量为：铅（Pb）621 kg/t，重铬酸钠（$Na_2Cr_2O_7$）260 kg/t，硝酸（HNO_3）440 kg/t。则该厂全年六价铬的排放量为（　　）t。（已知各元素的原子量：Cr 为 52，Pb 为 207，Na 为 23，O 为 16）

A．0.351　　B．6.2　　C．5.85　　D．无法计算

23．某企业年投入物料中的某污染物总量 9 000 t，进入回收产品中的某污染物总量为 2 000 t，经净化处理掉的某污染物总量为 500 t，生产过程中被分解、转化的某污染物总量为 100 t，某污染物的排放量为 5 000 t，则进入产品中的某污染物总量为（　　）t。

A．14 000　B．5 400　C．6 400　D．1 400

▲（24～26 题根据以下内容回答）某电厂监测烟气流量为 200 m^3/h，烟尘进治理设施前浓度为 1 200 mg/m^3，排放浓度为 200 mg/m^3，未监测二氧化硫排放浓度，年运转 300 d，每天 20 h；年用煤量为 300 t，煤含硫率为 1.2%，无脱硫设施。

24．该电厂每年烟尘去除量是（　　）kg。

A．1 200 000　B．1 200　C．1 440　D．1 200 000 000

25．该电厂每年烟尘排放量是（　　）kg。

A．240　B．24 000 000　C．2 400　D．24 000

26．该电厂二氧化硫排放量是（　　）mg/s。

A．26 666　B．5 760　C．266.7　D．57.6

27．某燃煤锅炉烟气采用碱性水膜除尘器处理。已知燃煤量 2 000 kg/h，燃煤含硫量 1.5%，进入灰渣硫量 6 kg/h，除尘器脱硫率为 60%，则排入大气中的二氧化硫量为（　　）kg/h。

A．4.8　B．9.6　C．19.2　D．28.8

28．下列关于建设项目废气排放口的说法，错误的是（　　）。

A．主要排放口管控许可排放浓度和许可排放量

B．一般排放口管控许可排放浓度

C．特殊排放口暂不管控许可排放浓度和许可排放量

D．特殊排放口管控许可排放浓度和许可排放量

29．某污水处理站采用二级处理工艺，进水量为 10 000 m^3/d，COD 浓度为 1 500 mg/L，一级 COD 去除率为 80%，二级 COD 去除率为 70%。则该处理站外排 COD 量是（　　）t/d。

A．0.45　B．0.90　C．1.80　D．3.75

30．某企业进行锅炉技术改造并增容，现有 SO_2 排放量是 200 t/a（未加脱硫设施），改造后，SO_2 产生总量为 240 t/a，安装了脱硫设施后 SO_2 最终排放量为 80 t/a，请问："以新带老"削减量为（　　）t/a。

A．80　B．133.4　C．40　D．13.6

31．某工程用新鲜水 4 000 m^3/d，其中，生产工艺用新鲜水 3 200 m^3/d，生活用新鲜水 260 m^3/d，空压站用新鲜水 100 m^3/d，自备电站用新鲜水 440 m^3/d。项目循环水量 49 200 m^3/d，该工程水重复利用率为（　　）。

A．81.2%　B．92.5%　C．C．94%　D．98%

32．某工程生产工艺用新鲜水 1 600 m^3/d，生活用新鲜水 130 m^3/d，公用工程用新鲜水 270 m^3/d。项目循环水 24 600 m^3/d，则该工程水重复利用率为（　　）。

A．91.5%　B．92.5%　C．C．92.9%　D．93.9%

33．某企业循环水系统用水量为 1 000 m^3/h，新鲜水补水量为用水量的 5%。循环水系统排水量为 30 m^3/h，循环水利用率为（　　）。

A．95.0%　　B．95.2%　　C．97.0%　　D．98.0%

34．某造纸厂日产凸版纸 3 000 t，吨纸耗水量 450 t，经工艺改革后，生产工艺中采用了逆流漂洗和白水回收重复利用，吨纸耗水降至 220 t。该厂每日的重复水利用率是（　　）。

A．47.8%　　B．95.6%　　C．48.9%　　D．51.1%

35．某工业车间工段的水平衡图如下（单位：m^3/d），该车间的重复水利用率是（　　）。

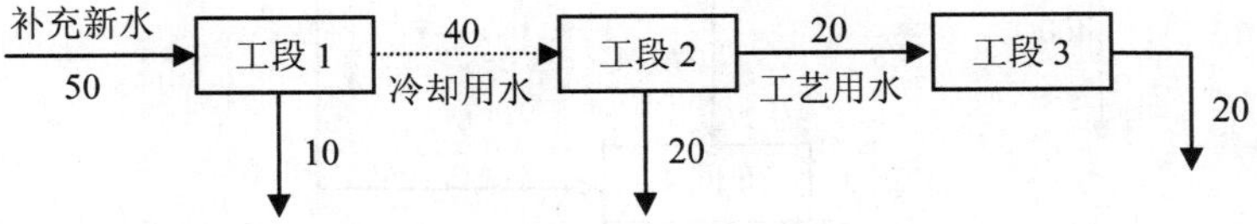

A．44.4%　　B．28.6%　　C．54.5%　　D．40%

36．接 35 题，该车间工艺水重复利用率为（　　）。

A．40%　　B．28.6%　　C．54.5%　　D．80%

37．接 35 题，该车间冷却水重复利用率为（　　）。

A．90%　　B．44.4%　　C．40%　　D．36.4%

38．某企业车间的水平衡图如下（单位：m^3/d），该车间的重复水利用率是（　　）。

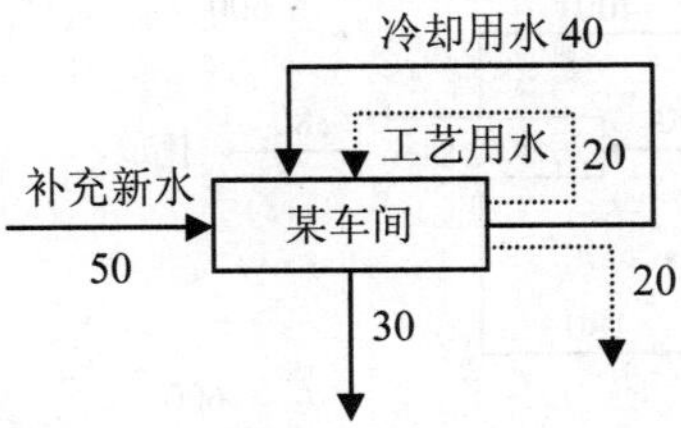

A．44.4%　　B．28.6%　　C．54.5%　　D．40%

39．某企业给水系统示意图如下（单位：m^3/d），该厂的用水重复利用率是（　　）。

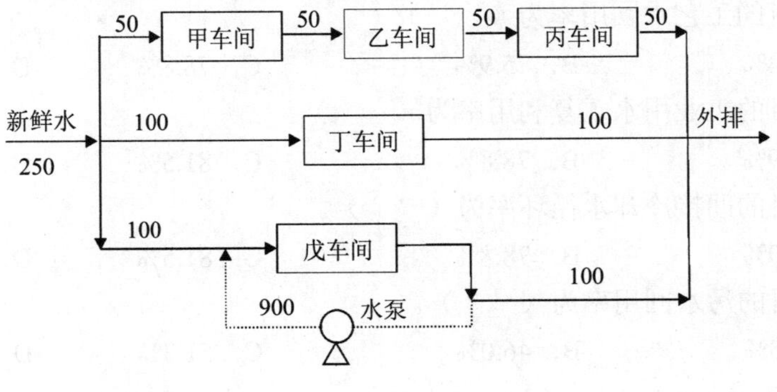

A．78.3%　　B．80%　　C．50.5%　　D．84%

40．某厂用水情况如下图所示，该厂的用水重复利用率是（　　）。

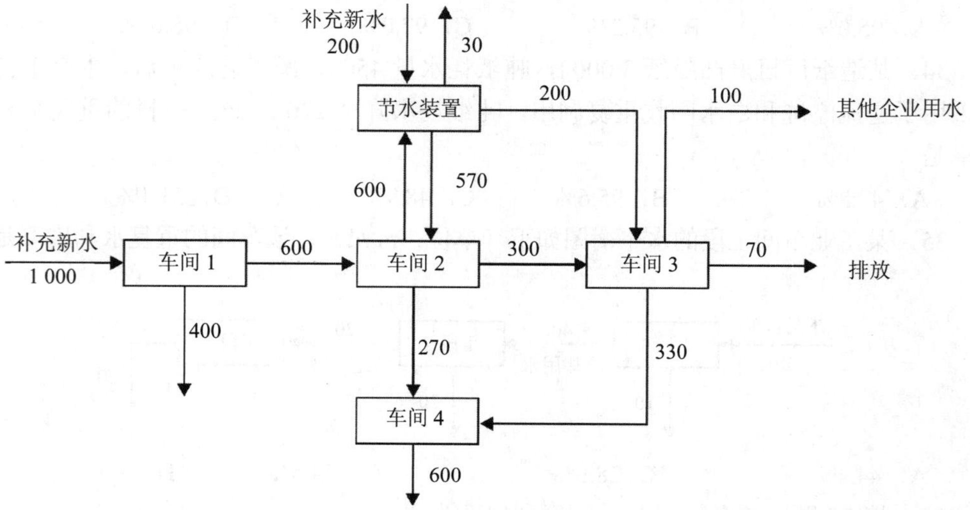

A．32.2%　　B．57%　　C．67.4%　　D．63.3%

▲某建设项目水平衡图如下（单位：m^3/d），请回答问题41～44：

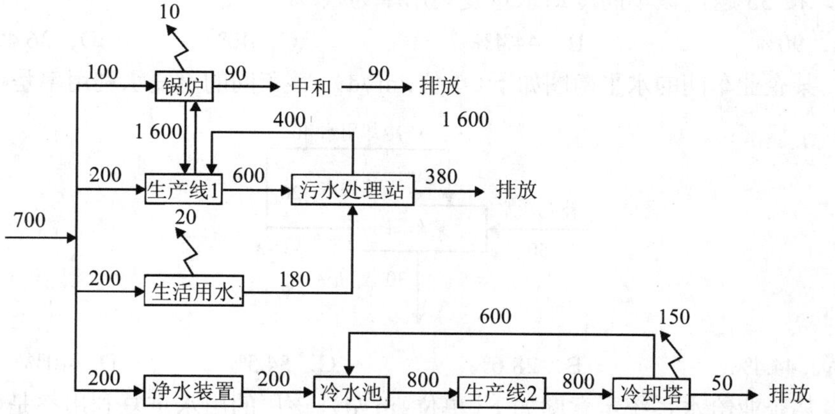

41．项目的工艺水回用率为（　　）。

A．71.4%　　B．75.9%　　C．78.8%　　D．81.5%

42．项目的工业用水重复利用率为（　　）。

A．75.9%　　B．78.8%　　C．81.5%　　D．83.9%

43．项目的间接冷却水循环率为（　　）。

A．75.0%　　B．78.8%　　C．81.5%　　D．83.9%

44．项目的污水回用率为（　　）。

A．43.5%　　B．46.0%　　C．51.3%　　D．65.8%

45．无组织排放源是指没有排气筒或排气筒高度低于（　　）排放源。

A．10 m　　B．12 m　　C．15 m　　D．18 m

46．通过全厂物料的投入产出分析，核算无组织排放量，此法为（　　）。

A．现场实测法　　B．物料衡算法　　C．模拟法　　D．反推法

47．无组织排放源反推法是通过对同类工厂正常生产时，无组织监控点进行现场监测，利用（　　）反推，以此确定工厂无组织排放量。

A．物料平衡　　B．点源扩散模式　　C．实测值　　D．面源扩散模式

48．在分析环保设施投资构成及其在总投资中所占的比例时，一般可按水、气、声、固废、绿化等列出环保投资一览表，但对技改或扩建项目，一览表还应包括（　　）的环保投资。

A．以老带新　　B．以新带老　　C．引资　　D．原有

49．技改扩建项目工程分析中，污染物排放量统计无须考虑的是（　　）。

A．现有工程排放量

B．拟建工程排放量

C．区域污染源削减量

D．“以新代老”削减量

50．下列生态影响型项目工程分析内容不属于初步论证的是（　　）。

A．环境保护设施的有效性

B．建设项目的选址选线、施工布置和总图布置的合理性

C．清洁生产和区域循环经济的可行性

D．建设项目与法律法规、产业政策、环境政策和相关规划的符合性

51．施工期的工程措施对生态影响途径分析，主要包括施工人员施工活动、机械设备使用等使（　　）改变，使土地和水体生产能力及利用方向发生改变。

A．大气、地形地貌　　B．植被、地形地貌

C．植被、声环境　　D．地形地貌

52．某煤油输送管道设计能力为 12 t/h，运行温度为 25℃，管道完全破裂环境风险事故后果分析时，假定 5 min 内输煤油管道上下游阀门自动切断，则煤油泄漏事故的源强估算为（　　）。

A．60 t　　B．24 t　　C．12 t　　D．1 t

53．某液氨管道出现 10 min 的液氨泄露，其后果计算应采用的模式是（　　）。

A．估算模式　　B．多烟团模式

C．分段烟羽模式　　D．高斯烟羽模式

54．某污水处理站采用“物化＋生化”处理工艺。已知废水进水 COD 浓度为 800 mg/L、出口 COD 浓度不高于 80 mg/L，如“物化”处理单元 COD 去除率

是60%，则“生化”处理单元COD去除效率至少应达到（　　）。

A．0.7　　B．0.75　　C．0.8　　D．0.833

55．某企业建一台20 t/h蒸发量的燃煤蒸汽锅炉，最大耗煤量2 000 kg/h，引风机风量为30 000 m^3/h，全年用煤量5 000 t，煤的含硫量1.5%，排入气相80%，SO_2的排放标准900 mg/m^3。该企业SO_2最大产生浓度是（　　）mg/m^3。

A．2 000　　B．1 500　　C．1 000　　D．1 600

56．某企业锅炉燃油量为10 000 t/a，含硫量为1%；若SO_2总量控制指标为40 t/a，则该锅炉脱硫设施的效率至少应大于（　　）。

A．90%　　B．80%　　C．70%　　D．60%

57．某企业工业取水量为10 000 m^3/a，生产原料中带入的水量为1 000 m^3/a，污水回用量为1 000 m^3/a，排水量为2 500 m^3/a，漏水量为100 m^3/a，则该企业的工业用水重复率为（　　）。

A．8.0%　　B．9.1%　　C．10%　　D．28.6%

58．某油品配送库扩建汽油罐区，工程分析应统计的无组织排放污染物是（　　）。

A．SO_2　　B．H_2S　　C．VOC_S　　D．NH_3

59．某炼油企业常减压装置加热炉废气排气筒，按其运行时间频率和总图位置关系，该源属于（　　）。

A．连续排放固定源　　B．间断排放固定源

C．连续排放移动源　　D．间断排放移动源

60．油气开采项目退役期工程分析应重点关注的是（　　）。

A．钻井工艺　　B．泥浆处理　　C．封井作业　　D．含油废水处理

61．在生态影响型项目环境影响评价中，不属于工程分析对象的是（　　）。

A．总投资　　B．施工组织设计

C．项目组成和建设地点　　D．国民经济评价和财务评价

62．下列统计量中计入工业重复用水的是（　　）。

A．地下水取水量　　B．企业达标污水回用量

C．地表水取水量　　D．城市达标污水回用量

63．下列关于储油库针对油气挥发的措施中不符合清洁生产理念的是（　　）。

A．浮顶罐　　B．气相平衡系统　　C．油气回收　　D．催化燃烧

64．下列不属于在工程分析时非正常工况排污的应重点分析内容的是（　　）。

A．非正常工况对环境的影响　　B．非正常工况的原因

C．非正常工况的频率　　D．非正常工况的处置措施

65．某项目非正常排放量核算优先采用的方法是（　　）。

A．物料衡算法　　B．产排污系数法　　C．实测法　　D．类比法

66．某改扩建项目，其现有工程污染源源强核算时，下列属于其优先采用的数据的是（　　）。

A．物料衡算所得数据　　B．产排污系数法所得数据

C．自动监测数据　　D．手工监测数据

67．某管道项目中，下列管道的作业方式中对土地的影响最小的是（　　）。

A．大开挖方式　　B．悬架穿越方式

C．定向钻穿越方式　　D．隧道穿越方式

68．公路项目桥梁基础施工时，需关注的主要环境问题是（　　）。

A．施工废水对河流的影响　　B．混凝土搅拌产生的噪声影响

C．河底爆破产生的振动影响　　D．底泥清淤弃渣对环境的影响

二、不定项选择题（每题的备选项中至少有一个符合题意）

1．污染性项目工程分析从环保角度要分析其（　　）。

A．技术经济先进性　　B．总图布置合理性

C．污染治理措施的可行性　　D．项目实施的有效性

2．关于工程分析内容的说法，正确的是（　　）。

A．建设项目工程分析的工作内容在环境影响评价各工作阶段均相同

B．工程分析工作内容通常包括五部分，工程概况、工艺流程及产污环节分析、清洁生产水平分析、环保措施方案分析和总图布置方案分析

C．对于建设项目可能存在的具有致癌、致畸、致突变作用的物质及具有持久性影响的污染物，应分析其产生的环节、污染物转移途径和流向

D．储运工程和依托工程属于工程概况分析的范围

3．下列属于总图布置方案分析内容的有（　　）。

A．厂区与周围保护目标的防护距离的安全性

B．依据气象和水文等自然条件分析厂区和车间布置的合理性

C．环境敏感点处置措施的可行性

D．环保设施构成及有关经济技术参数的合理性

4．工程分析中应给出环境影响预测的污染源参数有（　　）。

A．产污节点图　　B．污染源坐标和源强

C．污染物年排放时间　　D．污染物年排放总量

5．与拟建污染型项目环境影响程度有关的因素包括（　　）。

A．选址　　B．生产工艺　　C．生产规模　　D．原辅材料

6．建设项目选址应从（　　）进行环境合理性论证。

A．是否与规划相协调　　B．是否影响敏感的环境保护目标

C. 是否违反法规要求　　　　　　　　　　D. 是否满足环境功能区要求

E. 是否造成重大资源经济和社会文化损失

7. 总图布置方案分析的内容包括（　　）。

A. 分析厂区的区位优势的合理性

B. 分析厂区与周围环境保护目标之间所定卫生防护距离和安全防护距离的保证性

C. 根据气象、水文等条件分析工厂和车间布置的合理性

D. 分析对周围环境敏感点处置措施的可行性

8. 对于污染型项目，一般从其厂区总平面布置图中可以获取的信息有（　　）。

A. 采用的工艺流程　　　　B. 建（构）筑物位置

C. 主要环保设施位置　　　D. 评价范围内的环境敏感目标位置

9. 估算废气无组织排放源排放量的方法有（　　）。

A. 物料衡算法　　B. A-P 值法　　C. 类比法　　D. 反推法

10. 采用类比法进行工程分析时，应充分注意分析对象与类比对象之间的相似性和可比性，具体应注意以下哪些方面？（　　）

A. 环境特征的相似性　　　　　　　　B. 投资渠道的相似性

C. 工程一般特征的相似性　　　　　　D. 污染物排放特征的相似性

11. 技改或扩建项目在统计污染物排放量时，应算清新老污染源“三本账”，具体包括（　　）。

A. 技改或扩建项目污染物排放量　　　　B. 技改或扩建前污染物削减量

C. 技改或扩建前污染物排放量　　　　　D. 技改或扩建完成后污染物排放量

12. 对于新建项目污染物排放量的计算，应算清“两本账”，这“两本账”指（　　）。

A. 生产过程中的产污量　　　　　　　　B. 污染物最终排放量

C. 实行污染物防治措施后的污染物削减量　D. “以新带老”削减量

13. 对于用装置流程图的方式说明生产过程的建设项目，同时应在工艺流程中表明污染物的（　　）。

A. 产生位置　　B. 产生量　　C. 处理方式　　D. 种类

14. 下列污染物排放中，属于无组织排放的有（　　）。

A. 装置检修吹扫气经高架火炬排放　　B. 高度 20 m 的厂房天窗排放

C. 无排气筒排放　　　　　　　　　　D. 高度大于 15 m 的排气筒排放

15. 无组织排放源的源强确定方法有（　　）。

A. 反推法　　B. 物料衡算法　　C. 类比法　　D. 产污系数法

16. 非正常排污包括（　　）。

A. 开车、停车排污　　　　　　　　　B. 正常生产排污

C. 部分设备检修排污　　　　　　　　D. 其他非正常工况排污

17．环境影响评价中，在（　　）的情况下，需进行非正常工况分析。

A．正常开车、停车　　B．工艺设备达不到设计规定要求

C．部分设备检修　　D．环保设施达不到设计规定要求

18．环保措施方案分析的内容包括（　　）。

A．分析依托设施的可行性

B．分析建设项目可研阶段环保措施方案的技术经济可行性

C．分析项目采用污染处理工艺，排放污染物达标的可靠性

D．分析环保设施投资构成及其在总投资中所占的比例

19．下列属于工程分析中污染源源强核算内容的是（　　）。

A．物料平衡与水平衡　　B．工艺流程及污染物产生环节

C．无组织排放源强统计及分析　　D．非正常排放源强统计及分析

20．下列属于污染类工程项目的工程分析内容的有（　　）。

A．污染治理措施的可行性

B．对大气环境影响的预测

C．提出满足清洁生产要求的清洁生产工艺方案

D．分析达标排放的可行性

21．属于废气污染源排放口统计的参数的是（　　）。

A．排放口坐标　　B．排放规律　　C．污染物种类　　D．排放口温度

22．某技改项目拟依托原有公辅工程，其治理措施可行性分析应考虑的因素有（　　）。

A．能力匹配性　　B．工艺可行性

C．经济合理性　　D．与现行环保政策的相符性

23．生态影响型项目工程分析的技术要点一般包括（　　）。

A．重点工程明确　　B．工程组成完整　　C．全过程分析

D．污染源分析　　E．其他分析

24．生态影响型项目工程分析中环境保护方案分析的内容有（　　）。

A．施工和运营方案合理性分析

B．环境保护措施的有效性分析

C．环境保护投资估算及合理性分析

D．非正常工况分析

25．生态影响型项目工程分析时，（　　）必须纳入分析中。

A．建设期　　B．运营期　　C．勘察设计期

D．运营后期　　E．选址选线期

26. （　）是属于生态影响型项目工程分析的一般要求。

A. 重点工程明确　B. 全过程分析　C. 工程组成完整　D. 污染源分析

27. 生态影响型建设项目工程分析中，应纳入生态影响源项分析的有（　）。

A. 取弃土场位置和土石方量　B. 占地类型和面积

C. 移民安置方案　D. 生态恢复措施

28. 公路项目某桥梁拟跨越敏感水体，水环境影响评价的工程分析应考虑（　）。

A. 施工方案　B. 桥梁结构设计　C. 事故风险　D. 桥面径流

29. 高速公路项目临时工程包括（　）。

A. 施工道路　B. 施工场地　C. 服务区

D. 取弃土场　E. 物料堆场

30. 对高速公路弃土场进行工程分析时，应明确弃土场的（　）。

A. 弃土数量　B. 占地类型　C. 弃土方式　D. 生态恢复措施

31. 对煤矿采选项目进行工程分析时，生态影响应明确（　）。

A. 土地占压　B. 开采沉陷　C. 地表挖损　D. 工业场地占用

32. 下列属于水库建设项目工程分析内容的有（　）。

A. 坝址方案比选　B. 施工方式　C. 水库淹没占地　D. 鱼类调查计划

33. 高速公路建设项目运营期对生态环境的影响主要有（　）。

A. 植被破坏　B. 水土流失　C. 动物迁徙通道阻隔　D. 景观破坏

34. 具有日调节性能的水电站，运行期对坝址下游河道水生态产生的影响因素有（　）。

A. 水量波动　B. 水位涨落　C. 水温分层　D. 气候变化

35. 陆地油田开发过程中，钻井泥浆处置不当可能会造成（　）。

A. 土壤污染　B. 辐射污染　C. 地表水污染　D. 地下水污染

36.隧道施工可能对生态环境产生影响的因素有（　）。

A. 弃渣占地　B. 施工涌水　C. 施工粉尘　D. 地下水疏干

参考答案

一、单项选择题

1. D　【解析】生产工艺流程图能反映产生水污染物的环节或节点。

2. D　【解析】污染型项目工程分析的基本工作内容包括工程概况、工艺流程及产污环节分析、污染源源强分析与核算、清洁生产分析、环保措施方案分析、总图布置方案分析与外环境关系分析。

3. D

4. B 【解析】工程概况内容包括物料与能源消耗定额、项目组成和工程一般特征简介。

5. D 【解析】建设项目的选址、选线和规模，应从是否与规划相协调、是否违反法规要求、是否满足环境功能区要求、是否影响敏感的环境保护目标或造成重大资源经济和社会文化损失等方面进行环境合理性论证。

6. C 【解析】对于新建项目污染物排放统计，须按废水和废气污染物分别统计各种污染物排放总量，固体废物分别统计各种污染物排放量，固体废物按我国规定统一为一般固体废物和危险废物，并应算清“两本账”，即生产过程中的污染物产生量和实施污染防治措施后的污染物削减量，二者之差为污染物最终排放量。

7. A 【解析】无组织排放是对应于有组织排放而言的，主要针对废气排放，表现为生产工艺过程中产生的污染物没有进入收集和排气系统，而通过厂房天窗排放或直接弥散到环境中。工程分析中将没有排气筒或排气筒高度低于 15 m 排放源定为无组织排放源。由于题中排气筒高度 30 m＞15 m，所以不属于无组织排放，故该企业 HCl 的无组织排放量为 7 200×0.8×（1−90%）=576 kg ≈ 0.58（t）。

8. D 【解析】空干基（空气干燥基）是将煤样放置与空气湿度平衡的状态，含有部分游离水，干燥基是除去水分后的基准，收到基是以收到的煤样状态为基准。根据干煤量不变，空干基煤用量 X 可用下式求得：X=1 104.1×（1−24%）/（1−14%）= 975.72（t/a），进入气相中的硫年排放量为：975.72×0.61%×10^3=5 951.9（kg/a）。

9. C 【解析】100×1%×（1－20%）×（1－80%）×2=0.32（t/h）。

10. D 【解析】经验排污系数法在实务中用得较多。新鲜工业用水如有自来水厂的数据应优先使用自来水厂的数据，如没有自来水厂的数据则用企业上报的数据。工业废水排放量=1 万 t×70% = 0.7（万 t）。

11. B 【解析】COD 去除量 = 9 000×0.7×10^3×（500－100）×10^{-6} = 2 520（kg）。

注：1 t = 1 000 kg；1 kg = 1 000 g = 1 000 000 mg；1 t×1 mg/L = 0.001（kg）

12. C 【解析】COD 排放量 = 9 000×0.7×10^3×100×10^{-6} = 630（kg）。

13. A 【解析】废气年排放量 = 200×1.2 + 300×1.5 = 690（万 m^3）。

14. D　15. B　16. C　17. A

18. A 【解析】物料流 Q 是一种概括性表达，可以设想为水、气、渣、原材料等的加工流程，是一种物质平衡体系。系统有下列平衡关系：

把全厂看作一个衡算系统，平衡关系为：$Q_1=Q_5+Q_8$

把 A 车间作为一个衡算系统，平衡关系为：$Q_1=Q_2+Q_3$

把 B 车间作为一个衡算系统，平衡关系为：$Q_2+Q_4=Q_5+Q_6$

把 C 车间作为一个衡算系统，平衡关系为：$Q_3+Q_6=Q_4+Q_8$

把B、C车间作为一个衡算系统，平衡关系为：$Q_2+Q_3=Q_5+Q_8$。注意：Q_4 和 Q_6 作为B、C两车间之间的交换不参与系统的衡算。循环量 Q_7 会互相消去。

19. B 【解析】每小时进入除尘系统的烟尘量=12 000×2 200×10^{-6}=26.4（kg）

根据物料衡算：进入的烟尘量=收集的烟尘量+排放的烟尘量

所以：排放的烟尘量=26.4−22=4.4（kg）

由于不考虑除尘系统漏气影响，净化后的废气量等于入口量，则：

净化后的废气含尘浓度=（4.4×10^6）/12 000=366.67（mg/m^3）

20. B 【解析】本题属化学原材料的物料衡算。

首先要从分子式中算铬的换算值，铬的换算值=$\dfrac{52}{52+16\times3}\times100\%=52\%$

据物料衡算和题中提供的信息，从废水流失的六价铬只有 50%，则全年随废水排放的铬=4×50%×52%=1.04（t）

21. C 【解析】

（1）首先要计算锌在原料中的质量分数

原料中锌的质量分数=$\dfrac{65.4}{65.4+35.5\times2}\times100\%=\dfrac{65.4}{136.4}\times100\%=47.95\%$

（2）每吨原料所含有锌质量

1×10^3×47.95%=479.5（kg/t）

（3）进入废水中锌的质量

100×（1－98%－1.9%）×479.5=47.95（kg）

（4）废水中总锌的质量浓度

（47.95×10^6）/（15 000×10^3）≈3.2（mg/L）

22. C 【解析】本题比较复杂，这种题可能会放在案例中考试。

（1）首先要分别计算铬在产品和原材料中的质量分数

产品（铬酸铅）中铬的质量分数=$\dfrac{52}{207+52+16\times4}\times100\%=\dfrac{52}{323}\times100\%=16.1\%$

原料（重铬酸钠）中铬的质量分数=$\dfrac{2\times52}{23\times2+52\times2+16\times7}\times100\%$

$=\dfrac{104}{262}\times100\%=39.69\%$

（2）每吨产品所消耗的重铬酸钠原料中的六价铬质量

260×39.69%=103.2（kg/t）

每吨产品中含有六价铬质量（铬酸铅占 54.5%）

1 000 ×54.5%×16.1%=87.7（kg/t）

（3）生产每吨产品六价铬的损失量

103.2−87.7=15.5（kg/t）

（4）全年六价铬的损失量

15.5×400 =6 200（kg）=6.2 t

（5）计算回收的产品中六价铬的重量

4 000 ×54.5%×16.1%=351 kg=0.351 t

（6）计算全年六价铬的实际排放量

6.2−0.351=5.849 t ≈ 5.85 t

按照上述方法还可计算其他污染物的排放量。

23. D　【解析】利用公式$\Sigma G_{排放}=\Sigma G_{投入}-\Sigma G_{回收}-\Sigma G_{处理}-\Sigma G_{转化}-\Sigma G_{产品}$变换可求得$\Sigma G_{产品}$。

24. B　【解析】烟尘去除量 = 200×（1 200 − 200）×300×20×10^{-6} = 1 200 kg

25. A　【解析】烟尘排放量 = 200×200×300×20×10^{-6} = 240 kg

26. C　【解析】用物料衡算法计算二氧化硫排放量（二氧化硫源强公式①）。二氧化硫排放量 =（300×10^9×2×0.8×1.2%）/（300×20×3 600）= 266.7 mg/s。注意单位转换。

27. C　【解析】（2 000×1.5%×2 − 6×2）×（1−60%）=48×0.4=19.2。此题注意两点：一是计算二氧化硫量时没有乘 0.8，是因为题中已告之进入灰渣硫量，表示了硫不能完全转化为二氧化硫；二是本题要计算二氧化硫的排放量，灰渣硫量 6 kg/h 要乘 2 才是二氧化硫量。

28. D　【解析】根据行业排污许可证管理的要求，建设项目废气排放口通常可划分为主要排放口、一般排放口和特殊排放口。主要排放口管控许可排放浓度和许可排放量，一般排放口管控许可排放浓度，特殊排放口暂不管控许可排放浓度和许可排放量。

29. B　【解析】该处理站外排 COD=进水量 × COD 浓度 ×（1−一级 COD 去除率）×（1−二级 COD 去除率）=10 000 × 1 500 ×（1−0.8）×（1−0.7）× 10^{-6}=0.90 t/d。

30. B　【解析】第一本账（改扩建前排放量）：200 t/a；第二本账（扩建项目最终排放量）：技改后增加部分为 240−200 = 40 t/a，处理效率为（240−80）/240×100%= 66.7%，技改新增部分排放量为 40×（1−66.7%）= 13.32 t/a；“以新带老”削减量：200×66.7% = 133.4 t/a；第三本账（技改工程完成后排放量）：80 t/a。

注：此题因处理效率不是整数，算出来的结果与三本账的平衡公式有点出入。

① 此公式虽然在参考教材中没有列出，但在实务中经常用到。

31. B 【解析】因为该题问的是“该工程水重复利用率”，新鲜水应为 4 000 m^3/d，而不是生产工艺用新鲜水 3 200 m^3/d。49 200/53 200×100%=92.5%。

32. B 【解析】2008 年考题。

$$该工程水重复利用率 = \frac{24\,600}{24\,600+1\,600+130+270}\times 100\% = 92.5\%$$

33. B 【解析】1 000/（1 000+50）×100%=95.2%。新鲜水补水量为 50 m^3/h，其中 30 m^3/h 为排水量，其余 20 m^3/h 为其他损耗。

34. D 【解析】此题是一个文字描述题，在实际中应用较广。工艺改革前的造纸日用新鲜水量为：3 000×450=1 350 000（t/d）；工艺改革后的日用新鲜水量为：3 000 × 220=660 000（t/d）；该厂的重复用水量为：1 350 000−660 000=690 000（t/d）；该厂的重复用水率为：（690 000/1 350 000）×100%=51.1%。当然，此题有很简捷的计算方法。

35. C 【解析】由于教材没有对重复利用水量进行定义，很多考生在做这类题时经常搞错。重复利用水量是指在生产过程中，在不同的设备之间与不同的工序之间经两次或两次以上重复利用的水量；或经处理之后，再生回用的水量。本题属前一种情况。根据工业用水重复利用率的公式：工业用水重复利用率 = 重复利用水量/（重复利用水量 + 取用新水量），根据图示，本题的水重复利用了两次，重复利用水量为两次重复利用的和，即：（40+20）=60 m^3/d，取用新水量为：50 m^3/d。另外，“重复利用率”的名称不同的教材或文献有不同的说法，有的称“循环率”“回用率”等，总体的意思基本相同。

36. B 【解析】从图中可知，工艺水重复利用水量为 20 m^3/d，根据工艺水重复利用率的公式：工艺水重复利用率 = 工艺水重复利用水量/（工艺水重复利用水量 + 工艺水取水量），该车间工艺水取水量为补充新水量（本题是问“车间”），即 50 m^3/d。

37. B 【解析】从图中可知，冷却水重复利用水量为 40 m^3/d，根据冷却水重复利用率的公式：冷却水重复利用率 = 冷却水重复利用量/（冷却水重复利用量 + 冷却水取水量），车间冷却水取水量就是车间补充新水量（本题是问“车间”），即 50 m^3/d。

38. C 【解析】本题的水平衡图与 35 题图的内容其实是一样的，只是表达的方式不一样。本题的水平衡图用的是归纳法，是把不同工段合并为一个车间，也就是说，本题是把车间作为一个对象，而前图是把工段作为一个对象。环评经常用此图来表达。不管用什么方式表达，理解重复利用水的概念至关重要。

39. B 【解析】本题重复利用水量既有串级重复使用（2 次），也有循环重复使用。重复利用水量为：（50+50+900）=1 000 m^3/d，取用新水量为 250 m^3/d。用水重复

利用率 = 1 000/（1 000 + 250）×100%=80%。

从上述计算和实例中可知，重复用水量的实质是节约用水量。因为水被重复使用了，也就相当于节省了新鲜水的用量。

40. D　【解析】本题稍复杂，关键是要从图中找出新鲜水量和重复用水量。各车间的串级使用属于重复用水。计算公式和详细图解如下：

$$\text{重复用水率} = \frac{600+570+300+270+330}{\underbrace{(1\,000+200)}_{\text{新鲜水}}+\underbrace{(600+570+300+270+330)}_{\text{重复用水}}}\times 100\%$$

$$= \frac{2\,070}{3\,270}\times 100\% = 63.3\%$$

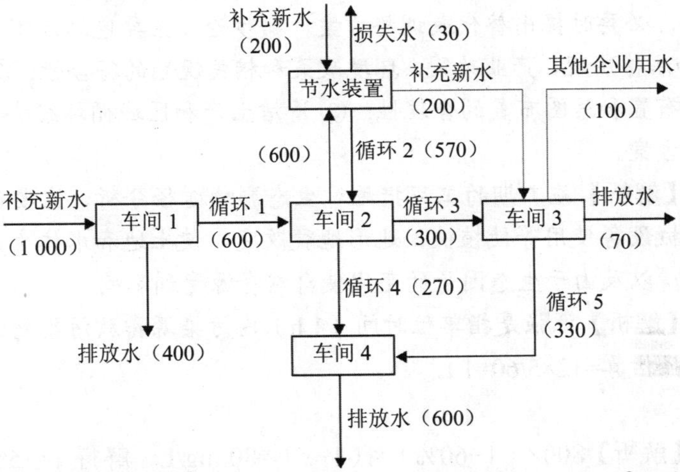

41. A　【解析】2005 年考试出了这类题（8 分，每空 2 分）[①]，考查水平衡与清洁生产有关指标的知识。注意：该图的画法与前面的图有些不同，有的环节不是串级重复用水，仅表示一个过程。根据工艺水回用率的公式：工艺水回用率 = 工艺水回用量/（工艺水回用量 + 工艺水取水量），工艺水回用量为（400+600）m^3/d，工艺水取水量为（200+200）m^3/d。

42. B　【解析】根据工业用水重复利用率的公式：工业用水重复利用率 = 重复利用水量/（重复利用水量 + 取用新水量），重复利用水量为（1 600+400+600）m^3/d，取用新水量为（100+200+200+200）m^3/d。

43. A　【解析】根据间接冷却水循环率的公式：间接冷却水循环率 = 间接冷却水循环量/（间接冷却水循环量 + 间接冷却水系统取水量），间接冷却水循环量为 600 m^3/d，间接冷却水系统取水量为 200 m^3/d。

① 因仅凭编者回忆，数字不是原试题的数字。

44. B 【解析】根据污水回用率的公式：污水回用率＝污水回用量/（污水回用量＋直接排入环境的污水量），污水回用量为 400 m^3/d，直接排入环境的污水量为（90＋380）m^3/d，冷却塔排放的为清净下水，不计入污水量。

45. C 46. B 47. D 48. B

49. C 【解析】在技改扩建项目工程分析中，在统计污染物排放量时，应算清新老污染源"三本账"，即技改扩建前污染物排放量、技改扩建项目污染物排放量、技改扩建完成后（包括"以新带老"削减量）污染物排放量，其相互的关系可表示为：技改扩建前排放量−"以新带老"削减量＋技改扩建项目排放量=技改扩建完成后排放量。

50. A 【解析】生态影响型项目工程分析的初步论证，主要从宏观上进行项目可行性论证，必要时提出替代或调整方案。初步论证主要包括以下三方面内容：①建设项目和法律法规、产业政策、环境政策和相关规划的符合性；②建设项目选址选线、施工布置和总图布置的合理性；③清洁生产和区域循环经济的可行性，提出替代或调整方案。

51. B 【解析】施工期的工程措施对生态影响途径分析，主要包括施工人员施工活动、机械设备使用等使植被、地形地貌改变，使土地和水体生产能力及利用方向发生改变，以及由于生态因子的变化使自然资源受到影响。

52. D 【解析】源强是指单位时间（1 h）内污染源排放污染物的质量，煤油泄漏事故的源强估算=12×5/60=1 t。

53. B

54. B 【解析】800×（1−60%）×（1−x）=80 mg/L，解得 x=75%，所以"生化"处理单元的去除率至少应达到 75%。

55. D 【解析】SO_2 最大排放量=2 000×1.5%×2×80%=48 kg/h。注意如果题中给的单位是 t，注意单位换算。SO_2 最大排放浓度=（48×10^6）/30 000= 1 600 mg/m^3。

56. B 【解析】锅炉 SO_2 的排放量=10 000 t/a×1%×2=200 t，（200–40）/200= 0.8。此题要注意：SO_2 排放量的计算公式中不能少乘 2（2 是根据硫转化为 SO_2 的化学反应式得来的）。

57. B 【解析】水的重复利用率=重复利用水量/（重复利用水量+取用新鲜水量），其中重复利用水量=污水回用量；取用新鲜水量=工业取水量，故水的重复利用率=1 000/（10 000+1 000）×100%=9.1%。

58. C 【解析】汽油罐有大小呼吸产生的废气无组织排放，这类废气主要污染物是非甲烷总烃（VOCs）。

59. A 【解析】常减压装置是常压蒸馏和减压蒸馏两个装置的总称，因为两个装置通常在一起，故称为常减压装置。常减压装置加热炉连续排放废气。

60. C 【解析】油气开采项目退役期主要关注封井作业。

61. D

62. B 【解析】重复用水包括污水回用、循环水、工艺重复用水、锅炉回用水等。D属于外部水源，不是项目内部的重复用水。

63. D 【解析】A、B属于源头控制，C项属于废物利用。

64. A 【解析】其他非正常工况排污是指工艺设备或环保设施达不到设计规定指标运行时的可控排污，因为这种排污不代表长期运行的排污水平，所以列入非正常排放评价中。此类异常排污分析都应重点说明其发生的原因、发生频率和处置措施。

65. C 【解析】非正常情况下污染物排放量优先采用实测法核定，其次采用物料核算法和产排污系数法。

66. C 【解析】对排污单位自行监测技术指南及排污许可证等未要求采用自动监测的污染因子，核算源强时优先采用自动监测数据，其次采用手工监测数据。

67. B 【解析】悬架穿越方式对土地几乎没有影响。

68. D 【解析】施工期应注意主体工程行为带来的环境问题，如桥梁基础施工涉及底泥清淤弃渣等。

二、不定项选择题

1．ABC 2．CD 3．ABC 4．ABCD 5．ABCD

6. ABCDE 【解析】建设项目的选址、选线和规模，应从是否与规划相协调、是否违反法规要求、是否满足环境功能区要求、是否影响敏感的环境保护目标或造成重大资源经济和社会文化损失等方面进行环境合理性论证。

7．BCD

8. BC 【解析】厂区总平面布置图中能标明临近的环境敏感目标位置，教材中也要求总图布置要标识保护目标与建设项目的关系，但要把“评价范围内”的环境敏感目标位置在平面布置图中都标明，不符合实际，还需要用其他图件另外标明。

9．ACD 【解析】无组织排放的确定方法主要有：①物料衡算法，通过全厂物料的投入产出分析，核算无组织排放量；②类比法，与工艺相同、使用原料相似的同类工厂进行类比，在此基础上，核算本厂无组织排放量；③反推法，通过对同类工厂正常生产时无组织监控点进行现场监测，利用面源扩散模式反推，以此确定工厂无组织排放量。

10．ACD 11．ACD 12．AC 13．AD

14．BC 【解析】无组织排放是对应于有组织排放而言的，主要针对废气排放，表现为生产工艺过程中产生的污染物没有进入收集和排气系统，而通过厂房天窗排放或直接弥散到环境中。工程分析中将没有排气筒的排放定为无组织排放。

15. ABCD 【解析】无组织排放源确定方法主要有 3 种：①物料衡算法；②类比法；③反推法。产物系数法属于类比法。

16. ACD 【解析】其他非正常工况排污是指工艺设备或环保设施达不到设计规定指标的超额排污。

17. ABCD 18. ABCD

19. ACD 【解析】污染源源强分析与核算的内容包括：①污染源分布及污染物源强核算；②物料平衡与水平衡；③无组织排放源强统计及分析；④非正常排放源强统计及分析；⑤污染物排放总量建议指标。

20. ACD 【解析】B 不属于工程分析的内容。

21. ABCD 【解析】废气污染源排放口参数包括排放口坐标、高度、温度、压力、流量、内径、污染物排放速率、状态、排放规律（连续排放、间断排放、排放频次）、无组织排放源的位置及范围等。

22. ABCD 【解析】技术经济条件和国家相关法规政策符合性均要考虑。

23. ABCDE 24. ABC 25. ABC 26. ABCD

27. ABC 【解析】A、B、C 3 个选项均涉及生态影响。至于 D 选项，它是生态保护措施，不应属于生态影响源。

28. ABCD 【解析】公路以桥梁形式跨越敏感水体对水环境的影响是需要特别关注的。不同的施工方案对水环境的影响是不同的，如水中墩施工时是否设置围堰或设置什么形式的围堰；桥梁结构设计也是要考虑的，如是否设置防撞栏，是否设置导排水设施（这与桥面径流有关）等。对水环境有影响的运输危险品事故风险也要考虑。

29. ABDE 【解析】服务区属于工程建设内容的一个重要组成部分，显然不能视为临时工程。而施工道路、施工场地、取弃土场及物料堆放场均为临时占地，在工程结束后是需要进行恢复和整治的。

30. ABCD

31. ABC 【解析】根据《环境影响评价技术导则 煤炭采选工程》6.1.2.3 环境影响因素分析的主要内容 a）生态影响因素分析：简述建设期、运行期主要生态影响因素，主要包括土地占压、开采沉陷与地表挖损。

32. ABC 【解析】D 属于现状调查与评价阶段的工作。

33. CD 【解析】公路项目运营期主要考虑交通噪声、管理服务区“三废”、线性工程阻隔和景观等方面的影响。

34. AB 【解析】对于日调节水电站，下泄流量、下游河段河水流速和水位在日内变化较大，对下游河道的航运和用水设施影响明显。

35. ACD 【解析】钻井泥浆处置不当可能会流入地表水体对地表水造成污染；渗入土壤进入地下水，对土壤和地下水造成污染。

36. ABCD 【解析】隧道工程除弃渣外，还可能对隧道区域的地下水和坡面植被产生影响；若有施工爆破则会产生噪声、振动等影响，甚至会引发局部地质灾害。

第二章　环境现状调查与评价

一、单项选择题（每题的备选选项中，只有一个最符合题意）

1．现状调查中，在进行环境保护目标调查时，应调查评价范围内的环境功能区划和（　　）

A．主要的环境敏感区　　B．地理位置　　C．地表水　　D．保护对象

2．根据《环境影响评价技术导则　总纲》，环境现状调查与评价的内容不包括（　　）。

A．自然环境现状调查与评价　　B．环境保护目标调查

C．社会环境现状调查与评价　　D．环境质量现状调查与评价

3．国家或地方生态环境主管部门公开发布的城市环境空气质量数据中不包含的基本污染物为（　　）。

A．SO_2　　B．CO　　C．TSP　　D．NO_2

4．对于 CO 长期监测数据的现状评价，（　　）可确定为年评价达标。

A．CO 24 小时平均第 95 百分位数浓度达标

B．CO 年平均浓度达标

C．CO 年平均、24 小时平均第 95 百分位数浓度达标

D．CO 日最大 8 小时平均第 95 百分位数浓度达标

▲（5、6 题根据以下内容回答）某厂有一台链条炉（烟气中的烟尘占灰分量的 80%），装有湿式除尘器，除尘效率为 80%，用煤量为 1.8 t/h，煤的灰分含量为 25%，含硫率 2%。

5．该锅炉 SO_2 的排放量是（　　）mg/s。

A．32 000　　B．16 000　　C．40 000　　D．64 000

6．该锅炉烟尘的排放量是（　　）。

A．20 g/s　　B．20 kg/h　　C．30 kg/s　　D．25 kg/s

7．对于 TSP，不宜在（　　）进行现状监测。

A．重污染季节　　B．秋冬季

C．春夏季　　D．大气扩散条件差的季节

8．某项目拟建环境空气质量二类区（SO_2 24 h 平均浓度限值为 150 μg/m^3，1 h 平

均浓度限值为 500 μg/m³）。补充监测站的 SO_2 1 h 浓度为 620 μg/m³。该站位 SO_2 1 h 浓度的超标倍数是（　　）。

A．0.24　　B．1.24　　C．2.3　　D．3.1

9．污染源监测数据应采用（　　）工况下的监测数据。

A．75%　　B．75%或 75%以上

C．满负荷　　D．满负荷或者换算至满负荷

10．2008 年，某企业 15 m 高排气筒颗粒物最高允许排放速率为 3.50 kg/h，受条件所限排气筒高度仅达到 7.5 m，则颗粒物最高允许排放速率为（　　）kg/h。

A．3.50　　B．1.75　　C．0.88　　D．0.44

11．某建设项目排放甲大气污染物，现有工程运行时，对敏感点处的贡献值为 3 mg/m³，现有工程不运行时，敏感点处的现状监测值是 17 mg/m³。新建化工项目甲大气污染物在敏感点处的增量是 7 mg/m³，评价范围内有一处在建的热电厂，预测甲大气污染物对敏感点处的贡献值是 8 mg/m³，热电机组替代区域内的供暖污染源，甲大气污染物在敏感点处的贡献值是 3 mg/m³，该建设项目进行技改，技改后甲大气污染物在敏感点处的增量是 7 mg/m³，则技改项目建成后甲大气污染物在敏感点处的大气环境质量为（　　）mg/m³。

A．32　　B．39　　C．42　　D．31

12．按《大气污染物综合排放标准》规定，某企业 100 m 高排气筒 SO_2 最高允许排放速率为 170 kg/h，但是，在距该企业 100 m 处有一栋建筑物有 105 m，则该企业 SO_2 最高允许排放速率为（　　）kg/h。

A．170　　B．340　　C．85　　D．200

13．按规定，某企业 100 m 高排气筒 SO_2 最高允许排放速率为 170 kg/h，90 m 高排气筒 SO_2 最高允许排放速率为 130 kg/h。该企业排气筒实建 95 m，则该企业 SO_2 最高允许排放速率为（　　）kg/h。

A．130　　B．170　　C．150　　D．165

14．作为项目所在区域达标判定的环境质量现状数据，应优先采用（　　）。

A．符合规定，并且与评价范围地理位置接近，地形、气候条件相近的环境空气质量区域点

B．国家或地方生态环境主管部门公开发布的评价基准年环境质量公告中的数据

C．近 3 年与项目排放的污染物有关的历史监测资料

D．厂址及主导风向下风向 5 km 范围内设置 1～2 个监测点，监测其一次空气质量浓度

15．不属于大气二级评价项目现状调查内容的是（　　）。

A．调查评价范围内有环境质量标准的评价因子的环境质量监测数据

B．调查项目所在区域环境质量达标情况

C．计算环境空气保护目标和网格点的环境质量现状浓度

D．对评价范围内有环境质量标准的评价因子进行补充监测

16．某地区环境空气现状监测中，测得二氧化氮小时地面浓度最大值为 0.28 mg/m^3，执行环境质量二级标准（0.24 mg/m^3），其超标倍数为（　　）。

A．2.33　　B．1.33　　C．1.17　　D．0.17

17．达标区判定时，若评价项目范围涉及多个行政区，判定原则正确的是（　　）。

A．分别评价各行政区的达标情况，若存在不达标行政区，则判定项目所在评价区域为不达标区

B．评价距项目所在的行政区，若为不达标区，则判定项目所在评价区域为不达标区

C．评价与项目地理位置接近，地形、气候条件相近的行政区，若为不达标区，则判定项目所在评价区域为不达标区

D．根据补充监测数据判定，若不达标，则判定项目所在评价区域为不达标区

18．关于各污染物的环境质量现状评价，下列说法错误的是（　　）。

A．对于超标的污染物，计算其超标倍数和超标率

B．长期监测数据的现状评价内容，对各污染物的年评价指标进行环境质量现状评价

C．补充监测数据的现状评价内容，分别对各监测点位不同污染物的短期浓度进行环境质量现状评价

D．分析大气污染物浓度的日变化规律以及大气污染物浓度与地面风向、风速等气象因素及污染源排放的关系

19．关于环境空气保护目标环境质量现状浓度的说法，下列说法正确的是（　　）。

A．对采用多个长期监测点位数据进行现状评价的，取各污染物相同时刻各监测点位的浓度平均值作为评价范围内环境空气保护目标的现状浓度

B．对采用多个长期监测点位数据进行现状评价的，取各污染物相同时刻各监测点位的浓度最大值作为评价范围内环境空气保护目标的现状浓度

C．对采用补充监测数据进行现状评价的，取各污染物相同时刻各监测点位的浓度平均值作为评价范围内环境空气保护目标的现状浓度

D．对采用补充监测数据进行现状评价的，取各污染物不同评价时段监测浓度的平均值作为评价范围内环境空气保护目标的现状浓度

20．大气环境影响评价时，下列哪项作为评价基准年（　　）。

A．近 5 年中数据相对完整的 3 个日历年作为评价基准年

B．近 5 年中数据相对完整的 3 个自然年作为评价基准年

C．近 3 年中数据相对完整的 1 个日历年作为评价基准年

D．近 3 年中数据相对完整的 1 个自然年作为评价基准年

21．某化工项目评价范围内涉及大气环境一类区，对氮氧化物和 TSP 进行补充监测，监测时温度为 10℃，大气压为标准大气压，实测得到的小时浓度分别为 157 μg/m^3 和 98 μg/m^3，为判断小时浓度是否达标而转换后的对标浓度分别为（　　）。

A．149 μg/m^3、98 μg/m^3　　B．157 μg/m^3、98 μg/m^3

C．149 μg/m^3、93 μg/m^3　　D．157 μg/m^3、93 μg/m^3

22．某新建项目排放的污染物含其他污染物，环境空气质量现状采用的数据来源优先采用顺序为（　）。

A．近年与项目排放的其他污染物有关的历史监测资料、质量监测网中评价基准年连续 1 年的监测数据、补充监测

B．质量监测网中评价基准年连续 1 年的监测数据、近 3 年与项目排放的其他污染物有关的历史监测资料、补充监测

C．质量监测网中评价基准年连续 1 年的监测数据、近 1 年与项目排放的其他污染物有关的历史监测资料、补充监测

D．质量监测网中评价基准年连续 3 年的监测数据、近 1 年与项目排放的其他污染物有关的历史监测资料、补充监测

23．某项目评价范围涉及自然保护区，其基本污染物数据来源说法正确的是（　　）。

A．各污染物环境质量现状浓度可取符合 HJ 664 规定，并且与评价范围地理位置邻近，地形、气候条件相似的环境空气质量城市点或背景点监测数据

B．各污染物环境质量现状浓度可取符合 HJ 664 规定，并且与评价范围地理位置邻近，地形、气候条件相似的环境空气质量区域点或背景点监测数据

C．各污染物环境质量现状浓度可取符合 HJ 664 规定，并且与评价范围地理位置邻近，地形、气候条件相似的环境空气质量区域点或城市点监测数据

D．对一类区基本污染物进行至少 7 天的补充监测

24．大气环境补充监测应至少取得（　　）天的有效数据。

A．1　　B．3　　C．5　　D．7

25．某一级评价项目，补充监测布点以 20 年统计的当地主导风向为轴向，在厂址及主导风向下风向（　　）km 范围内设置 1～2 个监测点。

A．2.5　　B．3　　C．5　　D．10

26．若进行一年二氧化硫的环境质量监测，每天测 12 小时，每小时采样时间 45 分钟以上，每月测 12 天。在环境影响评价中这些资料可用于统计分析二氧化硫的（　　）。

A．1 小时平均浓度　　B．日平均浓度

C．季平均浓度　　D．年平均浓度

27．某项目环境空气现状需要补充监测下列污染物现状质量数据，为获得其日均浓度数据有效性，采样时间需要每日24小时的为（　　）。

A．SO_2　　B．NO_2　　C．CO　　D．TSP

28．某地区公布了该地区全年365天每日基本污染物的24小时的浓度数据，则关于该地区SO_2的24小时平均第98百分位数浓度说法正确的是（　　）。

A．为序号第357位对应的日均值浓度

B．为序号第358位对应的日均值年攻读

C．为序号第356位和第357位对应的日均值浓度两者之间的插值

D．为序号第357位和第358位对应的日均值浓度两者之间的插值

29．对于编制报告书的工业项目的一级评价项目，污染源调查时不包括（　　）项目。

A．评价范围内与评价项目排放污染物有关的其他在建项目污染源

B．受本项目物料及产品运输影响新增的交通运输移动源

C．本项目污染源

D．评价范围内与评价项目排放污染物有关的其他正常运行的已建项目

30．对于编制报告书的工业项目，分析调查受本项目物料及产品运输影响的交通运输移动源，不包括的项目为（　　）。

A．运输方式　　B．新增交通流量

C．排放污染物及排放量　　D．车辆年限

31．对于城市快速路、主干路等城市道路的新建项目，需调查的污染源内容有（　　）。

A．交通流量及污染物排放量　　B．车辆类型

C．最大车速　　D．道路周边敏感点分布情况

32．采样口周围水平面应保证270°以上的捕集空间，如果采样口一边靠近建筑物，采样口周围水平面应有（　　）以上的自由空间。

A．30°　　B．45°　　C．180°　　D．270°

33．某改建项目现状工程的污染源调查时，下列数据中优先采用的是（　　）。

A．项目监督性监测数据　　B．在线监测数据

C．年度排污许可执行报告　　D．自主验收报告

34．某项目为三级评价，下列属于其污染源调查内容的是（　　）。

A．本项目新增污染源　　B．现有污染源

C．评价范围内在建项目污染源　　D．评价范围内拟建项目污染源

35．风频表征（　　）受污染的概率。

A. 上风向　B. 主导风向　C. 下风向　D. 次主导风向

36. 影响大气扩散能力的主要热力因子是（　）。

A. 风和大气稳定度　B. 温度层结和湍流

C. 风和湍流　D. 温度层结和大气稳定度

37. 吹某一方向的风的次数，占总的观测统计次数的百分比，称为该风向的（　）。

A. 风频　B. 风玫瑰图　C. 风场　D. 联合频率

38. 大气湍流是指气流在三维空间内随空间位置和时间的（　）涨落。

A. 有规则　B. 不规则

C. 水平方向不规则　D. 垂直方向不规则

39. 影响大气扩散能力的主要动力因子是（　）。

A. 风和大气稳定度　B. 温度层结和大气稳定度

C. 风和湍流　D. 温度层结和湍流

40. 下列关于山谷风的说法，错误的是（　）。

A. 山谷风是发生在山区的山风和谷风的总称

B. 白天风从山谷近地面吹向山坡，晚上风从山坡近地面吹向山谷

C. 晚上风从山谷近地面吹向山坡，白天风从山坡近地面吹向山谷

D. 山谷风是由于山坡和山谷受热不均而产生的

41. 下列关于城市热岛环流的说法，正确的是（　）。

A. 城市热岛环流是由于城乡湿度差异形成的局地风

B. 近地面，风从郊区吹向城市，高空则相反

C. 白天风从城市近地面吹向郊区，晚上风从郊区近地面吹向城市

D. 市区的污染物通过近地面吹向郊区

42. 在风玫瑰图中出现 C=34%，其表达的意思是（　）。

A. 主导风频率为 34%　B. 静风频率为 34%

C. 小风频率为 34%　D. 静风联合频率为 34%

43. 某城市 E 和 ESE 风向出现的频率分别为 20%和 18%，静风频率为 45%，新建热电厂选址方案正确的是（　）。

A. 选址在城市的东面　B. 选址在城市的东南偏东面

C. 选址在城市的西面　D. 选址在城市的东南面

44. 风向玫瑰图中的 C 代表风速（　）m/s。

A. 0　B. ＜0.5　C. ≤0.5　D. 0～1.0

45. 风廓线是指（　）。

A．风速随时间的变化　　B．风速随温度的变化
C．风速随高度的变化　　D．风速随湿度的变化

46．温廓线是反映（　　）。

A．温度随高度的变化影响热力湍流扩散的能力
B．温度随高度的变化影响动力湍流扩散的能力
C．温度随高度的变化影响热力水平扩散的能力
D．温度随高度的变化影响动力水平扩散的能力

47．企业位于狭长的山谷中，夜间有连续的低矮污染源排放，则日出后，夜间聚集在逆温层中的污染物会向（　　）扩散。

A．高空　B．沿着山谷的上风向　C．地面　D．沿着山谷的下风向

48．下列关于海陆风的说法，错误的是（　　）。

A．海陆风是由于海陆热量反应差异造成的　B．白天下层气流由海洋吹向陆地
C．夜间上层气流由海洋吹向陆地　D．夜间下层气流由海洋吹向陆地

49．估算模型 AERSCREEN 一般选取评价区域近（　　）年以上气候统计资料的统计结果。

A．10　B．15　C．20　D．30

50．利用 CALPUFF 模型进行预测时，地面气象数据应选择（　　）的逐时地面气象数据。

A．距项目最近的气象站　B．与气象特征基本一致
C．预测范围内所有地面气象站　D．数据最全的气象站

51．AERMOD 模型气象数据选取时，离地高度 3 000 m 以内的有效数据层数应不少于（　　）层。

A．5　B．15　C．10　D．20

52．下图的主导风向是（　　）。

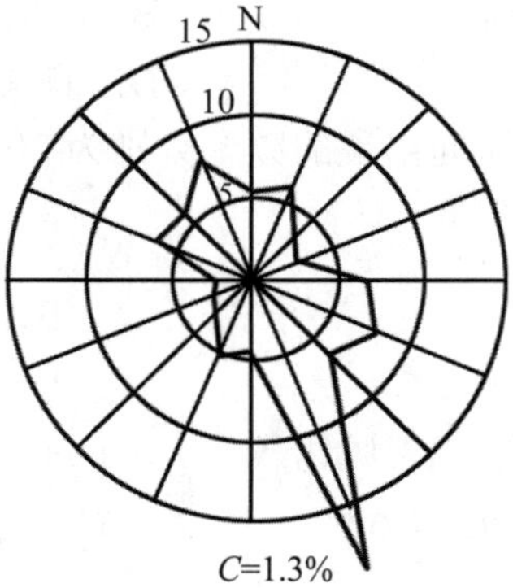

A．ESE　B．SSE　C．SE　D．不能确定

53．估算模型的地表参数根据模型特点取项目周边（ ）km 范围内占地面积最大的土地利用类型来确定。

A．1　B．5　C．10　D．3

54．AERMOD 所需的区域湿度条件划分可根据（ ）进行选择。

A．地面气象资料　B．中国干湿地区划

C．高空气象资料　D．生态环境部门公布的数据

55．区域现状污染源排放清单数据应采用（ ）。

A．近 3 年内相关污染源监测数据

B．近 3 年内国家或地方生态环境主管部门发布的数据

C．近 5 年内国家或地方生态环境主管部门发布的数据

D．仅包括人为源的数据

56．以下选项中，（ ）不属于环境空气质量现状监测点位图中所包含的内容。

A．环境保护目标　B．国家监测站点

C．基础底图　D．现状补充监测点

57．水污染影响型建设项目，（ ）应作为地表水环境影响评价因子。

A．水温　B．水位

C．pH　D．纳污河流冲淤变化

58．一般情况，水文调查与水文测量宜在（ ）进行，必要时可根据需要在其他时期进行。

A．丰水期　B．平水期　C．枯水期　D．冰封期

59．对于水污染影响型建设项目的现状调查，与水质调查同步进行的水文测量，原则上可只在（ ）进行。

A．两个时期内　B．平水期　C．丰水期　D．一个时期内

60．对于水污染影响型建设项目的现状调查，在水文测量的时间、频次和断面与水质调查不完全相同时，应保证满足水环境影响预测所需的（ ）的要求。

A．模型参数　B．水文参数

C．水文特征值及环境水力学参数　D．水质特征值及模型参数

61．对于地表水环境影响二级评价项目，受影响的水体为河流时，一般情况下应调查（ ）。

A．丰水期、枯水期和平水期　B．平水期和枯水期

C．丰水期和枯水期　D．枯水期

62．地表水环境影响评价点污染源调查内容不包括（ ）。

A．用排水状况　B．排放特点

C．排污数据　　D．产污数据

63．某新建项目生产民用建材，厂地附近有分散式畜禽养殖，进行地表水面污染源调查时不包括（　　）。

A．畜禽养殖种类　　B．主要污染物浓度

C．排放口平面位置　　D．养殖方式

64．某建设项目拟排放的污水中含总磷，距离项目最近的水体为某海湾，周围居民产生的未经处理的生活污水也汇入该海湾，若将其作为纳污水体，则进行地表水环境影响评价时必须评价的因子为（　　）。

A．总氮　　B．悬浮物　　C．透明度　　D．叶绿素 a

65．北方某流域拟建引水式电站，坝址处多年平均枯水期月平均流量为 20 m^3/s，坝址至厂房间河段工业取水量为 2 m^3/s，农业取水量为 1.5 m^3/s。为保障坝址下游河道生态用水，该电站下泄的水量最小应为（　　）m^3/s。

A．2.0　　B．3.5

C．5.5　　D．6.5

66．水污染影响型建设项目，当受纳水体为湖库时，以排放口为圆心，调查半径在评价范围基础上外延（　　）。

A．10%～20%　　B．15%～20%　　C．20%～50%　　D．30%～50%

67．对于水文要素影响型建设项目，年径流量与总库容百分比（　　）时，评价等级为一级。

A．$\alpha<10$　　B．$\alpha\geqslant20$　　C．$\alpha\leqslant20$　　D．$\alpha\leqslant10$

68．某冶金机电项目排放的废水经自建污水处理站预处理后，排入园区污水处理厂进一步处理后达标排放，最终废水排放量为 500 m^3/d，第一类污染物当量数总和为 8 000，则判断该项目地表水环境影响评价等级为（　　）。

A．一级　　B．二级　　C．三级 A　　D．三级 B

69．某化工项目，进行地表水环境影响评价等级时，应统计（　　）的排放量。

A．污染物满足排放要求的锅炉废水　　B．含热量大的冷却水

C．循环水　　D．间接冷却水

70．径流要素影响型建设项目评价等级划分时选用的指标是（　　）。

A．兴利库容与年径流量百分比　　B．年径流量与总库容百分比

C．过水断面宽度占用比例　　D．工程扰动水底面积

71．关于底泥污染状况评价方法，推荐采用（　　）。

A．算术平均法　　B．幂指数法

C．加权平均法　　D．单项污染指数法

72．气温为 23℃时，某河段溶解氧浓度为 4.5 mg/L，已知该河段属于Ⅱ类水体，

如采用单项指数法评价，其指数为（　）。（根据 GB 3838—2002，Ⅱ类水体溶解氧标准为≥6 mg/L）

A．0.75　　B．1.33　　C．1.58　　D．3.25

73．某河流实测 pH 统计代表值为 6.3，则河流 pH 的标准指数为（　）。

A．0.7　　B．0.3　　C．0.4　　D．0.6

74．对于大中型湖泊、水库，建设项目污水排放量为 30 000 m^3/d，一级评价时，每（　）布设一个取样位置。

A．1～2.5 km^2　　B．1～2 km^2　　C．0.5～1.5 km^2　　D．0.5～2.5 km^2

75．某监测点 COD 标准指数为 2.3，表示该点位 COD（　）。

A．超标 2.3 倍　　B．超标 1.3 倍　　C．超标 0.3 倍　　D．超标 3.3 倍

76．建设项目需要确定生态流量时，应结合主要生态保护对象（　）进行调查分析。

A．正常用水时段　　B．非用水时段

C．敏感用水时段　　D．不同用水时段分别

77．湖库现状调查补充监测时，其溶解氧每天监测次数为（　）。

A．2　　B．4　　C．6　　D．12

78．某Ⅲ类水 BOD_5 实测质量浓度代表值是 4 mg/L，Ⅲ类水域的标准值是 4 mg/L，该水质因子（　）。

A．达标　　B．不达标　　C．不一定达标　　D．无法计算，条件不足

79．某水污染影响型建设项目排入水库，下列关于其地表水环境补充监测频次最低要求说法正确的是（　）。

A．监测一次，每次同步连续调查取样 3～4 天

B．监测两次，每次同步连续调查取样 2～4 天

C．监测一次，每次同步连续调查取样 2～4 天

D．监测两次，每次同步连续调查取样 3～4 天

80．河流现状调查补充监测时，其水温应每天监测的次数为（　）次。

A．1　　B．2　　C．4　　D．6

81．关于水文情势调查要求相关说法，错误的是（　）。

A．应尽量收集邻近水文站既有水文年鉴资料和其他相关的有效水文观测资料

B．水文调查与水文测量宜在平水期进行

C．在采用水环境数学模型时，应根据所选用的预测模型需输入的水文特征值及环境水力学参数决定水文测量内容。

D．在采用物理模型法模拟水环境影响时，水文测量应根据模型制作及模型试验所需的水文特征值及环境水力学参数。

82．根据（　　），将地下水分为包气带水、潜水和承压水。

A．埋藏条件　　B．来源

83．描述空隙含水层的基本水文地质参数是（　　）。

A．孔隙度、给水度、渗透系数　　B．孔隙率、给水度、弹性系数

C．有效孔隙度、渗透系数、实际流速　　D．孔隙度、弹性系数、水力传导系数

84．潜水与承压水的差别在于潜水（　　）。

A．为重力驱动　　B．上有隔水层　　C．下有隔水层　　D．具有自由水面

85．降雨产流过程中的地下水入渗方式是（　　）。

A．水动力弥散　　B．淋溶

C．稳定渗流　　D．非饱和渗流

86．（　　）会引起地下水的矿化度比较高。

A．泉排泄　　B．蒸发排泄　　C．泄流排泄　　D．人工排泄

87．关于地下水环境现状调查方法的说法，正确的是（　　）。

A．地面调查应贯穿于调查的始终，区域调查时应采用溯源法，在污染源调查时应采用穿越法

B．地下水环境调查仅需地表水环境调查方法即可完成

C．地球物理勘探方法包括水文测井和地面物探

D．水文地质钻探时，钻孔设置要求目的明确，做到一孔一用

88．对于一级、二级的改、扩建项目，应在可能造成地下水污染的主要装置或设施附近开展包气带污染现状调查，对包气带进行分层取样，一般在（　　）埋深处取样。

A．0～50 cm　　B．0～20 cm　　C．20～50 cm　　D．3 m

89．在包气带厚度超过100 m的评价区或监测井较难布设的基岩山区，可视情况调整地下水质检测点数，一级、二级评价项目至少设置（　　）监测点。

A．7个　　B．5个　　C．3个　　D．一定数量

90．对于改、扩建项目，且特征因子为DNAPLs（重质非水相液体）时，应至少在含水层（　　）取一个样品。

A．地下水水位以下1.0 m　　B．底部

C．地下水水位以下20 cm　　D．地下水水位以下50 cm

91．一级评价项目进行地下水现状监测时，若掌握近3年至少一期水质监测数据，基本水质因子可在评价期补充开展（　　）现状监测；特征因子在评价期内需至少开展（　　）现状值监测。

A．二期，一期　　B．一期，一期

C．枯丰，一期　　D．枯水期，枯水期

92．地下水现状监测时，需在现场测定的是（　　）。

A．氨氮　　B．氯化物　　C．DO　　D．Ca^{2+}

93．环境水文地质试验项目不包括（　　）。

A．浸溶试验　　B．渗水试验　　C．土柱淋滤试验　　D．弥散试验

94．根据《环境影响评价技术导则　地下水环境》，地下水水质现状评价应采用（　　）进行评价。

A．标准指数法　　B．综合指数法　　C．回归分析法　　D．趋势外推法

95．关于分布连续稳定的包气带防污性能与包气带厚度（B）和包气带垂直渗透系数（K）之间的关系描述，正确的是（　　）。

A．B/K　　B．K/B　　C．BK　　D．$1/BK$

96．我国现有环境噪声标准中，主要评价量为（　　）。

A．等效声级和计权有效感觉噪声级

B．等效声级和计权有效感觉连续噪声级

C．等效连续 A 声级和计权等效连续感觉噪声级

D．等效连续 A 声级和计权等效连续噪声级

97．强度为 80 dB 的噪声，其相应的声压为（　　）Pa。

A．0.1　　B．0.2　　C．0.4　　D．20

98．测量机场噪声通常采用（　　）。

A．等效连续 A 声级　　B．最大 A 声级及持续时间

C．倍频带声压级　　D．计权等效连续感觉噪声级

99．下列不属于声环境现状调查基本方法的是（　　）。

A．现场调查法　　B．类比法　　C．收集整理法　　D．现场测量法

100．等效连续 A 声级是将某一段时间内暴露的不同 A 声级的变化用（　　）计算得到的。

A．算术平均方法　　B．加权平均方法

101．对于声级起伏较大的非稳态噪声或间歇性噪声，采用（　　）为评价量。

A．A 声级　　B．最大 A 声级

C．等效连续 A 声级　　D．计权等效连续噪声级

102．在环境噪声评价量中符号“L_{WECPN}”表示（　　）。

A．计权声功率级　　B．声功率级

C．计权等效连续感觉噪声级　　D．等效连续 A 声级

103．机场周围区域有飞机低空飞越时，其噪声环境影响的评价量为（　　）。

A．L_{dn}　　B．L_{max}　　C．L_{WECPN}　　D．L_{eq}

104．某建设项目所在区域声环境功能区为 1 类，昼间环境噪声限值为 55 dB(A)，

夜间环境噪声限值为45 dB（A），则该区域夜间突发噪声的评价量为（　　）dB（A）。

A．≤45　　B．≤55　　C．≤50　　D．≤60

105．在（　　）时，评价范围内可选择有代表性的区域布设测点。

A．没有明显的声源，且声级较低

B．有明显的声源，对敏感目标的声环境质量影响不明显

C．有明显的声源，对敏感目标的声环境质量影响明显

D．没有明显的声源，且声级较高

106．声环境监测布点时，当敏感目标（　　）时，应选取有代表性的不同楼层设置测点。

A．高于（不含）三层建筑　　B．高于（含）三层建筑

C．高于（含）二层建筑　　D．高于（含）四层建筑

107．声环境现状监测布点应（　　）评价范围。

A．大于　　B．小于　　C．覆盖　　D．略大于

108．对于改、扩建机场工程，声环境现状监测点一般布设在（　　）处。

A．机场场界　　B．机场跑道

C．机场航迹线　　D．主要敏感目标

109．某敏感点处昼间前8个小时测得的等效声级为55 dB（A），后8小时测得的等效声级为65.0 dB（A），该敏感点处的昼间等效声级是（　　）dB（A）。

A．60　　B．62.4　　C．65　　D．65.4

110．对于两条跑道改、扩建机场工程，测点数量可分别布设（　　）个飞机噪声测点。

111．对工况企业环境噪声现状水平调查方法，现有车间的噪声现状调查，重点为处于（　　）dB（A）以上的噪声源分布及声级分析。

A．80　　B．85　　C．90　　D．75

112．厂区内噪声水平调查一般采用（　　）。

A．极坐标法　　B．功能区法　　C．网格法　　D．等声级线法

113．厂区噪声水平调查测量点布置在厂界外（　　）m处，间隔可以为50～100 m，大型项目也可以取100～300 m。

114．对于拟建公路、铁路工程，环境噪声现状调查重点需放在（　　）。

A. 线路的噪声源强及其边界条件参数　　B．工程组成中固定噪声源的情况分析

C. 环境敏感目标分布及相应执行标准　　D．环境噪声随时间和空间变化情况分析

115．公路、铁路等线路型工程，其环境噪声现状水平调查一般测量（　　）。

A．A计权声功率级　　B．声功率级

C．等效连续感觉噪声级　　D．等效连续A声级

116．工业企业噪声源强调查清单（室外声源）不包括（　　）。

A．声源名称　　B．空间相对位置

C．运行时段　　D．声源控制措施

117．公路/城市道路噪声源强清单不包括（　　）。

A．车流量　　B．车速

C．源强　　D．声源控制措施

118．机场航空器噪声源调查清单不包括（　　）。

A．航空器型号　　B．发动机类型、型号、数量

C．机型噪声适航阶段代号　　D．噪声源强值

119．工业企业声环境保护目标调查表不包括（　　）。

A．保护目标名称　　B．空间相对位置

C．声环境保护目标类型　　D．执行环境功能区类别

120．公路、城市道路声环境保护目标调查表不包括（　　）。

A．线路形式　　B．保护目标名称

C．空间相对位置　　D．距道路边界（红线）距离

121．机场声环境保护目标调查表不包括（　　）。

A．所属行政区划　　B．功能区划

C．保护目标名称　　D．声环境保护目标坐标、类型、规模

122．利用模型计算声环境保护目标的现状噪声值，计算结果和监测结果的允许误差范围在（　　）dB 以内。

A．4.5　　B．3.0　　C．3.5　　D．4.0

123．根据《环境影响评价技术导则　生态影响》，当涉及区域范围较大或主导生态因子的空间等级尺度较大，通过人力踏勘较为困难或难以完成评价时，生态现状调查可采用（　　）。

A．生态监测法　　B．现场勘查法　　C．遥感调查法　　D．资料收集法

124．根据《环境影响评价技术导则　生态影响》，当项目可能产生潜在的或长期累积效应时，生态现状调查可考虑选用（　　）。

A．生态监测法　　B．现场勘查法　　C．遥感调查法　　D．资料收集法

125．在无法获得项目建设前的生态质量背景资料时，应首选（　　）作为背景资料进行类比分析。

A．当地长期科学观测累计的数据资料

B．同一气候带类似生态系统类型的资料

C．全球按气候带和生态系统类型的统计资料

D．当地地方志记载的有关资料

126．鱼卵和仔鱼的分布属于哪类水生生态调查内容（　　）。

A．底栖生物　　B．潮间带生物　　C．鱼类　　D．浮游生物

127．为掌握水鸟的生活规律变化，宜选用（　　）调查方法。

A．全部计数法　　B．分区直属法

C．鸣声计数法　　D．访问调查法

128．关于陆生动物中的猿猴，宜选用调查方法包括（　　）。

A．样线（线路或条带）调查法　　B．红外相机陷阱法

C．踪迹判断法　　D．直观调查法

129．关于陆生动物中的长臂猿，宜选用调查方法包括（　　）。

A．鸣叫调查法　　B．红外相机陷阱法

C．踪迹判断法　　D．直观调查法

130．关于陆生植被与植物调查，相关说法错误的是（　　）。

A．根据已确定的对象、内容以及调查区域的地形、地貌、海拔、生境等确定调查线路或调查点

B．样点的布局要分布在整个调查区域的各代表性地段

C．无须考虑被调查区域的不同地段的生境差异

D．调查线路或调查点的设立应注意代表性、随机性、整体性及可行性

131．关于陆生植被与植物的调查方法，说法正确的有（　　）。

A．样方法适用于物种丰富、分布范围相对集中、种群数量较多的区域

B．样线（带）法适用于物种不十分丰富、分布范围相对分散、种群数量相对较少的区域

C．样方法适用于物种丰富、分布范围相对集中、分布面积较大的地段

D．样线（带）法适用于物种十分丰富、分布面积较大，种群数量较多的区域

132．根据《生物多样性观测技术导则　陆生维管植物》，陆生维管植物样方调查面积设置说法错误确的是（　　）。

A．森林观测样地的面积以≥1 公顷（100 m×100 m）为宜

B．灌丛观测样地一般不少于 5 个 10 m×10 m 的样方

C．对大型或稀疏灌丛，样方面积扩大到 50 m×50 m 或更大

D．草地观测样地一般不少于 5 个 1 m×1 m 样方

133．根据《生物多样性观测技术导则　内陆水域鱼类》，内陆水域鱼类观测方法不包括（　　）。

A．渔获物调查　　B．网捕法

C．标记重捕法　　D．声呐水声学调查

134．根据《生物多样性观测技术导则　水生维管植物》，水生维管植物观测方

法不包括（　　）。

A．直接测量法　　B．资料查阅和野外调查

C．样点法　　D．遥感或收获法

135．某区域植物样本调查中，某一植物个体数量占样地面积的比例，可以说明该植物的（　　）。

A．数量　　B．优势度　　C．频度　　D．密度

136．一个样本的样地数占样地总数的比值是（　　）。

A．频度　　B．密度　　C．优势度　　D．盖度

137．用放射性追踪法对植物夜间的光合作用进行追踪，一般选用（　　）元素。

A．^{2}O　　B．^{2}H　　C．^{2}N　　D．^{14}C

138．反映地面生态学特征的植被指数 NDVI 是指（　　）。

A．比值植被指数　　B．农业植被指数

C．归一化差异植被指数　　D．多时相植被指数

139．植被现状调查时，一般草本、灌木林、乔木林样方面积正确的分别为（　　）。

A．1 m×1 m、5 m×5 m、50 m×50 m　　B．1 m×1 m、10 m×10 m、50 m×50 m

C．1 m×1 m、10 m×10 m、20 m×20 m　　D．1 m×1 m、5 m×5 m、10 m×10 m

140．某个植被样方调查面积为 10 m^2，调查结果如下表。样方中物种乙的密度、相对密度分别为（　　）。

物种	个体数	覆盖面积/m^2
甲	2	2
乙	2	3
丙	1	1

A．0.2 个/m^2、40%　　B．0.2 个/m^2、50%

C．0.3 个/m^2、40%　　D．0.3 个/m^2、50%

141．下列有关陆生动物调查的说法中，不正确的是（　　）。

A．哺乳类物种的调查类型应选择在繁殖季节，以天为频度展开调查

B．鸟类物种调查应选择在合适的时间或不同的季节进行

C．在调查中每个样点最好能进行 2 次以上调查

D．陆生生物的调查样区应覆盖评价区内的各种栖息地类型

142．如果某地生物生产量为 2.6 t/（$hm^2 \cdot a$），其荒漠化程度属于（　　）。

A．潜在的荒漠化　　B．正在发展的荒漠化

C．强烈发展的荒漠化　　D．严重荒漠化

143．高度在（　　）m 以上的广阔树冠的木本植物为乔木。

A．3　　B．6　　C．2　　D．5

144．在进行某地块样方调查时，一般面积为 50～500 hm^2 样方数量应设（　　）个，面积大于 500 hm^2 的每增（　　）hm^2 增设一个，但总样方数最多控制在（　　）个以内。

A．2，50，10　　B．5，100，10

C．3 ，50，10　　D．5，50，10

145．某次样方调查资料给出了样方总数和出现某种植物的样方数，据此可以计算出该种植物的（　　）。

A．密度　　B．优势度　　C．频度　　D．多度

146．陆地生态系统生产能力的估测是通过对自然植被（　　）的估测来完成。

A．净第一性生产力　　B．总初级生产量

C．净初级生产量　　D．呼吸量

147．下列生态系统平均生物量最大的是（　　）。

A．热带季雨林　　B．北方针叶林　　C．温带阔叶林　　D．热带雨林

148．一定地段面积内某个时期生存着的活动有机体的重量是指（　　）。

A．物种量　　B．生长量　　C．生物生产力　　D．生物量

149．在植物样方调查时，首先要确定样方面积大小，对于森林而言，其样方面积不应小于（　　）m^2。

A．1　　B．10　　C．400　　D．1 000

150．采用样地调查收割法实测植物生物量时，草本群落或森林草本层样地面积一般选用（　　）m^2。

A．1　　B．10　　C．100　　D．500

151．香农-威纳指数（Shannon-Weiner Index）是物种多样性调查最常用的方法，其计算公式为（　　）。（注：P_i 为属于第 i 物种在全部采样中的比例；S 是物种数；N 是总个体数）

A．$H'=-\sum_{i=1}^{s}\left(P_i/\ln P_i\right)$　　B．$H'=(S-1)/\ln N$

C．$H'=-\sum_{i=1}^{S}(S_i)(\ln N_i)$　　D．$H'=-\sum_{i=1}^{S}(P_i)(\ln P_i)$

152．在植物样方调查时，首先要确定样方面积大小，对于一般草本而言，其样方面积不应小于（　　）m^2。

A．1　　B．10　　C．100　　D．200

153．在植物多样性调查时，首先要确定样方面积大小，对于灌木林样，选取样

方对角的 2 个（　　）小样方，对灌木层进行详细调查。

A．1 m×1 m　　B．10 m×10 m　　C．20 m×30 m　　D．3 m×3 m

154．某样地景观生态调查测得 W 斑块的频率和景观比例分别为 36%和 40%，若样地内 W 斑块的数量为 48，斑块总数为 300，则 W 斑块的优势度值是（　　）。（注：Do＝0.5×[0.5×（Rd＋Rf）＋Lp]×100%）

A．27%　　B．32%　　C．33%　　D．71%

155．某水生生态系统调查时，采用黑白瓶法测定初级生物量。初始瓶 IB=5.0 mg/L，黑瓶 DB=3.5 mg/L，白瓶 LB=9 mg/L，则净初级生物量和总初级生物量分别为（　　）。

A．5.5 mg/L，4 mg/L　　B．4 mg/L，5.5 mg/L

C．1.5 mg/L，4 mg/L　　D．1.5 mg/L，5.5 mg/L

156．用边长 50 cm 的正方形带网铁铗采集某湖泊植物样品，样方平均高等植物鲜重生物量 75 g（无滴水时的鲜重），则湖泊中高等植物群落平均鲜重生物量为（　　）g/m^2。

A．300　　B．150　　C．225　　D．75

157．水生生态系统包括（　　）。

A．海洋和河流生态系统　　B．河流和湖泊生态系统

C．海洋、河流和湖泊生态系统　　D．海洋和湖泊生态系统

158．在利用“3S”技术进行生态环境现状调查时，目前提出的植被指数很多，应用最广泛的是（　　）。

A．MTVI　　B．RVI　　C．NDVI　　D．AVI

159．生态保护红线是指在森林、草原、湿地、河流、湖泊、滩涂、岸线、海洋、荒地、戈壁、冰川、高山冻原、无居民海岛等生态空间范围内具有（　　）、必须强制性严格保护的区域。

A．特殊重要生态功能　　B．重要生产能力

C．可持续发展功能　　D．经济发展潜力

160．利用 GPS 系统进行定位时，需要接收至少（　　）颗卫星的信号。

A．3　　B．4　　C．5　　D．24

161．利用遥感影像资料可识别（　　）。

A．鱼类的产卵场　　B．植被的分布情况

C．候鸟的迁徙通道　　D．陆生生物的活动规律

162．遥感可为生态环境现状调查提供大量的信息，通过卫星影响不同波段信息组合形成各种类型的植被指数，较好地反映某些地面生态学特征，（　　）常被用于进行区域和全球的植被状况研究。

A．比值植被指数RVI B．农业植被指数AVI
C．归一化差异植被指数NDVI D．多时相植被指数MTVI

163．（ ）基于景观是高于生态系统的自然系统，是一个清晰的和可度量的单位。

A．空间结构分析 B．景观模地分析
C．景观廊道分析 D．功能与稳定性分析

164．建设项目生态评价为二级的，生态影响评价图件不包括（ ）。

A．土地利用现状图 B．植被类型图
C．地表水系图 D．典型生态保护措施平面布置示意图

165．根据《环境影响评价技术导则 生态影响》，可用景观生态学法开展生态现状评价的是（ ）。

A．物种多样性丰富程度 B．森林生态系统生物量
C．区域生态系统空间结构 D．河流水生生物群落结构

166．根据《环境影响评价技术导则 生态影响》，将拟实施的开发建设活动的影响因素与可能受影响的环境因子分别列在同一张表格的行与列内，逐点进行分析，并逐条阐明影响的性质、强度等。该开发建设活动的生态影响分析方法为（ ）。

A．列表清单法 B．图形叠置法
C．生态机理分析法 D．网络法

167．能评价生态系统演替趋势，预测动物和植物个体、种群和群落的影响，并预测生态系统演替方向的方法是（ ）。

A．生态机理分析法 B．景观生态学法
C．系统分析法 D．质量指标法

168．根据《环境影响评价技术导则 生态影响》，关于指数法应用的说法，错误的是（ ）。

A．可用于生态系统功能评价
B．可用于生态因子单因子质量评价
C．可用于生态多因子综合质量评价
D．可用于生态保护措施筛选的优先度评价

169．根据《环境影响评价技术导则 土壤环境（试行）》，工业园区内的建设项目，应重点在建设项目占地范围内开展现状调查工作，并兼顾其（ ）。

A．可能影响的占地范围外围土壤环境敏感目标
B．可能影响的周边企业
C．可能影响的土壤
D．可能影响的园区外围土壤环境敏感目标

170．尾矿库项目的土壤环境现状监测，应结合地形地貌，在占地范围外的（　　）各设置 1 个表层样监测点。

A．上、下游　　B．下游

C．上、下游及两侧　　D．上、下游及重点污染风险源处

171．线性工程土壤现状监测，应重点在（　　）设置监测点。

A．工程边界两侧向外延伸 0.2 km　　B．站场位置

C．评价范围内　　D．工程沿线有代表性的保护目标

172．关于土壤环境现状评价标准，以下说法正确的是（　　）。

A．无参考标准的可只给出现状监测值

B．优先参考行业标准进行评价

C．土地利用类型无相应标准的以 GB 15618、GB 36600 等标准中最严格的标准进行评价

D．优先参考行业、地方相关标准进行评价

173．土壤环境影响评价等级为（　　）的建设项目应填写土壤剖面调查表。

A．一级　　B．一级、二级　　C．二级　　D．三级

174．关于氧化还原电位，以下说法错误的是（　　）。

A．氧化还原电位是长期惯用的氧化还原指标

B．可以被理解为物质提供或接受电子的趋向或能力

C．物质接受电子的强烈趋势意味着高氧化还原电位

D．提供电子的强烈趋势则意味着高氧化还原电位

175．建设项目位于半干旱地区，经检测土壤含盐量为 1.5 g/kg，则可判断出该土壤盐化程度为（　　）。

A．未盐化　　B．轻度盐化　　C．中度盐化　　D．重度盐化

176．（　　）建设项目应给出土壤盐化、酸化、碱化的现状。

A．生态影响型　　B．污染影响型

C．生态影响型及污染影响型　　D．土壤一级评价

177．矿藏丰富的地区，采用（　　）更能反映土壤人为污染程度。

A．单污染指数法　　B．累计指数法

C．污染分担率评价法　　D．内梅罗污染指数评价法

178．暴露途径，指建设用地土壤中污染物迁移到达和暴露于人体的方式，以下不属于主要暴露途径的是（　　）。

A．吸入室内空气中来自上层土壤的气态污染物

B．吸入室外空气中来自表层土壤的气态污染物

C．皮肤接触土壤　　D．吸入土壤颗粒物

179．根据《环境影响评价技术导则　土壤环境（试行）》，以下不属于土壤环境生态影响重点的是（　　）。

A．盐化　　B．潜育化　　C．酸化　　D．碱化

180．对于土壤环境影响评价，涉及两个地区的建设项目，应（　　）开展评价工作。

A．对整个区域　　B．同时　　C．分别　　D．对影响较大的地区

181．经调查，某建设项目所在地土壤中，砂粒成分=60%、细黏土成分=20%，该调查结果说明了土壤的理化性质是（　　）。

A．土壤质地　　B．土壤结构　　C．土体构型　　D．土壤容重

182．某地土壤pH为10，此地区土壤（　　）。

A．轻度碱化　　B．中度碱化　　C．重度碱化　　D．极重度碱化

183．（　　）是土壤固相部分的重要组成成分，对土壤形成、土壤肥力、环境保护及农林业可持续发展等方面都有着极其重要的作用和意义。

A．矿物质　　B．生物有机体　　C．水　　D．有机质

184．改、扩建的污染影响型建设项目，其评价工作等级为（　　）的，应对现有工程的土壤环境保护措施情况进行调查。

A．一级　　B．一级、二级

C．二级　　D．一级、二级、三级

185．关于土壤环境现状调查影响源调查，应调查与建设项目产生（　　）或造成相同土壤环境影响后果的影响源。

A．同种特征因子　　B．同种因子

C．同种基本因子　　D．类似特征因子

186．（　　）土壤污染风险筛选值与pH值密切相关。

A．乡村住宅用地　　B．旅游用地

C．果园　　D．交通水利设施用地

187．根据土壤结构体的大小、形状以及与土壤肥力的关系，可以把土壤结构体划分为（　　）种。

A．3　　B．4　　C．5　　D．6

188．进行建设项目土壤环境现状监测时，涉及大气沉降影响的，可（　　）。

A．在最大落地浓度点增设表层样监测点

B．在最大落地浓度点增设表层样、柱状样监测点

C．主导风向上风向设置2个表层样监测点

D．主导风向下风向设置1个柱状样监测点

189．从土壤剖面采取土壤样品正确的方法是（　　）。

A．随机取样　　B．由上而下分层取样
C．由下而上分层取样　　D．由中段向上、下扩展取样

190．土壤环境现状调查说法错误的是（　　）。
A．调查评价范围内的土壤理化特性、土壤环境质量状况、影响源
B．掌握土地利用现状情况、后期的土地利用规划情况
C．重点收集场地作为工业用地时期的生产及污染状况
D．分析周边土壤环境污染程度，为后期的监测布点提供依据

191．不属于污染影响型土壤理化特性调查项目的是（　　）。
A．地下水埋深　　B．土地构型
C．土壤结构　　D．有机质

192．进行土壤质地调查，对土壤进行初步划分可采用的方法是（　　）。
A．搓条法　　B．密度计法
C．吸管法　　D．激光粒度仪法

二、不定项选择题（每题的备选项中至少有一个符合题意）

1．大气环境现状调查包括（　　）。
A．大气环境质量现状调查　　B．大气污染源调查
C．气象观测资料调查　　D．地形高差

2．属于大气环境一级评价项目环境空气质量现状调查内容和目的的有（　　）。
A．计算环境空气保护目标环境质量现状浓度
B．项目所在区域污染物环境质量现状
C．评价所在区域环境质量达标情况
D．计算网格点的环境质量现状浓度

3．下列属于大气环境二级评价项目环境空气质量现状调查目的的有（　　）。
A．计算环境空气保护目标环境质量现状浓度
B．项目所在区域污染物环境质量现状
C．评价所在区域环境质量达标情况
D．计算网格点的环境质量现状浓度

4．某项目大气环境影响评价环境空气现状调查补充监测，下面关于补充监测说法正确的有（　　）。
A．选择污染较重的季节进行现状监测
B．补充监测至少取得 7 天有效数据
C．以监测季节主导风向为轴向，在厂址及下风向布点
D．各级评价监测点位数不少于 6 个

5．混合层在（　　）。

A．在中午最高　　B．日落后形成逆温的稳定边界层

C．次日重新升起　　D．日出时最高

6．对于其他污染物环境质量现状数据，符合要求的有（　　）。

A．国家或地方环境空气质量监测网中评价基准年连续1年的监测数据

B．评价范围内近3年与项目排放的其他污染物有关的历史监测资料

C．国家或地方环境空气质量监测网中评价基准年连续1季度的监测数据

D．评价范围内近5年与项目排放的其他污染物有关的历史监测资料

7．某工业项目需编制报告书，大气评价工作等级为一级，则其污染源调查应包括（　　）。

A．评价范围内与评价项目排放污染物有关的其他在建项目污染源

B．受本项目物料及产品运输影响新增的交通运输移动源

C．本项目污染源

D．评价范围内与评价项目排放污染物有关的已批复环境影响评价文件的拟建项目污染源

8．污染源监测数据应采用（　　）工况下的监测数据。

A．满负荷　　B．换算至满负荷　　C．80%负荷　　D．实际

9．某大气环境一级评价的新建项目，大气评价范围内有其他改建项目，其污染源调查时，该改建项目数据来源获得途径有（　　）。

A．项目监督性监测数据　　B．在线监测数据

C．自主验收报告　　D．排污许可证数据

10．某复杂地形区建材项目，大气环境影响评价等级为二级，评价范围为边长36 km的矩形，大气环境影响评价必需的气象资料有（　　）。

A．环境空气现状监测期间的卫星云图资料

B．评价范围内最近20年以上的主要气候统计资料

C．50 km范围内距离项目最近地面气象站近3年内的至少连续1年的常规地面气象观测资料

D．50 km范围内距离项目最近高空气象站近4年内的至少连续1年的常规高空气象探测资料

11．大气环境质量现状调查中，若监测结果出现超标，应分析其（　　）。

A．平均浓度　　B．超标率

C．最大超标倍数　　D．超标原因

12．利用估算模型进行预测时，关于模型所需的气象数据，说法正确的是（　　）。

A．最高环境温度来自评价区域近20年内资料统计结果

B．最低环境温度来自评价区域近 20 年内资料统计结果

C．最小风速可取 0.5 m/s

D．风速计高度取 10 m

13．城市主干道项目大气 NO_2 质量现状监测布点时应考虑（　　）。

A．主导风向　　B．道路布局

C．环境空气保护目标　　D．道路两侧敏感点高度

14．某项目大气环境现状监测，其统计结果需保留两位小数点的有（　　）。

A．Pb 的浓度　　B．达标率　　C．$PM_{2.5}$ 的浓度　　D．超标倍数

15．某项目为二级评价，下列属于其污染源调查内容的有（　　）。

A．新增污染源　　B．本项目拟替代污染源

C．评价范围内的环境空气敏感目标　　D．评价范围内的在建项目污染源

16．下列属于大气环境现状调查中火炬源调查内容的有（　　）。

A．火炬底部中心坐标　　B．火炬等效内径

C．火炬等效高度　　D．火炬等效烟气排放速度

17．下列属于大气污染源调查中点源调查内容的有（　　）。

A．垂直扩散参数　　B．烟气流速

C．排气筒几何高度　　D．出口烟气温度

18．某新建城市主干路项目，大气一级评价，下列属于其污染源调查内容有（　　）。

A．横向扩散参数　　B．道路交通流量

C．污染物排放量　　D．平均车速

19．下列属于污染源调查内容的有（　　）。

A．污染源参数　　B．非正常排放

C．项目的拟被替代污染源　　D．周期性变化系数

20．下列莫奥长度与稳定度和混合层高度的关系，下列说法正确的是（　　）。

A．$L_{mo}>0$，近地面大气边界层处于稳定状态

B．$L_{mo}=0$ 时，近地面大气边界层处于中性状态

C．$|L_{mo}|$数值越小，越不稳定

D．当 $L_{mo}>0$ 时，L_{mo} 趋于正无穷大时，边界层处于中性状态

21．下列关于山谷风环流说法正确的是（　　）。

A．白天低层大气从陆地往山吹，高层大气风向相反

B．白天低层大气从山往陆地吹，高层大气风向相反

C．夜间低层大气从陆地往山吹，高层大气风向相反

D．夜间低层大气从山往陆地吹，高层大气风向相反

22．地表水环境影响二级评价项目，区域水污染源调查的必须包括的内容有（　　）。

A．收集利用已建项目的排污许可证登记数据

B．收集利用已建项目的环保验收数据

C．收集利用已建项目的既有实测数据

D．辅以现场调查及现场监测

23．拟在某河流上建设水电站项目，则该项目地表水环境影响评价因子有（　　）。

A．水温　B．径流过程

C．水力停留时间　D．冲淤变化

24．对于水污染影响型建设项目，下列情况中评价等级应不低于二级的有（　　）。

A．建设项目直接排放的废水中含总磷，但受纳水体中总磷超标

B．直接排放受纳水体影响范围涉及饮用水水源保护区

C．建设项目利用海水作为调节温度介质

D．建设项目产生的工艺废水经处理后回用于生产

25．对于水文要素影响型建设项目，下列情况中评价等级应不低于二级的有（　　）。

A．在一类海域建设的项目

B．影响范围涉及自然保护区

C．引水式电站项目

D．造成入海河口宽度束窄（束窄尺度达到原宽度的8%）

26．某水文要素影响型建设项目对珠江下游产生影响，则该项目主要评价因子涉及（　　）。

A．纳潮量　B．径流过程　C．流速

D．潮流界　E．水面宽

27．某建设项目排放的污水影响到附近的入海河口，其地表水评价等级为二级，则该项目的评价时期一般应包括（　　）。

A．丰水期　B．春季　C．枯水期　D．秋季

28．某项目排放污水中含重金属，排放口下游排放区域内分布有鱼类产卵场等敏感区，现状评价中应调查（　　）。

A．常规水质因子　B．项目特征水质因子

C．水生生物项目特征因子　D．沉积物项目特征因子

29．不对入河排放口汇水区域的污染源开展调查的必要条件是（　　）。

A．具有国家或地方发布的入河排放口数据

B．具有已审批入河排放口的主要污染物种类及其排放浓度

C．具有已审批入河排放口的主要污染物总量数据

D．已建项目具有排污许可证登记数据

30．水力停留时间是（　　）水文调查应获取的重要参数。

A．河流　　B．水库　　C．海湾　　D．湖泊

31．河流和湖泊（水库）确定监测范围应考虑的因素有（　　）。

A．必须包括建设项目对地表水环境影响比较敏感的区域

B．各类水域的环境监测范围，可根据污水排放量和水域的规模而定

C．要求每天监测一次

D．如果下游段附近有敏感区，则监测范围应延长到敏感区上游边界，以满足全面预测地表水环境影响的需求

32．某水污染影响型项目，其废水直接排放至湖泊，排放量为 100 m^3/d，水污染物最大当量数 1 000，关于该项目的地表水环境影响评价工作，以下说法正确的是（　　）。

A．影响范围涉及水环境保护目标的，评价范围至少应扩大到水环境保护目标内受到影响的水域

B．至少评价一个季节

C．面污染源调查可不进行实测

D．可定性预测水环境影响

33．关于湖库水体垂向分层的正确说法有（　　）。

A．水深越浅越不易分层　　B．径流越大越不易分层

C．面积越大越不易分层　　D．温差是分层的主要原因

34．受纳水体为湖泊时，其底泥补充监测点位布设应考虑的因素有（　　）。

A．底泥分布深度　　B．底泥污染物成分

C．底泥超标因子　　D．底泥扰动深度

35．地表水环境现状调查阶段，无法获得临近水文站资料或资料不足时，宜同步进行（　　）。

A．水文调查　　B．水文测量　　C．水质调查　　D．补充监测

36．入海河口的水文调查，除与河流相同的内容外，还有（　　）。

A．感潮河段的范围　　B．潮区界与潮流界的划分

C．潮位及潮流　　D．水温分层情况

E．水流分层

37．地表水环境现状调查因子的确定与（　　）有关。

A．评价范围水环境质量管理要求　　B．预测评价要求

C．评价等级　　D．调查因子应与评价因子相同

38. （　　）属于地表水面污染源。

A. 农村生活污染源
B. 城镇地面径流污染源
C. 集中式畜禽养殖污染源
D. 堆积物污染源
E. 大气沉降源

39. 水质计算中，下列流速，以及降解系数、横向混合系数、纵向离线系数的单位表达，正确的是（　　）。

A. m/s、1/s、m^2/s、m^2/s
B. m/s、1/a、m^2/s、m/s
C. m/s、1/a、m^2/s、m^2/s
D. m/s、1/d、m^2/s、m^2/s

40. 地表水环境现状调查范围应覆盖评价范围，应以平面图方式表示，并明确（　　）。

A. 起始断面位置
B. 终止断面位置
C. 水功能区
D. 涉及范围

41. 某项目排放的污水受影响的地表水体为附近水库，该水库的水用于哪些用途时，应评价冰封期（　　）。

A. 渔业用水
B. 食品加工用水的水源
C. 灌溉用水
D. 生活饮用水

42. 下列属于某湖泊地表水环境影响内源污染调查内容的有（　　）。

A. 底泥力学性质
B. 湖泊水域超标因子
C. 底泥含水率
D. 底泥粒径

43. 某水污染影响型新建项目受纳水体为河流，下列属于该河流水文情势调查内容的有（　　）。

A. 水文年及水期划分
B. 水动力学参数
C. 河流水沙参数
D. 河流物理形态参数

44. 某水污染影响型建设项目排入水库，其地表水环境评价等级为二级，关于其补充监测下列说法正确的是（　　）。

A. 水质取样垂线数宜不少于16条
B. 每个监测同步连续取样2～4 d
C. 至少要监测丰水期、平水期、枯水期
D. 溶解氧和水温每间隔6 h取样监测一次

45. 地下水评价中环境水文地质问题调查的内容包括（　　）。

A. 地下水污染调查
B. 土壤盐渍化调查
C. 土壤污染调查
D. 场地环境调查

46. 按地下水的埋藏条件，可分为（　　）。

A. 孔隙水
B. 包气带水
C. 潜水

D．承压水　E．岩溶水

47．地下水的补给来源有（　　）。

A．大气降水　B．地表水　C．凝结水

D．其他含水层的水　E．蒸发水

48．地下水的渗透系数主要取决于（　　）因素有关。

A．介质颗粒的形状　B．介质颗粒的大小　C．降水量

D．水的黏滞性　E．给水度

49．承压水具有以下特征（　　）。

A．隔水层不连续　B．承压区含水层充满水

C．含水层顶部承受大气压强以外的附加压强　D．隔水顶板

50．属于包气带水的类型有（　　）。

A．土壤水　B．沼泽水　C．上层滞水　D．岩溶水

51．下列（　　）属潜水特征。

A．上面不存在完整的隔水层　B．具有自由水面

C．潜水有明显的季节变化　D．潜水水质易受污染

52．地下水两个含水层之间的补给需要（　　）。

A．降水量充足　B．两个含水层具有水头差

C．含水层附近有地表水体　D．含水层之间具有水力联系通道

53．地下水两个含水层之间可以通过（　　）补给。

A．天窗　B．导水断裂

C．弱透水层越流　D．不整合接触面

54．下列关于地下水的径流强度，说法正确的有（　　）。

A．径流强度与含水层的透水性成正比

B．径流强度与补水区和排泄区之间的水力坡度成正比

C．承压水的径流强度与蓄水构造的开启及封闭程度有关

D．地下径流强度在垂直方向上，从地表向下逐渐减弱

55．地下水的排泄，有（　　）。

A．泉排泄　B．蒸发排泄　C．泄流排泄

D．人工排泄　E．向含水层排泄

56．地下水等水位线图就是潜水水位或承压水水头标高相等的各个点的连线图。等水位线图主要的用途有（　　）。

A．确定地下水流向

B．确定潜水与地表水的关系

C．确定潜水的埋藏深度

D．水位线由疏变密，表明含水层透水性变好或含水层变厚

57．一般从水文地质柱状图中可获取的信息有（　　）。

A．潜水水位　　B．含水层厚度

C．包气带岩性　　D．含水层之间的补给关系

58．下列与地下水降水入渗补给系数值大小有关的因子有（　　）。

A．包气带岩性和土层结构　　B．降水量大小和降水形式

C．地形坡度和植被覆盖　　D．含水层岩性和水力坡度

60．反映包气带防护性能的参数包括包气带（　　）。

A．岩性　　B．厚度　　C．渗透性　　D．贮水系数

61．渗透系数大小与（　　）有关。

A．颗粒大小　　B．介质排列

C．水的容重　　D．水的黏滞性

62．地下水水质现状调查的方法有（　　）。

A．勘探试验　　B．搜集利用现有资料

C．现场调查　　D．物料衡算法

63．地下水环境现状调查与评价中，水文地质参数的确定方法主要有（　　）。

A．抽水试验　　B．地下水动态观测资料

C．渗水试验　　D．淋溶试验

64．地下水环境现状调查包括（　　）。

A．水文地质条件　　B．地下水水质特征

C．地下水污染源分布　　D．包气带分布情况

65．根据《环境影响评价技术导则　地下水环境》，环境水文地质勘查与试验是在充分收集已有相关资料和地下水环境现状调查的基础上，针对（　　）而进行的工作。

A．为了获取包气带的物理属性

B．进一步查明地下水含水层特征

C．为获取预测评价中必要的水文地质参数

D．为获取现状评价中必要的水文地质参数

66．根据《环境影响评价技术导则　地下水环境》，关于环境水文地质勘查的说法，正确的是（　　）。

A．一级评价应进行必要的环境水文地质勘查与试验

B．环境水文地质条件复杂而又缺少资料的地区，二级评价应在区域水文地质调查的基础上对评价区进行必要的水文地质勘查

C．环境水文地质条件复杂而又缺少资料的地区，三级评价应在区域水文地质调

查的基础上对评价区进行必要的水文地质勘查

D. 环境水文地质勘查可采用钻探、物探和水土化学分析以及室内外测试、试验等手段

67. 污染场地修复工程中，对于地下水监测点布设应遵循（ ）。

A. 采样深度应在井水面下 1 m 以下

B. 采样深度应在井水面下 0.5 m 以下

C. 低密度非水溶性有机物污染的，应设在含水层顶部

D. 高密度非水溶性有机物污染的，应设在含水层底部或不透水层顶部

68. 根据《环境影响评价技术导则 地下水环境》，根据地下水现状监测结果应进行（ ）的分析。

A. 标准差　　B. 最大值、最小值、均值

C. 检出率　　D. 超标率、超标倍数

69. 根据《环境影响评价技术导则 地下水环境》，关于地下水样品采集与现场测定相关说法，正确的是（ ）。

A. 地下水样品应采用自动式采样泵或人工活塞闭合式与敞口式定深采样器进行采集

B. 样品采集前，应先测量井孔地下水水位（或地下水埋深）并做好记录，然后采用潜水泵或离心泵对采样井（孔）进行全井孔清洗

C. 清洗抽汲的水量不得小于 2 倍的井筒水（量）体积

D. pH、Eh、DO、水温等不稳定项目应在现场测定

70. 下列属于地下水现状调查时抽水试验目的的有（ ）。

A. 评价水源地的可允许开采量

B. 查明强径流带位置

C. 确定包气带的防护能力

D. 获得取水工程设计提供所需的水文地质数据

71. 关于环境水文地质试验方法的目的说法正确的是（ ）。

A. 抽水试验目的是确定含水层的导水系数、渗透系数、给水度、影响半径等水文地质参数

B. 当钻孔中地下水位埋藏很深或试验层透水不含水时，可用注水试验代替抽水试验，近似地测定该岩层的渗透系数

C. 渗水试验目的是测定包气带渗透性能及防污性能

D. 浸溶试验目的是查明固体废弃物受雨水淋溶或在水中浸泡时，其中的有害成分转移到水中，对水体环境直接形成的污染或通过地层渗漏对地下水造成的间接影响

E．土柱淋滤试验目的是确定包气带的防护能力

72．在某同一区域，进行直接试坑和双环法试坑渗水试验，下列说法正确的是（　　）。

A．两者目的是测定包气带侧向渗透系数

B．直接试坑法和双环试坑法时，渗透速度都是从大到小，最后趋于稳定

C．直接试坑法测得渗透系数要比双环试坑法测得渗透系数要小

D．两者试验的最大缺陷皆为下渗时不能完全排除岩石中的空气

73．某位于丘陵山区的项目，地下水环境影响评价工作等级为二级，现已近 3 内中某一年的枯平水期地下水水位和水质监测资料。地下水环境现状评价必须进行的监测有（　　）。

A．开展一期地下水水位现状监测　　B．开展一期基本水质因子监测

C．无须开展地下水水位监测　　D．开展一期特征因子现状监测

74．某建设项目所在区域声环境功能区为 1 类，昼间环境噪声限值为 55 dB（A），夜间环境噪声限值为 45 dB（A），则该区域声环境功能区的环境质量评价量为（　　）。

A．昼间等效声级（L_d）≤55 dB（A）

B．夜间等效声级（L_n）≤45 dB（A）

C．昼间突发噪声的评价量≤70 dB（A）

75．下列关于声环境现状监测的布点原则，说法正确的有（　　）。

A．布点应覆盖整个评价范围，仅包括厂界（或场界、边界）

B．当敏感目标高于（含）三层建筑时，应选取有代表性的不同楼层设置测点

C．评价范围内没有明显的声源，且声级较低时，可选择有代表性的区域布设测点

D．评价范围内有明显的声源，并对敏感目标的声环境质量有影响，应根据声源种类采取不同的监测布点原则

76．当声源为流动声源，且呈现线声源特点时，现状测点位置选取应兼顾（　　），布设在具有代表性的敏感目标处。

A．工程特点　　B．敏感目标的分布状况

C．线声源噪声影响随距离衰减的特点　　D．敏感目标的规模

77．某山区公路工程，公路和敏感目标间的声环境现状调查内容应包括（　　）。

A．高差　　B．地形

C．距离　　D．土壤类型

78．下列关于工矿企业建设项目声环境现状调查的方法及要点的说法，正确的有（　　）。

A．厂区内噪声水平调查一般采用极坐标法

B．厂区内噪声水平调查一般采用网格法，每间隔 10～50 m 划分长方形网格

C．大型厂区内噪声水平调查采用每间隔 50～100 m 划分正方形网格法

D．采用网格法调查时，在交叉点（或中心点）布点测量

79．下列关于公路、铁路环境噪声现状水平调查的说法，正确的有（　　）。

A．调查评价范围内敏感目标在沿线的分布和建筑情况以及执行的声环境标准

B．重点关注沿线的环境噪声敏感目标

C．若沿线敏感目标较多时，应分路段测量环境噪声背景值

D．若存在现有噪声源，应调查其分布状况和对周围敏感目标影响的范围和程度

80．属于环境噪声现状评价的内容有（　　）。

A．现状噪声源分析　　B．声环境质量现状评价

C．固定声源几何尺寸大小分析　　D．公路长度分析

81．关于声环境现状评价图的要求说法正确的是（　　）。

A．一般应包括评价范围内的声环境功能区划图，声环境保护目标分布图

B．包括工矿企业厂区（声源位置）平面布置图现状监测布点图、声环境保护目标与项目关系图等

C．图中应标明图例、比例尺、方位标等

D．线性工程声环境保护目标与项目位置关系图比例尺应不小于 1∶10 000

82．关于声环境现状评价表要求说法正确的是（　　）。

A．声环境保护目标调查表，应列表给出评价范围内声环境保护目标的名称、户数、建筑物层数和建筑物数量

B．声环境保护目标调查表，应明确声环境保护目标与建设项目的空间位置关系等

C．声环境保护目标调查表，应给出不同声环境功能区或声级范围内的超标户数

D．声环境现状评价结果表，应列表给出厂界（场界、边界）各声环境保护目标现状值及超标和达标情况分析，给出不同声环境功能区或声级范围内的超标户数

83．工业企业噪声源强调查清单（室内声源）的内容包括（　　）。

A．建筑物名称　　B．声源名称

C．声源控制措施　　D．建筑物外噪声

84．公路/城市道路噪声源强调查清单的内容包括（　　）。

A．路段　　B．源强

C．车流量　　D．车速

85．铁路/城市轨道交通噪声源强调查清单的内容包括（　　）。

A．无砟/有砟轨道　　B．防撞墙/挡板结构高出轨面高度
C．线路形式　　D．噪声源强值

86．工业企业声环境保护目标调查表包括（　　）。
A．保护目标名称　　B．空间相对位置
C．距厂界最近距离、方位　　D．执行标准/功能区类别

87．公路、城市道路声环境保护目标调查表包括（　　）。
A．保护目标名称　　B．所在路段
C．距道路中心线距离　　D．不同功能区户数

88．铁路、城市轨道交通声环境保护目标调查表包括（　　）。
A．保护目标名称　　B．行政区划
C．功能区划　　D．轨面与保护目标地面高差

89．机场声环境保护目标调查表包括（　　）。
A．保护目标名称　　B．行政区划
C．保护目标坐标　　D．保护目标类型、轨面

90．下列属于陆生植被调查内容的有（　　）。
A．植被类型　　B．植被分布
C．群落结构　　D．物种组成

91．关于生态现状调查方法，下列说法正确的是（　　）。
A．使用资料收集法时，应保证资料的现时性，引用资料必须建立在现场校验的基础上
B．专家和公众咨询可以与资料收集和现场勘查不同步开展
C．对于生态系统生产力的调查，必要时需现场采样、实验室测定
D．遥感调查过程中没有必要辅助现场勘查工作

92．利用资料收集法进行生态现状调查时，可以从下列方面进行资料收集（　　）。
A．可以从农、林、牧、渔和生态环境部门收集资料
B．可以从环境影响报告书、有关污染源调查报告中收集资料
C．可以从生态保护规划、生态功能区划中收集资料
D．可以从植物志、动物志、地方志中收集资料

93．在海洋生态调查中，海洋生态要素调查包括（　　）。
A．海洋生物要素调查　　B．海洋环境要素调查
C．入海污染要素调查　　D．海水养殖生产要素调查

94．植被中物种的重要值取决于物种的（　　）。
A．相对密度　　B．相对优势度

C．相对盖度　　　　　　　　　　D．相对频度

95．以下属于陆生动物中两栖爬行类调查方法有（　　）。

A．全部计数法　　B．样线（带）法　　C．鸣叫调查法

D．卵块或窝巢计数法　　E．访问调查法　　F．红外相机陷阱法

96．在植物样方调查时，以下必须调查的指标是（　　）。

A．经济价值　　B．生物量　　C．覆盖度

D．密度　　E．抗病虫性

97. 野生植物物种资源调查方法包括（　　）。

A．遥感法　　B．样方法　　C．样线（带）法

D．全查法　　E．访谈及市场调查法

98．采用样地调查收割法测定草地生产力时，应调查（　　）。

A．地上部分生产量　　B．地下部分生产量　　C．种子产量

D．枯死凋落量　　E．被动物采食量

99．样地调查收割法的局限性在于不能计算（　　）。

A．草食性动物所吃掉的物质

B．绿色植物自身代谢所耗费的物质

C．绿色植物自身生长、发育所耗费的物质

D．绿色植物当时有机物质的数量

100．在陆生动物鸟类多样性调查时，鸟类物种调查的方法包括（　　）。

A．样线（线路或条带）调查法　　B．样点调查法

D．分区直数法　　E．红外相机陷阱法

101．水生生态调查初级生产力测定方法有（　　）。

A．氧气测定法　　B．原子吸收光谱测定法

C．CO_2测定法　　D．叶绿素测定法

E．放射性标记物测定法

102．建设项目的水生生态调查包括（　　）。

A．水质、水温、水文　　B．水生生物群落

C．鱼类三场一通道　　D．重要水生生物及渔业资料

103．地理信息系统所特有的功能有（　　）。

A．缓冲分析　　B．空间数据分析　　C．属性分析　　D．路径分析

104．某风电场建设项目，符合鸟类调查要求的有（　　）。

A．选择不同的季节调查　　B．覆盖各种栖息地调查

C．每条样线要进行 2 次以上调查取样　　D．可采用全查法

105. 下列工程项目中，可采用景观生态学方法进行生态现状调查与评价的有（　　）。

A．大型水利工程　　B．输油管道工程
C．铁路建设工程　　D．人防工程

106．景观生态学方法对景观的功能和稳定性分析包括（　　）。

A．生物恢复力分析　　B．异质性分析
C．景观组织的开放性分析　　D．稳定性分析
E．种群源的持久性和可达性分析

107．景观生态学对生态环境质量状况的评判是通过（　　）进行的。

A．空间结构分析　　B．物种量分析
C．生物生产力分析　　D．功能与稳定性分析

108．景观的功能和稳定性分析包括（　　）。

A．景观组织的开放性分析　　B．种群源的持久性和可达性分析
C．景观组织的空间结构分析　　D．异质性分析

109．景观生态学方法对生态环境质量状况的评判是通过（　　）。

A．空间结构分析　　B．生态完整性
C．生态系统演替规律　　D．功能与稳定性分析

110．生态现状调查与评价中，调查前要针对调查的对象、区域，收集整理现有的相关资料，包括（　　）。

A．地理位置　　B．地形地貌
C．土壤、气候　　D．植被、农业和林业相关资料

111．生态现状调查与评价中，调查路线或调查点的设立的特点（　　）。

A．代表性　　B．随机性　　C．整体性　　D．可行性

112．关于陆生动物鸟类物种多样性调查，需分析与评价的内容包括（　　）。

A．对调查区域的鸟类进行地理区划分析
B．分析评价区不同生境类型的代表性鸟类
C．居留类型分析
D．栖息生境及质量

113．采用踪迹判断法对哺乳类物种进行调查，可以得到哺乳动物的下列哪些内容（　　）。

A．生境偏好　　B．具体数量
C．雌雄性别　　D．个体相对大小

114．关于陆生植被与植物调查，调查方法包括（　　）。

A．样方法　　B．样线（带）法
C．全查法　　D．访问调查法

115．下列属于陆生植被与植物现状调查的分析与评价内容的有（　　）。

A．植被类型分析　　B．物种的生境状况分析

C．区系组成分析　　D．用途及价值类型分析

116．根据《生物多样性观测技术导则　内陆水域鱼类》，内陆水域鱼类物种资源调查主要观测方法有（　　）。

A．鱼类早期资源调查　　B．渔获物调查

C．标记重捕法　　D．遗传结构分析

117．根据《生物多样性观测技术导则　内陆水域鱼类》，鱼类物种资源调查内容包括（　　）。

A．鱼类物种多样性　　B．鱼类群落结构

C．鱼类个体生物学及种群结构　　D．鱼类种群遗传结构

118．根据《生物多样性观测技术导则　水生维管植物》，水生维管植物种类及其数量特征主要观测方法有（　　）。

A．样方法　　B．样点截取法

C．遥感法　　D．收获法

119．根据《生物多样性观测技术导则　陆生维管植物》（HJ 710.1—2014），下列属于森林植物分类观测的有（　　）。

A．对胸径（DBH）≥3 cm 乔木、灌木植物的观测

B．对 3 cm≥胸径（DBH）≥1 cm 乔木、灌木植物的观测

C．对胸径（DBH）≥1 cm 乔木、灌木植物的观测

D．对胸径（DBH）≤1 cm 乔木、灌木植物的观测

120．根据《生物多样性观测技术导则　陆生维管植物》（HJ 710.1—2014），陆生维管植物需进行定性或定量描述的生境概况包括（　　）。

A．地理位置、地形地貌　　B．气候条件

C．土壤状况　　D．植被状况

121．根据《生物多样性观测技术导则　陆生哺乳动物》（HJ 710.3—2014），下列属于陆生哺乳动物观测方法的有（　　）。

A．总体计数法　　B．样方法

C．可变距离样线法（截线法）　　D．固定宽度样线法

122．根据《生物多样性观测技术导则　鸟类》（HJ 710.4—2014），下列属于鸟类观测方法的有（　　）。

A．样线法　　B．样方法　　C．样点法　　D．目测法

123．根据建设项目特点、可能产生的环境影响和当地环境特征，有针对性收集调查评价范围内的相关土壤资料，主要包括（　　）。

A．土地利用现状图、土地利用规划图、土壤类型分布图

B．气象资料、地形地貌特征资料

C．土地利用历史情况

D．与建设项目土壤环境影响评价相关的其他资料

E．水文及水文地质资料

124．调查评价范围内的每种土壤类型应至少设置 1 个表层样监测点，应尽量设置在（　　）。

A．未受人为污染的区域　　B．相对未受人为污染的区域

C．已受人为污染的区域　　D．已受严重污染的区域

125．生态影响型建设项目土壤环境现状监测点布设应根据建设项目（　　）确定。

A．土壤环境影响类型　　B．评价工作等级

C．土地利用类型　　D．建设项目所在地的地形特征

E．地面径流方向

126．下列关于土壤环境现状监测点数量的要求，说法正确的有（　　）。

A．生态影响型建设项目可优化调整占地范围内、外监测点数量，保持总数不变

B．生态影响型建设项目占地范围超过 5 000 hm^2 的，每增加 1 000 hm^2 增加 1 个监测点

C．污染影响型建设项目可优化调整占地范围内、外监测点数量，保持总数不变

D．污染影响型建设项目占地范围超过 100 hm^2 的，每增加 20 hm^2 增加 1 个监测点

127．在土壤环境现状调查中，基本因子现状监测频次的要求有（　　）。

A．评价工作等级为一级的建设项目，应至少开展 1 次现状监测

B．评价工作等级为一级、二级的建设项目，应至少开展 1 次现状监测

C．评价工作等级为三级的建设项目，若掌握近 5 年至少 1 次的监测数据，可不再进行现状监测

D．引用监测数据应说明数据有效性

128．污染影响型建设项目土壤环境污染源类型包括（　　）。

A．大气沉降　　B．土壤酸化　　C．垂向入渗　　D．地面漫流

129．土壤饱和导水率是反映土壤（　　）特征的函数。

A．结构　　B．质地　　C．容重　　D．空隙分布

130．某地区土壤含盐量检测值为 1.5 g/kg，经判断属于未盐化，则该地区可能属于（　　）地区。

A．半干旱　　B．半湿润　　C．干旱

D．半荒漠　　E．荒漠

131．下列关于土壤酸化、碱化说法正确的是（　　）。

A．pH=4.0，属于中度酸化

B．土壤酸化、碱化强度指受人为影响后呈现的土壤 pH 值

C．土壤酸化、碱化强度分级可根据区域自然背景状况适当调整

D．土壤酸化、碱化强度可分为 8 级

132．对生态影响型建设项目土壤理化特性调查时，调查内容有（　　）。

A．土壤质地　　B．植被特征

C．地下水位埋深　　D．地下水溶解性总固体

133．进行土壤环境现状调查时，可采用（　　）方法。

A．资料收集　　B．现场调查

C．现状监测　　D．物料衡算法

134．土壤剖面调查表中应包含（　　）。

A．景观照片　　B．土壤剖面照片

C．层次　　D．经纬度

135．关于农用地土壤污染风险筛选值，以下说法正确的是（　　）。

A．低于该值，对农产品质量安全、农作物生长或土壤生态环境的风险低

B．等于该值，对农产品质量安全、农作物生长或土壤生态环境可能存在风险

C．超过该值，对农产品质量安全、农作物生长或土壤生态环境一定存在风险

D．超过该值，应当加强土壤环境监测和农产品协同监测

136．根据《环境影响评价技术导则　土壤环境（试行）》，涉及大气沉降影响的改、扩建项目，可（　　）。

A．在主导风向上、下风向适当增加监测点位

B．在主导风向下风向适当增加监测点位

C．以反映降尘对土壤环境的影响

D．以反映降雨对土壤环境的影响

137．进行土壤环境现状调查时，应考虑的因素有（　　）。

A．土壤结构　　B．土壤类型

C．土壤分布　　D．污染情况

138．关于土壤环境现状监测因子，以下说法正确的是（　　）。

A．分为基本因子和建设项目的特征因子

B．根据调查评价范围内的土地利用类型选取基本因子

C．一般的监测点位可仅监测特征因子

D．新建项目可仅监测特征因子

139．生态影响型建设项目土壤环境补充调查内容包括（　　）。

A．植被特征　　B．地下水位埋深

C．溶解性总固体　　D．有机质

140．进行野外土壤鉴别时，土壤结构类型按形状进行分类的类别有（　）。

A．块状　B．团状　C．片状　D．柱状

141．土壤环境现状评价方法包括（　）。

A．单污染指数法　　B．综合指数法

C．污染分担率评价法　　D．内梅罗污染指数评价法

参考答案

一、单项选择题

1．A　【解析】根据《建设项目环境影响评价技术导则　总纲》5.3.2 环境保护目标调查　调查评价范围内的环境功能区划和主要的环境敏感区，详细了解环境保护目标的地理位置、服务功能、四至范围、保护对象和保护要求等。

2．C　【解析】根据《建设项目环境影响评价技术导则　总纲》5.3 环境现状调查与评价包括：自然环境现状调查与评价、环境保护目标调查、环境质量现状调查与评价、环境质量现状调查与评价。

3．C　【解析】根据《环境影响评价技术导则　大气环境》6.4.1.1，城市环境空气质量达标情况评价指标为 SO_2、NO_2、PM_{10}、$PM_{2.5}$、CO 和 O_3，六项污染物全部达标即为城市环境空气质量达标。

4．A　【解析】根据《环境影响评价技术导则　大气环境》6.4.2.1 长期监测数据的现状评价内容，按 HJ 663 中的统计方法对各污染物的年评价指标进行环境质量现状评价。

5．B　【解析】用煤量=1.8 t/h=（1.8×10^9）/3 600=500 000 mg/s，

SO_2 排放量=500 000×2×80%×2%=16 000 mg/s。

6．A　【解析】烟尘排放量=500 000×25%×80%×（1−80%）=20 000 mg/s= 20 g/s。

7．C　8．A

9．D　【解析】根据《环境影响评价技术导则　大气环境》，7.2.2 评价范围内在建和拟建项目的污染源调查，可使用已批准的环境影响评价文件中的资料；改建、扩建项目现状工程的污染源和评价范围内拟被替代的污染源调查，可根据数据的可获得性，依次优先使用项目监督性监测数据、在线监测数据、年度排污许可执行报告、自主验收报告、排污许可证数据、环评数据或补充污染源监测数据等。污染源监测数据应采用满负荷工况下的监测数据或者换算至满负荷工况下的排放数据。

10. D　【解析】2009 年考题。当某排气筒的高度大于或小于《大气污染物综合排放标准》列出的最大或最小值时，以外推法计算其最高允许排放速率。低于《大气污染物综合排放标准》表列排气筒高度的最低值时（标准中表 1 和表 2），计算公式为：

$$Q=Q_c\,(h/h_c)^2$$

式中：Q——某排气筒最高允许排放速率；

Q_c——表列排气筒最低高度对应的最高允许排放速率；

h——某排气筒的高度；

h_c——表列排气筒的最低高度。

所有的污染物的排气筒最低高度是 15 m，因此，上述公式适用。

本题：$Q=3.50\times(7.5/15)^2=0.875\approx0.88$（kg/h）。

同时，《大气污染物综合排放标准》还规定：若新污染源的排气筒必须低于 15 m 时，其排放速率标准值按外推法计算结果再严格 50%执行。因此，本题排放速率应为 0.44 kg/h。

11. B　【解析】计算一种污染物在敏感点的大气环境质量的贡献值叠加计算，计算方法是所有贡献值的加和，本题中敏感点背景值 17、现有工程贡献值 3、新建化工项目贡献值 7，热电厂贡献值 8（需要注意的是热电机组替代的供暖污染源为 3，故需减去）、技改项目贡献值 7，故结果为：$3+17+7+8-3+7=39$（mg/m^3）。

12. C　【解析】《大气污染物综合排放标准》规定：排气筒高度应高出周围 200 m 半径范围的建筑 5 m 以上，不能达到该要求的排气筒，应按其高度对应的排放速率标准值严格 50%执行。

13. C　【解析】某排气筒高度处于两高度之间，用内插法计算其最高允许排放速率，按下式计算：

$$Q=Q_a+(Q_{a+1}-Q_a)(h-h_a)/(h_{a+1}-h_a)$$

式中：Q——某排气筒最高允许排放速率；

Q_a——比某气筒低的表列限值中的最大值；

Q_{a+1}——比某排气筒高的表列限值中的最小值；

h——某排气筒的几何高度；

h_a——比某排气筒低的表列高度中的最大值；

h_{a+1}——比某排气筒高的表列高度中的最小值。

本题：$Q=130+(170-130)(95-90)/(100-90)=150$（kg/h）。

从上述的计算过程和计算结果，能得到什么启示吗？

14. B　【解析】根据《环境影响评价技术导则　大气环境》，项目所在区域达标判定，优先采用国家或地方生态环境主管部门公开发布的评价基准年环境质量公告或环境质量报告中的数据或结论。

15. C 【解析】根据《环境影响评价技术导则　大气环境》，计算环境空气保护目标和网格点的环境质量现状浓度属于一级评价项目现状调查内容。

16. D 【解析】超标倍数=（0.28−0.24）/ 0.24=0.17。

17. A 【解析】根据《环境影响评价技术导则　大气环境》，如项目评价范围涉及多个行政区，需分别评价各行政区的达标情况，若存在不达标行政区，则判定项目所在评价区域为不达标区。

18. D 【解析】D 选项为《环境影响评价技术导则　大气环境》（HJ 2.2—2008）的内容，注意区分新老导则相关内容。

19. A 【解析】对采用补充监测数据进行现状评价的，取各污染物不同评价时段监测浓度的最大值作为评价范围内环境空气保护目标的环境质量现状浓度。

20. C 【解析】根据《环境影响评价技术导则　大气环境》5.5，评价所需环境空气质量现状、气象资料等数据的可获得性、数据质量、代表性等因素，选择近3年中数据相对完整的1个日历年作为评价基准年。

21. A 【解析】《大气环境质量标准修改单》，二氧化硫、二氧化氮、一氧化碳、臭氧、氮氧化物等气体污染物采用参比状态（大气温度为 298.15 K，大气压力为 1 013.25 hPa 时的状态）。颗粒物（粒径小于等于 10 μm）、颗粒物（粒径小于等于 2.5 μm）、总悬浮颗粒物及其组分铅、苯并[*a*]芘等采用实况浓度（为监测时大气温度和压力下的浓度）。氮氧化物采用参比状态下浓度:157 ×（273+10）/298.15=149。

22. A 【解析】其他污染物环境质量现状数据，优先采用评价范围内国家或地方环境空气质量监测网中评价基准年连续 1 年的监测数据；评价范围内没有环境空气质量监测网数据或公开发布的环境空气质量现状数据的，可收集评价范围内近 3 年与项目排放的其他污染物有关的历史监测资料；在没有以上相关监测数据或者监测数据不能满足规定的评价要求时，应按要求进行补充监测。

23. B 【解析】对于位于环境空气质量一类区的环境空气保护目标或网格点，各污染物环境质量现状浓度可取符合 HJ 664 规定，并且与评价范围地理位置邻近，地形、气候条件相近的环境空气质量区域点或背景点监测数据。基本污染物必须开展年指标评价，因此补充监测的数据是无法满足年评价指标要求的。

24. D 【解析】根据《环境影响评价技术导则　大气环境》（HJ 2.2—2008），补充监测应至少取得 7 天有效数据。

25. C 【解析】根据《环境影响评价技术导则　大气环境》（HJ 2.2—2008），补充监测布点以 20 年统计的当地主导风向为轴向，在厂址及主导风向下风向 5 km 范围内设置 1 ~ 2 个监测点。

26. A 【解析】根据《环境空气质量标准》（GB 3095—2012），二氧化硫数据统计的有效性为：①年平均指每年至少有 324 个日平均浓度值，每月至少有 27 个日平均浓度值（二月至少有 25 个日平均浓度值）；②24 小时平均指每日至少有 20 个小时平均浓度值或采样时间；③1 小时平均指每个小时至少有 45 分钟的采样时间。结合题目，只能统计分析二氧化硫 1 小时平均浓度。季平均浓度在二氧化硫标准中没有此值的统计。

27. D　【解析】总悬浮颗粒物（TSP）、苯并[a]芘（BaP）、铅（Pb）每日应有 24 小时的采样时间。

28. D　【解析】式（3-3）和式（3-4）。SO_2 第 98 百分位数浓度的序数 $K=1+(365-1)\times 98\%=357.72$，第 98 百分位数 $m_{98}=X_{(357)}+[X_{(358)}-X_{(357)}]\times(357.72-357)$。

29. D　【解析】正常运行的已建项目环境影响体现于背景值，不属于污染源调查范畴。

30. D　【解析】对于编制报告书的工业项目，分析调查受本项目物料及产品运输影响的交通运输移动源，包括运输方式、新增交通流量、排放污染物及排放量。

31. A　【解析】对于城市快速路、主干路等城市道路的新建项目，需调查道路交通流量及污染物排放量。

32. C　【解析】根据《环境空气质量监测点位布设技术规范》（HJ 664—2013），采样口周围水平面应保证 270°以上的捕集空间，如果采样口一边靠近建筑物，采样口周围水平面应有 180°以上的自由空间。

33. A　【解析】根据《环境影响评价技术导则　大气环境》，改、扩建项目现状工程污染源调查，依次优先使用项目监督性监测数据、在线监测数据、年度排污许可执行报告、自主验收报告、排污许可证数据、环评数据或补充污染源监测数据等。

34. A　【解析】根据《环境影响评价技术导则　大气环境》，三级评价项目，只调查本项目新增污染源和拟被替代的污染源。

35. C　36. D　37. A　38. B　39. C

40. C　【解析】大气的水平运动称为风，风是由高压吹向低压。在同一水平面上，温度高、气压低，温度低、气压高。当日出以后，太阳辐射光照射到山坡上，山坡上的空气比谷底上同高度的空气温度高、密度小、气压低，因而谷底空气将沿山坡上升，形成由山谷吹向山坡的风，称为谷风。山坡向上升的气流上升到一定高度后就向山谷流动，在高空形成反谷风，在山谷间形成谷风局地环流。晚上则相反。

41. B　42. B

43. C　【解析】连续 45°风向，主导风向角风频之和 20% + 18%＞30%，故新建热电场址在城市的西面。也可根据各风向出现的频率、静风频率，可在极坐标中按各风向标出其频率的大小，绘制各季及年平均风向玫瑰图，从而确定主导风向。

44. B 【解析】C代表静风频率，静风指风速<0.5 m/s。

45. C 46. A 47. C

48. D 【解析】海陆风是指在大水域（海洋和湖泊）的沿岸地区，在晴朗、小风的气象条件下，由于昼夜水域和陆地的温差，日间太阳辐射使陆面增温高于水面，水面有下沉气流产生，贴地气流由水面吹向陆面，在海边形成海风，而夜间则风向相反，成为陆风。也就是白天吹海风，夜间吹陆风。

49. C 【解析】估算模型AERSCREEN模型所需最高和最低环境温蒂，一般需选取评价区域近20年资料统计结果。

50. C 【解析】CALPUFF地面气象资料应尽量获取预测范围内所有地面气象站的逐时地面气象数据。

51. C 【解析】离地高度3 000 m以内的有效数据层数应不少于10层。

52. D 【解析】主导风向的确定应该按主导风向角风频之和应大于等于30%，从图中不能确定SSE风频的数值。

53. D 【解析】估算模型AERSCREEN和ADMS的地表参数根据模型特点取项目周边3 km范围内占地面积最大的土地利用类型来确定。

54. B 【解析】AERMOD所需的区域湿度条件划分可根据中国干湿地区划分来进行选择。

55. B 【解析】根据《环境影响评价技术导则　大气环境》，区域现状污染源排放清单数据应采用近3年内国家或地方生态环境主管部门发布的包含人为源和天然源在内所有区域污染源清单数据。

56. A 【解析】《环境影响评价技术导则　大气环境》附录C.3.4原文："在基础底图上叠加环境质量现状监测点位分布，并明确标示国家监测站点、地方监测站点和现状补充监测点的位置。"

57. A 【解析】《环境影响评价技术导则　地表水环境》5.1.2原文："水污染影响型建设项目评价因子的筛选应符合以下要求：（a）按照污染源源强核算技术指南，开展建设项目污染源与水污染因子识别，结合建设项目所在水环境控制单元或区域水环境质量现状，筛选出水环境现状调查评价与影响预测评价的因子；（b）行业污染物排放标准中涉及的水污染物应作为评价因子；（c）在车间或车间处理设施排放口排放的第一类污染物应作为评价因子；（d）水温应作为评价因子；（e）面源污染所含的主要污染物应作为评价因子；（f）建设项目排放的，且为建设项目所在控制单元的水质超标因子或潜在污染因子（指近3年来水质浓度值呈上升趋势的水质因子），应作为评价因子。"

58. C 【解析】《环境影响评价技术导则　地表水环境》6.6.6.2原文："水文调查与水文测量宜在枯水期进行。必要时，可根据水环境影响预测需要、生态环境保护要求，在其他时期（丰水期、平水期、冰封期等）进行。”

59. D 【解析】《环境影响评价技术导则　地表水环境》6.6.6.4 原文：“水污染影响型建设项目开展与水质调查同步进行的水文测量，原则上可只在一个时期（水期）内进行。”

60. C 【解析】《环境影响评价技术导则　地表水环境》6.6.6.4 原文：“水污染影响型建设项目开展与水质调查同步进行的水文测量，原则上可只在一个时期（水期）内进行。在水文测量的时间、频次和断面与水质调查不完全相同时，应保证满足水环境影响预测所需的水文特征值及环境水力学参数的要求。”

61. C 【解析】根据《环境影响评价技术导则　地表水环境》表 3，河流二级评价一般情况下应调查丰水期和枯水期。

62. B 【解析】《环境影响评价技术导则　地表水环境》6.7.2.3 原文：“当调查的水下地形数据不能满足水环境影响预测要求时，应开展水下地形补充测绘。”

63. D 【解析】《环境影响评价技术导则　地表水环境》B.2.1，点污染源调查内容，主要包括：基本信息、排放特点、排污数据、用排水情况、污水处理状况。

64. C 【解析】《环境影响评价技术导则　地表水环境》B.2.2，面污染源调查内容原文：“c）畜禽养殖污染源：调查畜禽养殖的种类、数量、养殖方式、粪便污水收集与处置情况、主要污染物浓度、污水排放方式和排污负荷量、去向及受纳水体等。畜禽粪便污水作为肥水进行农田利用的，需考虑畜禽粪便污水土地承载力。”

65. C 【解析】维持水生生态系统稳定所需最小水量一般不应小于河道控制断面多年平均流量的 10%，则该电站下泄的水量最小 = 2 + 1.5 + 20×10% = 5.5（m^3/s）。

66. C 【解析】《环境影响评价技术导则　地表水环境》6.2.2 原文：“受纳水体为湖库时，以排放口为圆心，调查半径在评价范围基础上外延 20%～50%。”

67. D 【解析】根据《环境影响评价技术导则　地表水环境》表 2，年径流量与总库容百分比 $\alpha \leqslant 10$ 时，评价等级为一级。

68. D 【解析】《环境影响评价技术导则　地表水环境》5.2.2.2 原文：“间接排放建设项目评价等级为三级 B。”

69. B 【解析】根据《环境影响评价技术导则　地表水环境》表 1 注 2，应统计含热量大的冷却水的排放量，可不统计间接冷却水、循环水以及其他含污染物极少的清净下水的排放量。

70. A 【解析】根据《环境影响评价技术导则　地表水环境》表 2，水文要素影响型建设项目评价等级划分时，与径流有关的指标是兴利库容与年径流量百分比、取水量占多年平均径流量百分比。

71. D 【解析】《环境影响评价技术导则　地表水环境》6.9.3 原文：“底泥污染状况评价方法。采用单项污染指数法评价。”

72. B 【解析】根据《环境影响评价技术导则　地表水环境》附录 D.1.2 公式进行计算。DO_f=468/(31.6+23)=8.57，DO_j=4.5，DO_s=6。DO_j < DO_f，因此 $S_{DO}=DO_s/DO_j$=1.33

73. A 【解析】在单项指数法中，推荐采用标准指数，特殊因子为 pH 时，即当 $pH_j \leqslant 7.0$ 时，采用的公式为：$S_{pH,j}$ =（7.0－pH_j）/（7.0－pH_{sd}），式中，$S_{pH,j}$ 为 pH 的标准指数；pH_j 为 pH 的实测统计代表值；pH_{sd} 为评价标准中 pH 的下限值。代入数值得该河流 pH 的标准指数为 0.7。《地表水环境质量标准》规定，pH 范围为 6～9，则 pH_{sd} = 6。水质因子的标准指数≤1 时，表明该水质因子在评价水体中的浓度符合水域功能及水环境质量标准的要求。

74. A 【解析】大中型湖泊、水库，当建设项目污水排放量＜50 000 m^3/d 时：① 一级评价每 1～2.5 km^2 布设一个取样位置；② 二级评价每 1.5～3.5 km^2 布设一个取样位置；③ 三级评价每 2～4 km^2 布设一个取样位置。当建设项目污水排放量＞50 000 m^3/d 时：① 一级评价每 3～6 km^2 布设一个取样位置；② 二、三级评价每 4～7 km^2 布设一个取样位置。

75. B 【解析】水质评价方法采用单因子指数评价法。单因子指数评价是将每个水质因子单独进行评价，利用统计及模式计算得出各水质因子的达标率或超标率、超标倍数、水质指数等项结果。水质因子的标准指数≤1 时，表明该水质因子在评价水体中的浓度符合水域功能及水环境质量标准的要求。标准指数计算公式为：$S_{i,j} = c_{i,j}/c_{s,i}$。式中，$S_{i,j}$ 表示标准指数；$c_{i,j}$ 表示评价因子 i 在 j 点的实测统计代表值，mg/L；$c_{s,i}$ 表示评价因子 i 的评价标准限值，mg/L。依据题意，该监测点 COD 标准指数 = c_1（该点处 COD 实测统计代表值）/c_2（该点处 COD 评价标准限值）= 2.3。因此，$c_1 = 2.3c_2$，该点处 COD 超标倍数 =（$c_1 - c_2$）/c_2 = 1.3，表示该点位 COD 超标 1.3 倍。

76. C 【解析】《环境影响评价技术导则　地表水环境》6.7.2.2 原文：“建设项目需要确定生态流量时，应结合主要生态保护对象敏感用水时段进行调查分析。”

77. B 【解析】《环境影响评价技术导则　地表水环境》附录 C.2.3 原文：“溶解氧和水温监测频次，每间隔 6 h 取样监测一次。”

78. A 【解析】《环境影响评价技术导则　地表水环境》在地表水环境现状评价时，水质参数的标准指数＞1，表明该水质参数超过了规定的水质标准，不能满足使用要求，因此监测浓度等于标准值时属于达标。

79. C 【解析】湖库采样频次为每个水期可监测一期，每次同步连续取样 2～4

天，每个水质取样点每天至少取一组水样。

80. C 【解析】溶解氧和水温监测频次，每间隔 6 h 取样监测一次。

81. A 【解析】水文调查与水文测量宜在枯水期进行。必要时，可根据水环境影响预测需要、生态环境保护要求，在其他时期（丰水期、枯水期、冰封期等）进行。

82. A

83. A 【解析】描述孔隙含水层的基本水文地质参数有：① 孔隙度，指某一体积岩石（包括孔隙在内）中孔隙体积所占的比例。② 给水度，即把地下水位下降一个单位深度，从地下水位延伸到地表面的单位水平面积岩石柱体，在重力作用下释出的水的体积。③ 渗透系数，又称水力传导系数。在各向同性介质中，它定义为单位水力梯度下的单位流量，表示流体通过孔隙骨架的难易程度；在各向异性介质中，渗透系数以张量形式表示。

84. D 【解析】潜水是指地表以下，第一个稳定隔水层以上具有自由水面的地下水。潜水没有隔水顶板，或只有局部的隔水顶板。承压水是指充满于上下两个隔水层之间的地下水，其承受压力大于大气压力。承压含水层上部的隔水层（弱透水层）称作隔水顶板，下部的隔水层（弱透水层）称作隔水底板。隔水顶底板之间的距离为承压含水层厚度。在自然与人为条件下，潜水与承压水经常处于相互转化之中。显然，除了构造封闭条件下与外界没有联系的承压含水层外，所有承压水最终都是由潜水转化而来，或由补给区的潜水侧向流入，或通过弱透水层接受潜水的补给。

85. D 【解析】降水是自然界水分循环中最活跃的因子之一，是地下水资源形成的重要组成部分。地下水可恢复资源的多寡是与降水入渗补给量密切相关的。地下水在岩土空隙中的运动现象，称为渗流。渗流按地下水饱和程度的不同，可分为饱和渗流和非饱和渗流。前者包括潜水和承压水，主要在重力作用下运动；后者是指包气带中的毛细水和结合水运动，主要受毛管力和骨架吸引力的控制。降雨产流过程中的地下水入渗方式是非饱和渗流。

86. B 【解析】蒸发排泄仅消耗水分，盐分仍留在地下水中，所以蒸发排泄强烈地区的地下水，水的矿化度比较高。

87. C 【解析】A 项，地面调查应贯穿调查的始终。在区域调查时，应采用穿越法，观察调查点及周边的地形地貌、植被、水点、污染现象等；在污染源调查时，宜采用溯源法，观察典型污染现象，追踪污染源及其延伸分布。B 项，地下水由于其埋藏于地下，其调查方法要更复杂。除需要采用一些地表水环境调查方法外，因地下水与地质环境关系密切，还要采用一些地质调查的技术方法。D 项，水文地质钻探时，钻孔设置要求目的明确，尽量一孔多用，如水样和/或岩（土）样的采取、试验等，项目结束后应留作监测孔。

88. B 【解析】根据《环境影响评价技术导则　地下水环境》8.3.2.2，对包气带进行分层取样，一般在 0 ~ 20 cm 埋深范围内取一个样品。

89. C 【解析】根据《环境影响评价技术导则　地下水环境》8.3.3.3 f），一般情况下，该类地区一级、二级评价项目至少设置 3 个监测点，三级评价项目根据需要设置一定数量的监测点。

90. B 【解析】根据《环境影响评价技术导则　地下水环境》8.3.3.4 c），建设项目为改、扩建项目，且特征因子为 DNAPLs（重质非水相液体）时，应至少在含水层底部取一个样品。

91. B 【解析】根据《环境影响评价技术导则　地下水环境》8.3.3.6 地下水环境现状监测频率要求，b）一级评价项目，地下水现状监测时，若掌握近 3 年至少一期水质监测数据，基本水质因子可在评价期补充开展一期现状监测；特征因子在评价期内需至少开展一期现状值监测。

92. C 【解析】根据《环境影响评价技术导则　地下水环境》8.3.3.7 地下水样品采集与现场测定，c）pH、E_h、DO、水温等不稳定项目应在现场测定。

93. D 【解析】根据《环境影响评价技术导则　地下水环境》8.3.4.4，环境水文地质试验项目通常有抽水试验、注水试验、渗水试验、浸溶试验及土柱淋滤试验等。

94. A 【解析】根据《环境影响评价技术导则　地下水环境》8.4.1.2，地下水水质现状评价应采用标准指数法。

95. A 【解析】包气带厚度越大，污染物衰减的机会越多，房屋性能越强；中介颗粒越大，裂隙或溶隙越多，渗透性越好，污染物的衰减能力越低，防污性能越差。

96. C 【解析】等效连续 A 声级是应用较广泛的环境噪声评价量，我国制度的《声环境质量标准》《工业企业厂界环境噪声排放标准》《建筑施工场界噪声限值》《铁路边界噪声限值及其测量方法》《社会生活环境噪声排放标准》等环境噪声排放标准，均采用该评价量作为标准；计权等效连续感觉噪声级仅作为评价机场飞机噪声影响的评价量，其对照评价的标准是《机场周围飞机噪声环境标准》。

97. B 【解析】$L_P = 20\lg\dfrac{p}{p_0}$，则 $p = p_0 10\dfrac{L_P}{20}$；所以，$p = 2\times10^{-5}\times10^{80/20} = 0.2$ Pa。

98. D 【解析】计权等效连续感觉噪声级仅作为评价机场飞机噪声影响的评价量，其对照评价的标准是《机场周围飞机噪声环境标准》。

99. B 【解析】环境噪声现状调查的基本方法是收集资料发、现场调查和测量法。

100. D　【解析】等效连续 A 声级简称“等效声级”，即将一段时间内连续暴露的不同 A 声级变化，用能量平均的方法以 A 声级表示该段时间内的噪声大小，单位为 dB（A）。

101. C　【解析】A 声级一般用来评价噪声源。对特殊的噪声源在测量 A 声级的同时还需要测量其频率特性，频发、偶发噪声，非稳态噪声往往需要测量最大 A 声级（L_{Amax}）。

102. C　103. C

104. D　【解析】声环境功能区的环境质量评价量为昼间等效声级、夜间等效声级，突发噪声的评价量为最大 A 声级。据 GB 3096—2008，各类声环境功能区夜间突发噪声，其最大声级超过环境噪声限值的幅度不得高于 15 dB（A）。

105. A　106. B　107. C　108. D

109. B　【解析】等效连续 A 声级的数学表达式为：$L_{eq}=10\lg\left(\frac{1}{T}\int_0^T 10^{0.1L_A(t)\mathrm{d}t}\right)$

110. B

111. B　【解析】对工况企业环境噪声现状水平调查方法，现有车间的噪声现状调查，重点为 85dB（A）以上的噪声源分布及声级分析。

112. C　113. C

114. C　【解析】公路、铁路为线路型工程，其噪声现状水平调查应重点关注沿线的环境噪声敏感目标，具体方法为：① 调查评价范围内有关城镇、学校、医院、居民集中区或农村生活区在沿线的分布和建筑情况以及相应执行的噪声标准。② 通过测量调查环境噪声背景值，若敏感目标较多时，应分路段测量环境噪声背景值（逐点或选典型代表点布点）；若存在现有噪声源（包括固定源和流动源），应调查其分布状况和对周围敏感目标影响的范围和程度。③ 环境噪声现状水平调查一般测量等效连续 A 声级。必要时，除给出昼间和夜间背景噪声值外，还需给出噪声源影响的距离、超标范围和程度，以及全天 24 h 等效声级值，作为现状评价和预测评价依据。

115. D

116. C　【解析】根据《环境影响评价技术导则　声环境》附录 D 中的表 D.1，工业企业噪声源强调查单（室外声源）包括声源名称、型号、空间相对位置、声源源强（声压级/距声源距离、声功率级任选一种）、声源控制措施、运行时段。C 属于工业企业噪声源强调查清单（室内声源）的内容。

117. D　【解析】根据《环境影响评价技术导则　声环境》附录 D 中的表 D.3，公路/城市道路噪声源强调查清单包括路段、时期、车流量、车速、源强。D 属于工业企业噪声源强调查单的内容。

118. D 【解析】根据《环境影响评价技术导则 声环境》附录D中的表D.6，机场航空器噪声源强调查单包括航空器型号、发动机（类型、型号、数量）、机型噪声适航阶段代号。

119. C 【解析】根据《环境影响评价技术导则 声环境》附录D中的表D.7，工业企业声环境保护目标调查表包括声环境保护目标名称、空间相对位置、距厂界最近距离、方位、执行标准/环境功能区类别、声环境保护目标情况说明（介绍声环境保护目标建筑结构、朝向、楼层、周围环境情况）。C属于机场声环境保护目标调查表内容。

120. C 【解析】根据《环境影响评价技术导则 声环境》附录D中的表D.8，公路、城市道路声环境保护目标调查表包括声环境保护目标名称、所在路段、里程范围、线路形式、方位、声环境保护目标预测点与路面高差、距道路边界（红线）距离、距道路中心线距离、不同功能区户数、声环境保护目标情况说明（介绍声环境保护目标建筑结构、朝向、楼层、周围环境情况）。C属于工业企业声环境保护目标调查表的内容。

121. B 【解析】根据《环境影响评价技术导则 声环境》附录D中的表D.10，机场声环境保护目标调查表包括声环境保护目标名称、所属行政区划、声环境保护目标坐标（代表点距离跑道端头距离、代表点距离跑道中心线及延长线的垂直距离、与跑道中心点的高差）、声环境保护目标类型、声环境保护目标规模等。

122. B 【解析】根据《环境影响评价技术导则 声环境》7.3.2，"利用监测或调查得到的噪声源强及影响声传播的参数，采用各类噪声预测模型进行噪声影响计算，将计算结果和监测结果进行比较验证，计算结果和监测结果在允许误差范围内（≤3 dB）时，可利用模型计算其他声环境保护目标的现状噪声值。"

123. C 【解析】遥感调查适用于涉及范围区域较大、人力勘察较为困难或难以到达的建设项目。遥感调查一般包括以下内容：①卫星遥感资料、地形图等基础资料，通过卫星遥感技术或GPS定位等技术获取专题数据；②数据处理与分析；③成果生成。

124. A 【解析】根据《环境影响评价技术导则 生态影响》，当资料收集、现场调查、专家和公众咨询获取的数据无法满足评价工作需要，或项目可能产生潜在的或长期累积影响时，可选用生态监测法。

125. A 【解析】运用资料收集法进行生态背景调查时，应收集现有的能反映生态现状或生态背景的资料。从表现形式上分为文字资料和图形资料。从时间上可分为历史资料和现状资料。从收集行业类别上可分为农、林、牧、渔和生态环境部门类。从资料性质上可分为环境影响报告书，有关污染源调查，生态保护规划、规定，生态功能区划，生态敏感目标的基本情况以及其他生态调查材料等。

使用资料收集法时，应保证资料的现时性，引用资料必须建立在现场校验的基础上。在无法获得项目建设前的生态质量背景资料时，应首选当地长期科学观测累积的数据资料作为背景资料进行类比分析。

126. D 【解析】浮游生物包括浮游植物和浮游动物，也包括鱼卵和仔鱼。

127. B 【解析】鸟类物种调查方法中，分区直属法主要针对水鸟，将调查区域（湖面、江面）内按照半径 2 000 m 或者 500 m 一段进行分区，逐一统计各分区内水鸟种类和数量。

128. D 【解析】对于猿猴、松树、旱獭等少量昼行类群，采用直观调查法，按一定的线路或方向无声缓慢行进，直接观察记录视线范围内的各种动物及其活动情况。

129. A 【解析】鸣叫调查法可用于长臂猿等的种群调查，每天早晨记录长臂猿的晨鸣时间、位点等，连续监听 1 周以上记录，据此来推算种群及个体数量。

130. C 【解析】陆生植被与植物调查，也要注意被调查区域的不同地段的生境差异，如山脊、沟谷、坡向、海拔等。

131. C 【解析】陆生植被与植物调查方法包括样方法、样线（带）法、全查法。①样方法适用于物种丰富、分布范围相对集中、分布面积较大的地段；②样线（带）法适用于物种不十分丰富、分布范围相对分散、种群数量较多的区域；③全查法适用于物种稀少、分布面积小、种群数量相对较少的区域。

132. C 【解析】根据《生物多样性观测技术导则 陆生维管植物》（HJ 710.1—2014）“5.3.2 观测样地面积与样方数量”，森林观测样地的面积以 ≥1 公顷（100 m×100 m）为宜，本标准“面积”均指“垂直投影面积”；灌丛观测样地一般不少于 5 个 10 m×10 m 的样方，对大型或稀疏灌丛，样方面积扩大到 20 m×20 m 或更大；草地观测样地一般不少于 5 个 1 m×1 m 样方，样方之间的间隔不小于 250 m，若观测区域草地群落分布呈斑块状、较为稀疏或草本植物高大，应将样方扩大至 2 m×2 m。

133. B 【解析】根据《生物多样性观测技术导则 内陆水域鱼类》（HJ 710.7—2014），内陆水域鱼类观测方法包括鱼类早起资源调查、渔获物调查、声呐水声学调查、标记重捕法、遗传结构分析等方法。

134. C 【解析】根据《生物多样性观测技术导则 水生维管植物》（HJ 710.12—2016）“6 观测内容和指标”，水生维管植物观测方法包括直接测量法、资料查阅和野外调查、样方法、目测法、样点截取法、遥感或收获法。

135. D 136. A 137. D 138. C

139. C 【解析】根据《全国植物物种资源调查技术规定（试行）》5.2（4）样方设置根据地形地貌布设样方并进行调查记录，样方面积依据物种多样性来确定。一般森林样方面积设为（20 ~ 30）m×（20 ~ 30）m，然后再在样方的四个角和对角线交叉点设立灌木和草本小样方；灌木类型的样方面积通常设为（5 ~ 10）m×（5 ~ 10）m；草本样方的面积通常设为（1 ~ 2）m×（1 ~ 2）m。

140. A 【解析】物种乙的密度=个体数目/样地面积=2/10=0.2。所有种的密度=个体数目/样地面积=5/10=0.5。物种乙的相对密度=（一个种的密度/所有种的密度）×100%=（0.2/0.5）×100%=40%。

141. A 【解析】两栖爬行类应选择在繁殖季节进行调查。在一个样点（样地）最好能进行 2 次以上的调查，特别是两栖爬行类的繁殖季节相对集中，宜以天为频度开展观察，维持至繁殖行为结束。样区的选择应覆盖评价区各种栖息地类型，每种生境确定不同数量的调查点和线；鸟类调查要选择在合适的时间或不同季节进行调查，在我国越冬的候鸟在冬季调查，在我国繁殖的候鸟在夏季调查，其他鸟类应在全年的不同季节调查。在一个样点（调查点或观察点）最好能进行 2 次以上的调查，样区的选择应覆盖评价区各种栖息地类型，每种生境确定不同数量的调查线路和调查点。

142. B 【解析】此题是 2006 年的一个考题。据相关教材，荒漠化的量化指标如下：潜在荒漠化的生物生产量为 3 ~ 4.5 t/（hm^2·a），正在发展的荒漠化为 1.5 ~ 2.9 t/（hm^2·a），强烈发展的荒漠化为 1.0 ~ 1.4 t/（hm^2·a），严重荒漠化为 0 ~ 0.9 t/（hm^2·a）。

143. D 【解析】《县域植被多样性调查与评估技术规定》3.8，乔木高度一般在 5 m 以上，由明显直立的主干和发育强盛枝条构成广阔树冠的木本植物。

144. D

145. C 【解析】在样方调查（主要是进行物种调查、覆盖度调查）的基础上，可依下列方法计算植被中物种的重要值：

① 密度 = 个体数目/样地面积。

② 相对密度 =（一个种的密度/所有种的密度）×100%。

③ 优势度 = 底面积（或覆盖面积总值）/样地面积。

④ 相对优势度 =（一个种的优势度/所有种的优势度）×100%。

⑤ 频度 = 包含该种样地数/样地总数。

⑥ 相对频度 =（一个种的频度/所有种的频度）×100%。

⑦重要值 = 相对密度 + 相对优势度 + 相对频度。

146. A

147. D 【解析】热带季雨林平均生物量为 36 kg/m^2；北方针叶林平均生物量为 20 kg/m^2；温带阔叶林平均生物量为 30 kg/m^2；热带雨林平均生物量为 44 kg/m^2。

148. D 【解析】生物生产力是指生物在单位面积和单位时间所产生的有机物质的质量，亦即生产的速度，单位为 t/（hm^2·a）；在生态评价时，以群落单位面积内的物种作为标准，称为物种量（物种数/hm^2），而物种量与标定物种量的比值，称为标定相对物种量。

149. C　【解析】根据《全国植物物种资源调查技术规定（试行）》第二部分5.2调查要求，根据地形地貌布设样方并进行调查记录，样方面积依据物种多样性来确定。一般森林样方面积设为（20～30）m×（20～30）m，然后再在样方的四个角和对角线交叉点设立灌木和草本小样方；灌木类型的样方面积通常设为（5～10）m×（5～10）m；草本样方的面积通常设为（1～2）m×（1～2）m。

150. C　【解析】植物调查时首先选样地，然后在样地内选样方，样地选择以花费最少劳动力和获得最大准确度为原则，采用样地调查收割法时，森林样地面积选用1 000 m^2，疏林及灌木林样地选用500 m^2，草本群落或森林草本层样地面积选用100 m^2。注意是“收割法”。

151. D

152. A　【解析】样地调查时，一般草本的样方面积在1 m^2以上。

153. B

154. C　【解析】决定某一斑块类型在景观中的优势称为优势度值（Do）。优势度值由密度（Rd）、频率（Rf）和景观比例（Lp）三个参数计算得出。具体数学表达式为：Rd＝（斑块 i 的数目/斑块总数）×100%；Rf＝（斑块 i 出现的样方数/总样方数）×100%；Lp＝（斑块 i 的面积/样地总面积）×100%；Do＝0.5×[0.5×（Rd＋Rf）＋Lp]×100%。

代入数据可得，Rd＝（斑块 i 的数目/斑块总数）×100%＝48/300×100%＝16%，则Do＝0.5×[0.5×（16%＋36%）＋40%]×100%＝33%。

155. B　【解析】净初级生物量=9–5=4（mg/L），

总初级生物量=9–3.5=5.5（mg/L）。

156. A　【解析】样方50 cm的面积为0.25 m^2，则1 m^2的生物量为300 g。

157. C

158. C　【解析】NDVI指的是归一化差异植被指数，常用于进行区域和全球的植被状况研究。

159. A　【解析】生态保护红线是指在森林、草原、湿地、河流、湖泊、滩涂、岸线、海洋、荒地、戈壁、冰川、高山冻原、无居民海岛等生态空间范围内具有特殊重要生态功能、必须强制性严格保护的区域。

160. B

161. B　【解析】遥感为景观生态学研究和应用提供的信息包括：地形、地貌、地面水体植被类型及其分布、土地利用类型及其面积、生物量分布、土壤类型及其水体特征、群落蒸腾量、叶面积指数及叶绿素含量等。鱼类的产卵场、候鸟的迁徙通道、陆生动物的活动规律需要现场调查。

162. C　163. A　164. B

165. C　【解析】景观生态学法是通过研究某一区域、一定时段内的生态系统类群的格局、特点、综合资源状况等自然规律，以及人为干预下的演替趋势，揭示人类活动在改变生物与环境方面作用的方法。景观生态学对生态质量状况的评判是通过两个方面进行的，一是空间结构分析，二是功能与稳定性分析。空间结构分析基于景观，是高于生态系统的自然系统，是一个清晰的和可度量的单位。

166. A　【解析】根据《环境影响评价技术导则　生态影响》（HJ 19—2011），列表清单法的特点简单明了，针对性强。列表清单法的基本做法是，将拟实施的开发建设活动的影响因素与可能受影响的环境因子分别列在同一张表格的行与列内，逐点进行分析，并逐条阐明影响的性质、强度等。由此分析开发建设活动的生态影响。

167. A　【解析】生态机理分析法是根据建设项目的特点和受其影响的动、植物的生物学特征，依照生态学原理分析、预测工程生态影响的方法。

168. D　【解析】指数法可用于：① 生态因子单因子质量评价；② 生态多因子综合质量评价；③ 生态系统功能评价。

169. D　【解析】《环境影响评价技术导则　土壤环境（试行）》“7.1.4　工业园区内的建设项目，应重点在建设项目占地范围内开展现状调查工作，并兼顾其可能影响的园区外围土壤环境敏感目标。”

170. A　【解析】《环境影响评价技术导则　土壤环境（试行）》“7.4.2.6　涉及地面漫流途径影响的，应结合地形地貌，在占地范围外的上、下游各设置 1 个表层样监测点”，尾矿库项目属于涉及地面漫流途径影响的项目。

171. B　【解析】《环境影响评价技术导则　土壤环境（试行）》“7.4.2.7　线性工程应重点在站场位置（如输油站、泵站、阀室、加油站及维修场所等）设置监测点。”

172. A　【解析】《环境影响评价技术导则　土壤环境（试行）》“7.5.2.1　根据调查评价范围内的土地利用类型，分别选取 GB 15618、GB 36600 等标准中的筛选值进行评价，土地利用类型无相应标准的可只给出现状监测值。7.5.2.2　评价因子在 GB 15618、GB 36600 等标准中未规定的，可参考行业、地方或国外相关标准进行评价，无可参考标准的可只给出现状监测值。”

173. A　【解析】《环境影响评价技术导则　土壤环境（试行）》“7.3.2.2　评价工作等级为一级的建设项目应参照表 C.2 填写土壤剖面调查表。”

174. D　【解析】氧化还原电位是长期惯用的氧化还原指标，它可以被理解为物质提供或接受电子的趋向或能力。物质接受电子的强烈趋势意味着高氧化还原电位，而提供电子的强烈趋势则意味着低氧化还原电位。

175. B 【解析】对于滨海、半湿润、半干旱地区，土壤含盐量 1 g/kg≤SSC＜2 g/kg，属于轻度盐化。

176. A 【解析】《环境影响评价技术导则　土壤环境（试行）》“7.5.4.1　生态影响型建设项目应给出土壤盐化、酸化、碱化的现状。”

177. B 【解析】各地区土壤背景差异较大，特别是矿藏丰富的地区，在矿藏出露的区域，一般背景值都较高，采用累积指数更能反映土壤人为污染程度。

178. A 【解析】《土壤环境质量 建设用地土壤污染风险管控标准（试行）》“3.3　暴露途径　exposure pathway　指建设用地土壤中污染物迁移到达和暴露于人体的方式。主要包括：（1）经口摄入土壤；（2）皮肤接触土壤；（3）吸入土壤颗粒物；（4）吸入室外空气中来自表层土壤的气态污染物；（5）吸入室外空气中来自下层土壤的气态污染物；（6）吸入室内空气中来自下层土壤的气态污染物。”

179. B 【解析】《环境影响评价技术导则　土壤环境（试行）》“4.2.1　本导则土壤环境生态影响重点指土壤环境的盐化、酸化、碱化等。”

180. C 【解析】《环境影响评价技术导则　土壤环境（试行）》“4.2.4　涉及两个或两个以上场地或地区的建设项目应按 4.2.3 分别开展评价工作。”

181. A 【解析】土壤中砂粒成分＞50%、细黏土成分＜30%，说明该土壤是砂土，表征了土壤质地。

182. D 【解析】土壤酸化、碱化分级标准见下表。

土壤 pH	土壤酸化、碱化强度
pH＜3.5	极重度酸化
3.5≤pH＜4.0	重度酸化
4.0≤pH＜4.5	中度酸化
4.5≤pH＜5.5	轻度酸化
5.5≤pH＜8.5	无酸化或碱化
8.5≤pH＜9.0	轻度碱化
9.0≤pH＜9.5	中度碱化
9.5≤pH＜10.0	重度碱化
pH≥10.0	极重度碱化

注：土壤酸化、碱化强度指受人为影响后呈现的土壤 pH，可根据区域自然背景状况适当调整。

183. D 【解析】有机质是土壤固相部分的重要组成成分，尽管土壤有机质的含量只占土壤总量的很小一部分，但它对土壤形成、土壤肥力、环境保护及农林业可持续发展等方面都有着极其重要的作用和意义。

184. B 【解析】《环境影响评价技术导则　土壤环境（试行）》“7.3.3.2　改、扩建的污染影响型建设项目，其评价工作等级为一级、二级的，应对现有工程的土壤环境保护措施情况进行调查，并重点调查主要装置或设施附近的土壤污染现状。”

185. A 【解析】《环境影响评价技术导则　土壤环境（试行）》“7.3.3.1　应调查与建设项目产生同种特征因子或造成相同土壤环境影响后果的影响源。”

186. C 【解析】根据《土壤环境质量　农用地土壤污染风险管控标准（试行）》，农用地土壤污染风险筛选值与pH密切相关，果园属于农用地。

187. C 【解析】根据土壤结构体的大小、形状以及与土壤肥力的关系，可以把土壤结构体划分为五种类型：块状结构体、核状结构体、柱状结构体、片状结构体及团粒结构体。

188. A 【解析】《环境影响评价技术导则　土壤环境（试行）》“7.4.2.5　涉及大气沉降影响的，应在占地范围外主导风向的上、下风向各设置1个表层样监测点，可在最大落地浓度点增设表层样监测点。”

189. C 【解析】为了研究土壤基本理化性状，除研究表土外，还常研究表土以下的各层土壤。剖面土样的采集方法，一般可在主要剖面观察和记载后进行。必须指出，土壤剖面按层次采样时，必须自下而上（这与剖面划分、观察和记载恰好相反）分层采取，以免采取上层样品时对下层土壤的混杂污染。为了使样品能明显反映各层次的特点，通常在各层最典型的中部采取（表土层较薄，可自地面向下全层采样），这样可克服层次之间的过渡现象，从而增加样品的典型性或代表性。《土壤环境监测技术规范》（HJ/T 166—2004）第6.1.5条规定，采样次序自下而上，先采剖面的底层样品，再采中层样品，最后采上层样品。

190. D 【解析】分析建设项目所在周边的土壤环境**敏感程度**，为后期的监测布点提供依据。

191. A 【解析】土壤理化特性调查内容包括土体构型、土壤结构、土壤质地、阳离子交换量、氧化还原点位、饱和导水率、土壤容重、孔隙度、有机质、全氮、有效磷、有效钾等。

192. A 【解析】土壤质地的确定可先进行野外确定，运用手指对土壤的感觉，采用搓条法进行粗估计。搓条法可初步确定土壤是砂土、沙壤土、轻壤土还是中壤土等。

二、不定项选择题

1. ABC 【解析】大气环境现状调查包括大气环境质量现状调查、大气污染源调查和气象观测资料调查三方面内容。

2. ABCD　【解析】《环境影响评价技术导则　大气环境》调查内容和目的部分原文。

3. BC　【解析】根据《环境影响评价技术导则　大气环境》，计算环境空气保护目标和网格点的环境质量现状浓度属于一级评价项目现状调查内容。

4. AB　【解析】根据《环境影响评价技术导则　大气环境》，补充监测应选择污染较重的季节进行现状监测，补充监测应至少取得7 d有效数据。以近20年统计的主导风向为轴向，在厂址及主导风向下风向5 km范围内设置1~2个监测点。如需在一类区进行补充监测，监测点应设置在不受人为活动影响的区域。

5. ABC　【解析】在陆地高压区，边界层的生消演变具有明显的昼夜变化。在日间，受太阳辐射的作用地面得到加热，混合层逐渐加强，中午时达到最大高度；日落后，由于地表辐射，地面温度低于上覆的空气温度，形成逆温的稳定边界层；次日，又受太阳辐射的作用，混合层重新升起。

6. AB　【解析】根据《环境影响评价技术导则　大气环境》，其他污染物环境质量现状数据优先采用评价范围内国家或地方环境空气质量监测网中评价基准年连续1年的监测数据，其次可收集评价范围内近3年与项目排放的其他污染物有关的历史监测资料。

7. ABCD　【解析】《环境影响评价技术导则　大气环境》污染源调查内容部分原文。

8. AB　【解析】根据《环境影响评价技术导则　大气环境》，污染源监测数据应采用满负荷工况下的监测数据或者换算至满负荷工况下的排放数据。

9. ABCD　【解析】根据《环境影响评价技术导则　大气环境》，改、扩建项目现状工程污染源调查，依次优先使用项目监督性监测数据、在线监测数据、年度排污许可执行报告、自主验收报告、排污许可证数据、环评数据或补充污染源监测数据等。

10. BC　【解析】对于各级评价项目，均应调查评价范围内最近20年以上的主要气候统计资料，包括年平均风速和风向玫瑰图，最大风速与月平均风速，年平均气温，极端气温与月平均气温，年平均相对湿度，年均降水量，降水量极值，日照等；对于二级评价项目，气象观测资料调查基本要求同一级评价项目。对应的气象观测资料年限要求为近3年内的至少连续1年的常规地面气象观测资料和高空气象探测资料。

11. BCD　【解析】监测结果统计分析内容包括各监测点大气污染物不同取值时间的浓度变化范围，统计年平均浓度最大值、日平均浓度最大值和小时平均浓度最大值与相应的标准限值进行比较分析，给出占标率或超标倍数，评价其达标情况，若监测结果出现超标，应分析其超标率、最大超标倍数以及超标原因。并分析大气污染物浓度的日变化规律，以及分析重污染时间分布情况及其影响因素。此外，还应分析评价范围内的污染水平和变化趋势。

12. ABCD 【解析】《环境影响评价技术导则 大气环境》附录B3.1。

13. ABCD 【解析】监测点位设置应根据项目的规模和性质，结合地形复杂性、污染源及环境空气保护目标的布局，综合考虑监测点设置数量。对于地形复杂、污染程度空间分布差异较大、环境空气保护目标较多的区域，可酌情增加监测点数目。对于评价范围大，区域敏感点多的评价项目，在布设各个监测点时，要注意监测点的代表性，环境监测值应能反映各环境敏感区域、各环境功能区的环境质量，以及预计受项目影响的高浓度区的环境质量，同时布点还要遵循近密远疏的原则。具体监测点位可根据局部地形条件、风频分布特征以及环境功能区、环境空气保护目标所在方位做适当调整。各监测期环境空气敏感区的监测点位置应重合。预计受项目影响的高浓度区的监测点位，应根据各监测期所处季节主导风向进行调整。“主导风向”在导则中对城市道路没有重点列出，但在一、二、三级评价的监测布点原则中都列出了“主导风向”相关内容，同样也适合城市道路。

14. AD 【解析】根据《环境空气质量评价技术规范（试行）》（HJ 663—2013）中的表3，SO_2、NO_2、PM_{10}、$PM_{2.5}$、O_3、TSP和NO_x保留0位小数；CO和达标率保留1位小数；Pb和超标倍数保留2位小数；BaP保留4位小数。

15. AB 【解析】二级评价项目参照一级评价项目要求调查本项目污染源和拟被替代的污染源。

16. ABCD 【解析】《环境影响评价技术导则 大气环境》附录C.4.5原文。

17. BCD 【解析】《环境影响评价技术导则 大气环境》附录C.4.1，垂直扩散参数为体源调查内容。

18. BCD 【解析】横向扩散参数为体源调查内容。

19. ABCD 【解析】《环境影响评价技术导则 大气环境》附录C.4，按照点源、面源、体源、线源、火炬源、烟塔合一排放源、机场源等不同污染源排放形式，分别给出污染源参数，当污染源排放为周期性变化时，还需给出周期性变化排放系数。还包括非正常排放、拟被替代源。

20. AD 【解析】当$L_{mo}>0$，近地面大气边界层处于稳定状态，L_{mo}数值越小或混合层高度（h）与L_{mo}的比值（h/L_{mo}）越大，越稳定，混合层高度则越低；当$L_{mo}<0$，边界层处于不稳定状态，$|L_{mo}|$数值越小或$|h/L_{mo}|$越大，越不稳定，混合层高度则越高；当$|L_{mo}|\to\infty$，边界层处于中性状态，$|h/L_{mo}|=0$，此种情况下，混合层高度大约有800 m。

21. AD 【解析】白天山坡向阳面受到太阳辐射加热，温度高于周围同高度的大气层，暖而不稳定的空气由谷底沿山坡爬升，形成低层大气从陆地往山吹、高层大气风向相反的谷风环流；夜间山坡辐射冷却降温，温度低于周围大气层，冷空气沿山坡下滑，形成低层大气从山往陆地吹、高层大气风向相反的山风环流。因此白天形成谷风环流；夜间形成山风环流。

22. ABC 【解析】《环境影响评价技术导则 地表水环境》“6.6.2.1 二级评价，主要收集利用已建项目的排污许可证登记数据、环评及环保验收数据及既有实测数据，必要时补充现场监测。”

23. ABD 【解析】《环境影响评价技术导则 地表水环境》“5.1.3 水文要素影响型建设项目评价因子，应根据建设项目对地表水体水文要素影响的特征确定。河流、湖泊及水库主要评价水面面积、水量、水温、径流过程、水位、水深、流速、水面宽、冲淤变化等因子，湖泊和水库需要重点关注湖底水域面积或蓄水量及水力停留时间等因子。”

24. ABC 【解析】《环境影响评价技术导则 地表水环境》表 1 的注释：

“注 4：建设项目直接排放的污染物为受纳水体超标因子的，评价等级不低于二级。

注 5：直接排放受纳水体影响范围涉及饮用水水源保护区、饮用水取水口、重点保护与珍稀水生生物的栖息地、重要水生生物的自然产卵场等保护目标时，评价等级不低于二级。

注 6：建设项目向河流、湖库排放温排水引起受纳水体水温变化超过水环境质量标准要求，且评价范围有水温敏感目标时，评价等级为一级。

注 7：建设项目利用海水作为调节温度介质，排水量≥500 万 m^3/d，评价等级为一级；排水量＜500 万 m^3/d，评价等级为二级。

注 8：仅涉及清净下水排放的，如其排放水质满足受纳水体水环境质量标准要求的，评价等级为三级 A。

注 9：依托现有排放口，且对外环境未新增排放污染物的直接排放建设项目，评价等级参照间接排放，定为三级 B。

注 10：建设项目生产工艺中有废水产生，但作为回水利用，不排放到外环境的，按三级 B 评价。”

25. ABCD 【解析】《环境影响评价技术导则 地表水环境》表 2 的注释：

“注 1：影响范围涉及饮用水水源保护区、重点保护与珍稀水生生物的栖息地、重要水生生物的自然产卵场、自然保护区等保护目标，评价等级应不低于二级。

注 2：跨流域调水、引水式电站、可能受到河流感潮河段影响，评价等级不低于二级。

注 3：造成入海河口（湾口）宽度束窄（束窄尺度达到原宽度的 5%以上），评价等级应不低于二级。

注 4：对不透水的单方向建筑尺度较长的水工建筑物（如防波堤、导流堤等），其与潮流或水流主流向切线垂直方向投影长度大于 2 km 时，评价等级应不低于二级。

注 5：允许在一类海域建设的项目，评价等级为一级。

注 6：同时存在多个水文要素影响的建设项目，分别判定各水文要素影响评价等级，并取其中最高等级作为水文要素影响型建设项目评价等级。”

26. ACDE 【解析】根据《环境影响评价技术导则　地表水环境》5.1.3 可知，珠江下游属感潮河段。

27. BD 【解析】根据《环境影响评价技术导则　地表水环境》表 3 可知，涉及入海河口的地表水二级评价项目的评价时期包括春、秋两个季节。

28. ABCD 【解析】需要调查的水质因子有 3 类：① 常规水质因子，以《地表水环境质量标准》（GB 3838—2002）中所列的 pH、溶解氧、高锰酸盐指数或化学耗氧量、五日生化需氧量、总氮或氨氮、酚、氰化物、砷、汞、铬（六价）、总磷及水温为基础，根据水域类别、评价等级及污染源状况适当增减。② 特殊水质因子，根据建设项目特点、水域类别及评价等级以及建设项目所属行业的特征水质参数表进行选择，可以适当删减。③ 其他方面的因子，被调查水域的环境质量要求较高（如自然保护区、饮用水水源地、珍贵水生生物保护区、经济鱼类养殖区等），且评价等级为一、二级，应考虑调查水生生物和底质，其调查项目可根据具体工作要求确定，或从下列项目中选择部分内容：水生生物方面主要调查浮游动植物、藻类、底栖无脊椎动物的种类和数量，水生生物群落结构等，底质方面主要调查与建设项目排污水质有关的易积累的污染物。

29. ABC 【解析】《环境影响评价技术导则　地表水环境》“6.6.2.3 具有已审批入河排放口的主要污染物种类及其排放浓度和总量数据，以及国家或地方发布的入河排放口数据的，可不对入河排放口汇水区域的污染源开展调查。”

30. BD 【解析】根据《环境影响评价技术导则　地表水环境》5.1.3 可知，水库、湖泊需要调查水力停留时间。

31. BD 【解析】河流和湖泊（水库）确定监测范围应考虑的因素有：① 在确定某具体建设开发项目的地面水环境现状调查范围时，应尽量按照将来污染物排放进入天然水体后可能达到水域使用功能质量标准要求的范围，并考虑评价等级的高低（评价等级高时调查范围取偏大值，反之取偏小值）后决定；② 当下游附近有敏感区（如水源地、自然保护区等）时，调查范围应考虑延长到敏感区上游边界，以满足预测敏感区所受影响的需要。

32. AC 【解析】经《环境影响评价技术导则　地表水环境》表 1 判断，该项目评价等级为三级 A。对于评价等级为三级 A 的项目，考核评价范围、评价时期、污染源调查、预测。

33. ABD 【解析】湖泊、水库水温受湖面以上气象条件（主要是气温与风）、湖泊、水库容积和水深以及湖、库盆形态等因素的影响，呈现出具有时间与空间的变化规律，比较明显的季节性变化与垂直变化。一般容积大、水深深的湖泊、水库，水温常呈垂向分层型。对于容积和水深都比较小的湖泊，由于水能充分混合，因此往往不存在垂向分层的问题。C 项，面积大小与湖库水体垂直分层无关。

34. AD 【解析】《环境影响评价技术导则　地表水环境》“6.7.3.2　底泥污染调查与评价的监测点位布设应能够反映底泥污染物空间分布特征的要求，根据底泥分布区域、分布深度、扰动区域、扰动深度、扰动时间等设置。”

35. ABC 【解析】《环境影响评价技术导则　地表水环境》“6.6.6.1　应尽量收集临近水文站既有水文年鉴资料和其他相关的有效水文观测资料。当上述资料不足时，应进行现场水文调查与水文测量，水文调查与水文测量宜与水质调查同步。”

36. ABCE 【解析】《环境影响评价技术导则　地表水环境》表 B.1 水文情势调查内容表：入海河口（感潮河段）水文情势调查内容为潮汐特征、感潮河段的范围、潮区界与潮流界的划分；潮位及潮流；不利水文条件组合及特征水文参数；水流分层特征。

37. AB 【解析】《环境影响评价技术导则　地表水环境》“6.3　地表水环境现状调查因子根据评价范围水环境质量管理要求、建设项目水污染物排放特点与水环境影响预测评价要求等综合分析确定。调查因子应不少于评价因子。”

38. ABDE 【解析】《环境影响评价技术导则　地表水环境》“B.2.2　面污染源调查内容，按照农村生活污染源、农田污染源、分散式畜禽养殖污染源、城镇地面径流污染源、堆积物污染源、大气沉降源等分类。”

39. AC 【解析】流速单位一般为 m/s，一级降解系数的单位有 1/s、1/a、1/a，横向混合系数、纵向离散系数的单位一般为 m^2/s。

40. ABD 【解析】根据《环境影响评价技术导则　地表水环境》6.2.1，地表水环境的现状调查范围应覆盖评价范围，应以平面图方式表示，并明确起、止断面的位置和涉及范围。

41. ABD 【解析】冰封期较长且作为生活饮用水与食品加工用水的水源或有渔业用水需求的水域，应将冰封期纳入评价范围。

42. ABCD 【解析】内源污染调查包括底泥物理指标和化学指标。底泥物理指标包括力学性质、质地、含水率、粒径等；化学指标包括水域超标因子、与本项目建设排放污染物相关的因子。

43. AB 【解析】水污染影响型项目河流水文情势调查内容包括水文年及水期划分、不利水文条件及特征水文参数、水动力学参数等。CD 属于水文要素影响型项目河流水文情势调查内容。

44. ABD 【解析】湖库监测点位设置与采样频次，二级评价在评价范围内的水质取样垂线宜不少于 16 条；每个水期可监测一次，每次同步连续取样 2～4 天，每个水质取样点每天至少取一组水样；溶解氧和水温监测频次每间隔 6 h 取样监测一次。C 水库二级评价现状调查期至少为枯水期。

45. ACD 【解析】地下水评价中，环境水文地质调查的主要内容包括：① 地下水污染调查；② 土壤污染调查；③ 场地环境调查。

46. BCD 【解析】地下水分类，按埋藏条件分为包气带水、潜水和承压水；按含水层介质类型分为孔隙水、裂隙水和岩溶水。

47. ABD 【解析】地下水的主要补给来源有降水入渗补给、地表水入渗补给、来自其他含水层的补给以及人工补给等。

48. ABD 【解析】影响渗透系数大小的因素很多，主要取决于介质颗粒的形状、大小、不均匀系数和水的黏滞性。

49. BCD 【解析】承压水是指充满于上下两个隔水层之间的地下水，其承受压力大于大气压力。承压含水层上部的隔水层（弱透水层）称作隔水顶板，下部的隔水层（弱透水层）称作隔水底板。由于来自出露区地下水的静水压力作用，承压区含水层不但充满水，而且含水层顶面的水承受大气压强以外的附加压强。

50. ABC 【解析】包气带水指处于地表面以下、潜水位以上的包气带岩土层中的水，包括土壤水、沼泽水、上层滞水以及基岩风化壳（黏土裂隙）中季节性存在的水。

51. ABCD 【解析】潜水指地表以下、第一个稳定隔水层以上具有自由水面的地下水。潜水没有隔水顶板，或只有局部的隔水顶板。潜水的动态有明显的季节变化特点。潜水容易受到污染，水质易受地面建设项目影响，对潜水水源应注意卫生防护。

52. BD 【解析】两个含水层之间的补给有两个条件：一是两个含水层具有水头差；二是含水层之间具有水力联系通道。两个含水层之间可通过天窗、导水断裂、弱透水层越流、不整合接触面等途径补给。

53. ABCD 54. ABCD 55. ABCDE

56. ABC 【解析】等水位线图主要有以下用途：① 确定地下水流向；② 计算地下水的水力坡度；③ 确定潜水与地表水之间的关系；④ 确定潜水的埋藏深度；⑤ 确定泉或沼泽的位置；⑥ 推断给水层的岩性或厚度的变化（若等水位线由疏变密，表明含水层透水性变坏或含水层变薄）；⑦确定富水带位置。

57. ABC 【解析】水文地质柱状图是水文垂直钻孔得出来的图件，钻孔能穿越包气带、潜水层、含水层、承压水层，上述信息都能反映出来。含水层之间的补给关系，是河流补给潜水还是潜水补给河流，则无法准确判断。

58. ABC　【解析】降水入渗补给系数（a）是指降水渗入量与降水总量的比值，a 的大小取决于地表土层（如包气带）的岩性和土层结构、地形坡度、植被覆盖以及降水量的大小和降水形式等，一般情况下，地表土层的岩性对 a 的影响最显著。

60. ABC　61. ABCD　62. ABC

63. ABC　【解析】确定水文地质参数的方法可以概括为两类：①用水文地质试验法（如野外现场抽水试验、注水试验、渗水试验及室内渗压试验、达西试验、弥散试验等），这种方法可以在较短的时间内求出含水层参数而得到广泛应用；②利用地下水动态观测资料来确定，是一种比较经济的水文地质参数测定方法，并且测定参数的范围比前者更为广泛，可以求出一些用抽水试验不能求得的参数。

64. ABC　【解析】地下水环境现状调查应查明地下水系统的结构、边界、水动力系统及水化学系统的特征。具体需查明五个基本问题：水文地质条件、地下水的水质特征、地下水污染分布、环境水文地质问题、地下水开发利用状况。

65. BC　66. ABCD

67. BCD　【解析】《场地环境监测技术导则》6.2.2 地下水监测点位的布设。

68. ABC　【解析】地下水现状监测分析没有超标倍数之说。大气现状监测结果分析有这种说法。

69. ABD　【解析】根据《环境影响评价技术导则　地下水环境》8.3.3.7 地下水样品采集与现场测定，抽汲的水量不得小于 3 倍的井筒水（量）体积。

70. ABD　【解析】抽水试验是通过从钻孔或水井中抽水，定量评价含水层富水性，测定含水层水文地质参数和判断某些水文地质条件的一些野外试验工作方法。其目的、任务包括①直接测定含水层的富水程度和评价井（孔）的出水能力；②抽水试验是确定含水层水文地质参数（渗透系数、导水系水、给水度、贮水系数、降水入渗系数）的主要方法；③抽水试验可为取水工程设计提供所需的水文地质数据；④通过抽水试验，可直接评价水源地的可（允许）开采量；⑤可通过抽水试验查明某些其他手段难以查明的水文地质条件，如地表水与地下水之间及含水层之间的水力联系，以及边界性质和强径流带位置。C 应该是确定含水层的水文地质参数；土柱淋滤试验的目的是确定包气带的防护能力。

71. ABCDE　【解析】详见《环境影响评价技术导则　地下水环境》附录 C。

72. BD　【解析】两者目的是测定包气带垂向渗透系数，故 A 错；直接试坑法测得的渗透系数要比双环试坑法测得的渗透系数要大，故 C 错。

73. AD　【解析】根据《环境影响评价技术导则　地下水环境》“8.3.3.6 地下水环境现状监测频率要求”，评价等级为二级的建设项目若掌握近 3 年内至少一个连续水文年的枯丰水期地下水位动态监测资料，评价期可不开展地下水水位监测；若无上述资料，依据导则表 4 开展水位监测；若掌握近 3 内至少一期水质监测数据，基本水质因子可在评价期补充开展一期现状监测，不是必需；特征因子在评价期内需至少开展一起现状值监测。

74. ABD 【解析】声环境功能区的环境质量评价量为昼间等效声级、夜间等效声级，突发噪声的评价量为最大A声级。据GB 3096—2008，各类声环境功能区夜间突发噪声，其最大声级超过环境噪声限值的幅度不得高于15 dB（A）。GB 3096—2008没有规定昼间突发噪声限值的幅度。因此，不能选C。

75. BCD 【解析】选项A的正确说法是：布点应覆盖整个评价范围，包括厂界（或场界、边界）和敏感目标。

76. ABC 【解析】当声源为流动声源，且呈现线声源特点时，如公路、铁路噪声，现状监测位置选取应兼顾敏感目标的分布状况、工程特点及线声源噪声影响随距离衰减的特点。例如，对于道路，其代表性的敏感性目标可布设在车流量基本一致，地形状况和声屏障基本相似，距线声源不同距离的敏感目标处。

77. ABC 【解析】公路和敏感目标间的声环境现状调查中，应调查其评价范围内的敏感目标的名称、规模、人口的分布等情况，并以图、表相结合的方式说明敏感目标与公路的关系（如方位、距离、高差等）。此外，还应调查评价范围内声源和敏感目标之间的地貌特征、地形高差及影响声波传播的环境要素。

78. CD 【解析】网格法布点按正方形划分。

79. ABCD

80. AB 【解析】环境噪声现状评价包括噪声源现状评价和声环境质量现状评价，其评价方法是对照相关标准评价达标或超标情况并分析其原因，同时评价受到噪声影响的人口分布情况。

81. ABC 【解析】根据《环境影响评价技术导则　声环境》7.5.1，环境现状评价图一般应包括评价范围内的声环境功能区划图，声环境保护目标分布图，工况企业厂区（声源位置）平面布置图，城市道路、公路、铁路、城市轨道交通等的线路走向图，机场总平面图及飞行程序图，现状监测布点图，声环境保护目标与项目关系图等；线性工程声环境保护目标与项目关系图比例尺应不小于1:5 000，机场项目声环境保护目标与项目关系图底图应采用近3年内空间分辨率不低于5 m的卫星影响或航拍图，声环境保护目标与项目关系图不应小于1∶10 000。

82. ABD 【解析】根据《环境影响评价技术导则　声环境》“7.5现状评价图、表要求”，声环境保护目标调查表应列表给出评价范围内声环境保护目标的名称、户数、建筑物层数和建筑物数量，并明确声环境保护目标与建设项目的空间位置关系等；声环境现状评价结果表应列表给出厂界（场界、边界）各声环境保护目标现状值及超标和达标情况分析，给出不同声环境功能区或声级范围内的超标户数

83. ABCD 【解析】根据《环境影响评价技术导则　声环境》附录D中的表

D.2，工业企业噪声源强调查清单（室内声源）内容包括建筑物名称、声源名称、型号、声源源强（声压级/距声源距离、声功率级任选一种）、声源控制措施、空间相对位置、距室内边界距离、室内边界声级、运行时段、建筑物插入损失、建筑物外噪声（声压级、建筑物外距离）等。

84. ABCD 【解析】根据《环境影响评价技术导则　声环境》附录 D 中的表 D.3，公路/城市道路噪声源强调查清单包括路段、时期、车流量、车速、源强等。

85. ABCD 【解析】根据《环境影响评价技术导则　声环境》附录 D 中的表 D.4，铁路/城市轨道交通噪声源强调查清单包括车型、车速、线路形式（桥梁/路堤/路堑）、无砟/有砟轨道、有缝/无缝、防撞墙/挡板结构高出轨面高度、噪声源强值等。

86. ABCD 【解析】根据《环境影响评价技术导则　声环境》附录 D 中的表 D.7，工业企业声环境保护目标调查表包括声环境保护目标名称、空间相对位置、距厂界最近距离、方位、执行标准/环境功能区类别、声环境保护目标情况说明（介绍声环境保护目标建筑结构、朝向、楼层、周围环境概况）。

87. ABCD 【解析】根据《环境影响评价技术导则　声环境》附录 D 中的表 D.8，公路、城市道路声环境保护目标调查表包括声环境保护目标名称、所在路段、里程范围、线路形式、方位、声环境保护目标预测点与路面高差、距道路中心线距离、不同功能区户数、声环境保护目标情况说明（介绍声环境保护目标建筑结构、朝向、楼层、周围环境概况）。

88. ABCD 【解析】根据《环境影响评价技术导则　声环境》附录 D 中的表 D.9，铁路、城市轨道交通声环境保护目标调查表包括声环境保护目标名称、行政区划、线路类型、里程范围、与线路位置关系、距近侧线路中心线水平距离、轨面与声环境保护目标地面高差、功能区划、不同功能区户数、声环境保护目标情况说明（介绍声环境保护目标建筑结构、朝向、楼层、周围环境概况）。

89. ABCD 【解析】根据《环境影响评价技术导则　声环境》附录 D 中的表 D.10，机场声环境保护目标调查表包括声环境保护目标名称、所属行政区划、声环境保护目标坐标、声环境保护目标类型、规模等。

90. ABCD 【解析】陆生植被调查内容包括：种类，分布，数量（种群数量、个体数目、盖度、建群种、分布面积等），生长状况，生境状况（植被、坡度坡向、土壤、土地利用等），受威胁因素，保护管理现状（是否受保护、何种保护形式等）。

91. AC 【解析】专家和公众咨询法是对现场勘察的有益补充，专家和公众咨询应与资料收集和现场勘察同步开展。遥感调查过程中必须辅助必要的现场勘察工作。

92．ABCD

93．ABCD 【解析】海洋生态调查包括海洋生态要素调查和海洋生态评价两部分内容。其中海洋生态要素调查包括：①海洋生物要素调查，包括海洋生物群落结构要素调查和海洋生态系统功能要素调查；②海洋环境要素调查，包括海洋水温要素调查、海洋气象要素调查、海洋光学要素调查、海洋化学要素调查、海洋底质要素调查；③人类活动要素调查，如海水养殖生产要素调查、海洋捕捞生产要素调查、入海污染要素调查、海上油田生产要素调查和其他人类活动要素调查。

94．ABD 【解析】重要值=相对密度+相对优势度+相对频度。

95．ABDE 【解析】两栖爬行类物种调查方法包括全部计数法、样线（带）法、鸣声计数法、卵块或窝巢计数法、访问调查。需要注意的是，C鸣叫调查法是哺乳类物种的调查方法，注意鸣叫调查法和鸣声计数法的区别。

96．BCD 【解析】通过植物样方调查可以确定物种多样性，覆盖度和密度是主要的数据，生物量也常用来评价物种的重要性，因此，这三种指标都应该调查。

97．BCDE　98．ABDE　99．ABC

100．ABCD 【解析】鸟类物种调查方法包括样线（线路或条带）调查法、样点调查法、分区直数法、红外相机陷阱法、访问调查法。

101．ACDE

102．ABCD 【解析】建设项目的水生生态调查，一般应包括水质、水温、水文和水生生物群落的调查，并且应包括鱼类产卵场、索饵场、越冬场、洄游通道、重要水生生物及渔业资料等特别问题的调查。

103．ABD 【解析】地理信息系统空间分析的基本功能，包括：缓冲区分析、叠加分析、路径分析以及空间数据的合并和派生等。

104．ABC 【解析】鸟类物种调查要求包括：①调查时间。鸟类调查要选择在合适的或不同季节进行调查，在我国越冬的候鸟在冬季调查，在我国繁殖的候鸟在夏季调查，其他鸟类和兽类应在全年的不同季节调查。②样区的选择。样区应该覆盖各种栖息地类型，每种生境确定不同数量的调查线路或调查点。③调查方法。方法包括样线（带）调查法（每条样线要进行2次以上调查取样，每种栖息地或生境类型一般需要100 m或更长的样线）、样点调查法（适用于一些不便于行走的调查区）、网捕调查法（适用于一些在森林地表茂密灌丛中活动的鸟类）、访问调查法（适用于鸟类被利用现状调查）。全查法常用于植被、植物的调查，不适用鸟类的调查。

105．ABC 【解析】景观生态学法主要是针对具有区域性质的大型项目（如大型水利工程）和线性项目（铁路，输油、输气管道等），重点研究的是项目对区域景观的切割作用带来的影响。人防工程位于地下，不可采用景观生态学方法进行生态现状调查与评价。

106. ABCE　【解析】根据《环境影响评价技术导则　生态影响》附录：“景观生态学方法对景观的功能和稳定性分析包括如下4方面内容:①生物恢复力分析；②异质性分析；③种群源的持久性和可达性分析；④景观组织的开放性分析。”

107. AD　【解析】景观生态学在环境影响评价中的应用参见《环境影响评价技术导则　生态影响》的附录。景观生态学对生态环境质量状况的评判是通过两个方面进行的，一是空间结构分析，二是功能与稳定性分析。这是因为景观生态学认为，景观的结构与功能是相当匹配的，且增加景观的异质性和共生性也是生态学和社会学整体论的基本原则。

108. ABDE

109. AD　【解析】景观生态学法是通过研究某一区域、一定时段内的生态系统类群的格局、特点、综合资源状况等自然规律，以及人为干预下的演替趋势，揭示人类活动在改变生物与环境方面的作用的方法。景观生态学对生态质量状况的评判是通过空间结构分析和功能与稳定性分析两个方面进行的。

110. ABCD　【解析】生态现状调查与评价中，调查前要针对调查的对象、区域，收集整理现有相关资料，包括历史调查资料、自然地理位置，地形地貌、土壤、气候、植被、农业和林业相关资料等。

111. ABCD　【解析】生态现状调查与评价中，调查路线或调查点的设计应注意代表性、随机性整体性及可行性相结合。

112. BCD　【解析】鸟类物种调查分析与评价内容包括：①区系分析（依据资料及实地调查结果，统计分析评价区内鸟类的种类组成及所属目、科、属的多样性，分析评价区的鸟类区系组成，计算出东洋区、古北区和广布鸟种树各自所占繁殖鸟总种树的百分比）；②居留类型分析（统计分析所记录到的鸟类分别属于哪种居留类型，如留鸟、夏候鸟、冬候鸟、旅鸟、迷鸟）；③不同生境的代表种类分析（分析评价区不同生境类型的代表性鸟类，如游禽、涉禽、陆禽、猛禽、攀禽、鸣禽）；④物种分析（种类名称、分布、数量、种群密度及栖息面积、栖息生境质量、受威胁现状及因素、保护现状）等。A属于两栖爬行类中的分析与评价内容。

113. ACD　【解析】踪迹判断法适用于很难直接观测到野生哺乳类动物实体或不能采集标本时，根据哺乳类活动时留下的踪迹——足印、粪便、体毛、爪印、食痕、睡窝、洞穴等来判定所属物种、个体相对大小、雌雄性别、家域面积大小、大致数量、昼行或夜行、季节性迁移和生境偏好。

114. ABC　【解析】陆生植被与植物的调查方法包括样方法、样线（带）法、全查法。

115. ACD 【解析】植被分析与评价包括植被类型分析、区系组成（种及种以上高级分类阶元的丰富度），重点保护物种、珍稀濒危物种、特有性分析，用途及价值类型分析等；物种分析与评价包括种类，分布，数量，生境状况评价（分布特征、干扰状况、土壤、植被、土地利用等），受威胁现状及因素分析，保护管理现状等。B属于物种分析与评价的内容，不属于植被分析与评价的内容。

116. ABCD 【解析】根据《生物多样性观测技术导则 内陆水域鱼类》（HJ 710.7—2014），鱼类物种资源调查主要观测方法有鱼类早期资源调查、渔获物调查、声呐水声学调查、标记重捕法、遗传结构分析。

117. ABCD 【解析】根据《生物多样性观测技术导则 内陆水域鱼类》（HJ 710.7—2014），鱼类物种资源调查包括鱼类物种多样性、鱼类群落结构、鱼类个体生物学及种群结构、鱼类种群遗传结构。

118. ABCD 【解析】根据《生物多样性观测技术导则 水生维管植物》（HJ 710.12—2014），水生维管植物种类及其数量特征主要观测方法有样方法、目测法、样点截取法、遥感法、收获法；水生维管植物生境特征主要观测方法有直接测量法、资料查阅和野外调查法；水生维管植物群落特征主要观测方法为样方法。

119. CD 【解析】根据《生物多样性观测技术导则 陆生维管植物》（HJ 710.1—2014），森林植物分类观测方法主要有对胸径（DBH）≥1 cm乔木、灌木植物的观测，对胸径（DBH）≤1 cm乔木、灌木、草本植物观测。

120. ABCD 【解析】根据《生物多样性观测技术导则 陆生维管植物》（HJ 710.1—2014）5.4.1观测样地生境概况，对样地所处地理位置、地形地貌、气候条件、土壤状况、植被状况、人类活动状况等进行定性或定量描述。其中地形地貌包括海拔、地貌特征、坡度、坡向、坡位；气候条件包括年平均气温、年平均降水量、年最热月均温、无霜期、年积温等；土壤状况包括土壤剖面选择、土壤剖面规格、土壤剖面采集、土壤类型确定、母质类型、土壤样品测试指标。

121. ABCD 【解析】根据《生物多样性观测技术导则 陆生哺乳动物》（HJ 710.3—2014），陆生哺乳动物观测方法主要有总体计数法、样方法、可变距离样线法（截线法）、固定宽度样线法、标记重捕法、指数估计法/间接调查法、红外相机自动调查法、卫星定位追踪法、非损伤性DNA检测法。

122. AC 【解析】根据《生物多样性观测技术导则 鸟类》（HJ 710.4—2014），鸟类观测方法主要有分区直数法、样线法、样点法、网捕法、领域标图法、红外相机自动拍摄法、非损伤性DNA检测法。

123. ABCDE 【解析】《环境影响评价技术导则 土壤环境（试行）》“7.3.1根据建设项目特点、可能产生的环境影响和当地环境特征，有针对性收集调查评价范围内的相关资料，主要包括以下内容：a）土地利用现状图、土地利用规划图、土壤类型分布图；b）气象资料、地形地貌特征资料、水文及水文地质资料等；c）土地利用历史情况；d）与建设项目土壤环境影响评价相关的其他资料。”

124. AB 【解析】《环境影响评价技术导则　土壤环境（试行）》“7.4.2.2　调查评价范围内的每种土壤类型应至少设置 1 个表层样监测点，应尽量设置在未受人为污染或相对未受污染的区域。”

125. ABCDE 【解析】《环境影响评价技术导则　土壤环境（试行）》“7.4.2.1　土壤环境现状监测点布设应根据建设项目土壤环境影响类型、评价工作等级、土地利用类型确定。”“7.4.2.3　生态影响型建设项目应根据建设项目所在地的地形特征、地面径流方向设置表层样监测点。”

126. ABD 【解析】《环境影响评价技术导则　土壤环境（试行）》“7.4.3.2　生态影响型建设项目可优化调整占地范围内、外监测点数量，保持总数不变；占地范围超过 5 000 hm^2 的，每增加 1 000 hm^2 增加 1 个监测点。”“7.4.3.3　污染影响型建设项目占地范围超过 100 hm^2 的，每增加 20 hm^2 增加 1 个监测点。”

127. AD 【解析】《环境影响评价技术导则　土壤环境（试行）》“7.4.6　a）基本因子：评价工作等级为一级的建设项目，应至少开展 1 次现状监测；评价工作等级为二级、三级的建设项目，若掌握近 3 年至少 1 次的监测数据，可不再进行现状监测；引用监测数据应满足 7.4.2 和 7.4.3 的相关要求，并说明数据有效性。”

129. BCD 【解析】土壤饱和导水率是土壤被水饱和时，单位水势梯度下、单位时间内通过单位面积的水量，它是土壤质地、容重、空隙分布特征的函数。

130. CDE 【解析】干旱、半荒漠和荒漠地区，土壤含盐量 SSC <2 g/kg，属于未盐化。

131. ABC 【解析】$4.0 \leqslant pH < 4.5$，属于中度酸化；土壤酸化、碱化强度指受人为影响后呈现的土壤 pH 值，可根据区域自然背景状况适当调整；土壤酸化、碱化强度可分为 9 级，分别为极重度酸化、重度酸化、中度酸化、轻度酸化、无酸化或碱化、轻度碱化、中度碱化、重度碱化、极重度碱化。

132. ABCD 【解析】生态影响型建设项目根据土壤环境影响类型、建设项目特征与评价需要，除土体构型、土壤结构、土壤质地、阳离子交换量、氧化还原电位、饱和导水率、土壤容重、孔隙度、有机质、全氮、有效磷、有效钾等调查以外还应补充调查植被、地下水位埋深、地下水溶解性总固体等内容。

133. ABC 【解析】土壤环境现状调查的目的是在反映调查评价范围内的土壤理化特性、土壤环境质量状况，以及土壤环境影响源的基础上，为土壤环境现状评价和土壤环境影响预测评价提供数据支撑，可采用资料收集、现场调查和现状监测等方式完成。

134. ABC 【解析】土壤剖面调查表中应包含景观照片、土壤剖面照片、层次。

135. AD 【解析】《土壤环境质量 农用地土壤污染风险管控标准》："农用地土壤污染风险筛选值指农用地土壤中污染物含量等于或者低于该值的，对农产品质量安全、农作物生长或土壤生态环境的风险低，一般情况下可以忽略；超过该值的，对农产品质量安全、农作物生长或土壤生态环境可能存在风险，应当加强土壤环境监测和农产品协同监测，原则上应当采取安全利用措施。"

136. BC 【解析】《环境影响评价技术导则 土壤环境（试行）》"7.4.2.9 涉及大气沉降影响的改、扩建项目，可在主导风向下风向适当增加监测点位，以反映降尘对土壤环境的影响。"

137. AB 【解析】土壤环境现状调查指标包括：① 土壤类型；② 土壤质地；③ 土体构型；④ 土壤结构；⑤ 土壤阳离子交换量；⑥ 氧化还原电位（Eh）；⑦ 饱和导水率；⑧ 土壤容重；⑨ 孔隙度；⑩ 有机质；⑪ 全氮；⑫ 有效磷；⑬ 地下水溶解性总固体；⑭ 植被覆盖率。

138. ABC 【解析】《环境影响评价技术导则 土壤环境（试行）》"7.4.5 土壤环境现状监测因子分为基本因子和建设项目的特征因子。a）基本因子为 GB 15618、GB 36600 中规定的基本项目，分别根据调查评价范围内的土地利用类型选取；b）特征因子为建设项目产生的特有因子，根据附录 B 确定；既是特征因子又是基本因子的，按特征因子对待；c）7.4.2.2 与 7.4.2.10 中规定的点位须监测基本因子与特征因子；其他监测点位可仅监测特征因子。"

139. ABC 【解析】生态影响型建设项目根据土壤环境影响类型、建设项目特征与评价需要，在调查以上土壤理化特性内容的基础上，还应补充调查植被、地下水位埋深、地下水溶解性总固体等内容。土壤理化特性包括土体构型、土壤结构、土壤质地、阳离子交换量、氧化还原点位、饱和导水率、土壤容重、孔隙度、有机质、全氮、有效磷、有效钾等。本题问的是补充调查的内容，而不是问卷调查内容。

140. ACD 【解析】进行野外现场鉴别时，可将土壤结构类型按形状分为块状、片状和柱状三大类；按其大小、发育程度和稳定性等，再分为团粒、团块、块状、凌块状、凌柱状、柱状和片状等。

141. ACD 【解析】土壤环境现状评价方法包括单污染指数法、累积指数法、污染分担率评价法和内梅罗污染指数评价法。

第三章 环境影响识别与评价因子的筛选

一、单项选择题（每题的备选选项中，只有一个最符合题意）

1. 环境因子受到损害或破坏后，其替代或恢复是可能的，但相当困难，并需比较长的时间，则该环境影响的程度等级属于（ ）。

A. 轻度不利　B. 中度不利　C. 非常不利　D. 极端不利

2. 矩阵法在环境影响识别中是以（ ）的方式说明拟建项目的环境影响。

A. 定性　B. 定量　C. 半定量　D. 定性或半定量

3. 环境影响识别方法中的（ ）用于涉及地理空间较大的建设项目。

A. 核查表法　B. 矩阵法　C. 影响网络法　D. 叠图法

4. 大气环境影响评价因子的识别首先应选择（ ）。

A. 评价区内已造成严重污染的污染物

B. 该项目等标排放量 P_i 较大的污染物

C. 该项目排放量较大的污染物

D. 列入国家主要污染物总量控制标准的污染物

5. 建筑施工场界噪声评价量为（ ）

A. 昼间等效 A 声级（L_d）、夜间等效 A 声级（L_n）、夜间频发、偶发噪声最大 A 声级（L_{Amax}）

B. 昼间等效 A 声级（L_d）、夜间等效 A 声级（L_n）、夜间最大 A 声级（L_{Amax}）

C. 昼间等效 A 声级（L_d）、夜间等效 A 声级（L_n）

D. 昼间等效 A 声级（L_d）、夜间等效 A 声级（L_n）、非稳态噪声最大 A 声级（L_{Amax}）

6. 水利工程建设导致水系开放连通性受到一定程度影响，鱼类生长繁殖受到一定程度的干扰，其生态影响程度属于（ ）。

A. 强　B. 中　C. 弱　D. 无

7. 采用定向钻方法进行穿越河流的天然气管线施工，需关注的主要环境问题是（ ）。

A. 泥浆产生的环境影响　B. 施工对河流底栖生物的影响

C. 施工爆破产生的振动影响　D. 施工产生的噪声影响

8．某生活垃圾焚烧发电项目，其大气评价因子主要包括一氧化碳、颗粒物、二氧化硫、氮氧化物、二噁英、重金属和（　　）。

A．氟化物　B．氯化氢　C．铜　D．硫化氢

二、不定项选择题（每题的备选项中至少有一个符合题意）

1．在建设项目的环境影响识别中，从技术上一般应考虑（　　）。

A．从自然环境和社会环境两方面识别环境影响

B．突出对重要的或社会关注的环境要素的识别

C．项目的特性

D．项目涉及的当地环境特性及环境保护要求

E．识别主要的环境敏感区和环境敏感目标

2．环境影响程度的识别中，通常按（　　）个等级来定性地划分影响程度。

A．2　B．3　C．4　D．5　E．6

3．下列属于核查表法的有（　　）。

A．简单型清单　B．描述型清单　C．分级型清单　D．证明型清单

4．环境影响识别的主要方法有（　　）。

A．矩阵法　B．保证率法　C．叠图法

D．清单法　E．影响网络法

5．下列关于环境影响识别方法中叠图说法正确的是（　　）。

A．叠图法具有环境影响识别功能

B．叠图法能用于“线性”影响项目（如铁路、公路、管道等）和区域开发项目的环境影响识别、评价

C．叠图法采用时间先后顺序来解释和描述拟建项目的各项“活动”和环境要素之间的关系

D．叠图法除了具有矩阵法的功能外，可识别间接影响和累积影响

6．拟建高速公路长125 km，进行环境影响识别时，应考虑的因素有（　　）。

A．环境敏感目标　B．沿线生态环境特征

C．项目环保投资规模　D．沿线区域的环境保护要求

参考答案

一、单项选择题

1．B　【解析】中度不利是指外界压力引起某个环境影响因子的损害或破坏，

其替代或恢复是可能的，但相当困难且可能要较高的代价，并需比较长的时间。对正在减少或有限供应的资源造成相当损失，使当地优势生物种群的生存条件产生重大变化或严重减少。

2. D

3. D 【解析】叠图法在环境影响评价中的应用包括通过应用一系列的环境、资源图件叠置来识别、预测环境影响，标识环境要素、不同区域的相对重要性以及表征对不同区域和不同环境要素的影响。叠图法用于涉及地理空间较大的建设项目，如"线型"影响项目（公路、铁道、管道等）和区域开发项目。

4. B 【解析】对大气环境影响评价污染因子筛选时，首先应该选择该项目等标排放量 P_i 较大的污染物为主要污染因子；其次，应考虑在评价区内已造成严重污染的污染物；最后，考虑列入国家主要污染物总量控制指标的污染物。

5. B　6. B　7. A　8. B

二、不定项选择题

1. ABCDE

2. BD 【解析】在环境影响程度的识别中，通常按 3 个等级或 5 个等级来定性地划分影响程度。如按 5 级划分不利环境影响，则可以分为：① 极端不利；② 非常不利；③ 中度不利；④ 轻度不利；⑤ 微弱不利。

3. ABC 【解析】清单法又称为核查表法。该法有多种形式：① 简单型清单。仅是一个可能受影响的环境因子表，不做其他说明，可做定性的环境影响识别分析，但不能作为决策依据。② 描述型清单。较简单型清单增加了环境因子如何度量的准则。③ 分级型清单。在描述型清单基础上又增加对环境影响程度进行分级。

4. ACDE 【解析】根据《建设项目环境影响评价技术导则　总纲》3.5.1，选项 B 是大气日平均浓度的计算方法。

5. AB 【解析】叠图法具有环境影响识别功能。叠图法在环境影响评价中的应用包括通过应用一系列的环境、资源图件叠置来识别、预测环境影响，标识环境要素、不同区域的相对重要性以及表征对不同区域和不同环境影响要素的影响。C 项，网络法是采用因果关系分析网络来解释和描述拟建项目的各项"活动"和环境要素之间的关系。D 项，网络法除了具有相关矩阵法的功能外，可识别间接影响和累积影响。

6. ABD 【解析】环境影响识别就是通过系统地检查拟建项目的各项"活动"与各环境要之间的关系，识别可能的环境影响，C 选项环保投资与环境影响识别因素无关。

第四章　环境影响预测与评价

一、单项选择题（每题的备选选项中，只有一个最符合题意）

1．当项目（　　）范围内一半以上面积属于城市建成区或者规划区时，大气预测选择城市模型。

A．周边半径 3 km　B．周边半径 5 km　C．评价　D．预测

2．两个排气筒高度分别为 24 m 及 30 m，距离为 50 m，排气筒的污染物排放速率分别为 0.44 kg/h 及 2.56 kg/h，则等效排气筒的排放速率是（　　）。

A．4.56　B．4.2　C．2.12　D．3.0

3．两个排气筒高度分别为 24 m 及 30 m，距离为 50 m，排气筒的污染物排放速率分别为 0.44 kg/h 及 2.56 kg/h，则等效排气筒的高度是（　　）。

A．28.7　B．30　C．27.2　D．24

4．若某一网格点的 SO_2 最大地面小时浓度（C_{SO_2}）和 NO_2 最大地面小时浓度（C_{NO_2}）占标率相等，则（　　）。

A．$C_{SO_2}=C_{NO_2}$　B．$C_{SO_2}>C_{NO_2}$　C．$C_{SO_2}<C_{NO_2}$　D．$C_{SO_2}=2C_{NO_2}$

5．下列关于大气环境影响预测与评价的一般性要求说法正确的有（　　）。

A．一级、二级评价项目均应采用进一步预测模型开展大气环境影响预测与评价

B．二级、三级评价项目不进行进一步预测与评价

C．三级评价项目需对污染物排放量进行核算

D．二级、三级评价项目均应对污染物排放量进行核算

6．预测范围应覆盖评价范围，并覆盖各污染物短期浓度贡献值占标率大于（　　）的区域。

A．5%　B．10%　C．15%　D．20%

7．经判定需预测二次污染物的项目，预测范围应覆盖 $PM_{2.5}$ 年平均质量浓度贡献值占标率大于（　　）的区域。

A．5%　B．10%　C．1%　D．20%

8．下列模型中适用于模拟岸边熏烟现象污染物浓度的模型有（　　）。

A．AERMOD　B．ADMS

C．区域光化学网格模型　　D．CALPUFF

9．下列模型中适用于模拟复杂化学反应的模型有（　　）。

A．AERMOD　　B．ADMS

C．区域光化学网格模型　　D．CALPUFF

10．下列模型中适用于对烟塔合一源进行进一步预测的模型是（　　）。

A．AEDT　　B．ADMS

C．区域光化学网格模型　　D．AUSTAL2000

11．下列模型中适用于机场源的模型有（　　）。

A．EDMS　　B．ADMS

C．区域光化学网格模型　　D．CALPUFF

12．下列模型中适用于街道窄谷的模型有（　　）。

A．EDMS　　B．ADMS

C．区域光化学网格模型　　D．CALPUFF

13．当项目评价基准年内存在风速≤0.5 m/s 的持续时间超过（　　）h，应采用 CALPUFF 模型进行进一步模拟。

A．24　　B．48　　C．72　　D．96

14．某建设项目位于海岸边 3 km 范围内，存在岸边熏烟，并且估算的最大 1 h 平均质量浓度超过环境质量标准，适用该模型的有（　　）。

A．AEDT　　B．ADMS

C．区域光化学网格模型　　D．CALPUFF

15．当项目近 20 年统计的全年静风（风速≤0.2 m/s）频率超过（　　），应采用 CALPUFF 模型进行进一步模拟。

A．30%　　B．45%　　C．35%　　D．40%

16．下列模型中不适用于模拟局地尺度的模型有（　　）。

A．AEDT　　B．ADMS

C．区域光化学网格模型　　D．AERMOD

17．下列模型中适用于模拟区域尺度的模型有（　　）。

A．AEDT　　B．ADMS

C．区域光化学网格模型　　D．CALPUFF

18．下列模型中适用于模拟城市尺度的模型有（　　）。

A．AEDT　　B．ADMS

C．区域光化学网格模型　　D．CALPUFF

19．下列模型中适用于预测 O_3 的模型有（　　）。

A．AEDT　　B．ADMS

C．区域光化学网格模型　　D．AUSTAL2000

20．光化学网络模型中非道路移动源按（　　）形式模拟。

A．点源　　B．线源　　C．面源　　D．体源

21．估算模型AERSCREEN一般需选取评价区域近20年资料统计结果，最小风速取0.5 m/s，风速计高度取（　　）m。

A．5　　B．10　　C．15　　D．20

22．高空气象资料应获取最少3个站点的测量或模拟气象数据，其中离地高度3 000 m以内有效数据层数不少于（　　）。

A．10层　　B．8层　　C．15层　　D．20层

23．原始地形数据分辨率不得少于（　　）m。

A．100　　B．90　　C．150　　D．200

24．ADMS模型中地表参数根据模型特点取项目周边（　　）km范围内占地面积最大的土地利用类型来确定。

A．1　　B．2　　C．3　　D．5

25．估算模型AERSCREEN最远计算距离不得超过污染源下风向（　　）km。

A．10　　B．20　　C．50　　D．25

26．使用AERMOD和ADMS模型时，距离源中心5 km的网格间距不超过（　　）m。

A．200　　B．300　　C．400　　D．100

27．使用AERMOD和ADMS模型时，距离源中心大于15 km的网格间距不超过（　　）m。

A．200　　B．250　　C．500　　D．100

28．使用CALPUFF模型时，预测范围大于100 km的网格间距不超过（　　）m。

A．1 000　　B．250　　C．300　　D．500

29．使用光化学网格模型时，预测网格间距一般不超过（　　）km。

A．1　　B．2　　C．3　　D．5

30．光化学网格模型的气象场至少涵盖评价基准年（　　）数据。

A．1月、2月、5月、8月　　B．3月、6月、9月、12月

C．1月、4月、7月、10月　　D．2月、6月、9月、11月

31．大气环境影响评价时，适用于预测网格源对环境影响的模型有（　　）。

A．AERMOD　　B．ADMS

C．AERSCREEN　　D．CALPUFF

32．某建设项目，SO_2+NO_2的年总排放量为600 t，预测二次污染物$PM_{2.5}$对环境影响应采用的模型为（　　）。

A. AERMOD　　B. EDMS

C. 网格模型　　D. AUSTAL2000

33．某市工业园规划项目，SO_2+NO_2的年总排放量为 2 000 t，预测二次污染物 $PM_{2.5}$ 对环境影响应采用的模型为（　　）。

A. AERMOD　　B. ADMS

C. 区域光化学网格模型　　D. CALPUFF

34．对于达标区新增污染源非正常排放，需要预测的内容有（　　）。

A. 网格点贡献值　　B. 1 h 平均质量浓度

C. 长期浓度　　D. 短期浓度

35．对于盐度比较高的湖泊、水库及入海河口、近岸海域，当盐度不变时，随着温度升高，饱和溶解氧浓度（　　）。

A. 增大　　B. 减小

C. 不变　　D. 随大气压升高而升高

36．狄龙模型属于（　　）模型。

A. 零维　　B. 垂向一维

C. 平面二维　　D. 立面二维

37．适用于模拟预测物质在宽浅水体中垂向分层特征明显的状态的是（　　）。

A. 零维模型　　B. 垂向一维数学模型

C. 平面二维数学模型　　D. 立面二维数学模型

38．适用于模拟预测水温在面积较小、水深较大的水库中的模型为（　　）。

A. 零维　　B. 垂向一维数学模型

C. 平面二维数学模型　　D. 河网模型

39．多条河道相互连通，使得水流运动和污染物交换相互影响的地区，应采用的预测模型是（　　）。

A. 零维模型　　B. 一维数学模型

C. 二维数学模型　　D. 河网模型

40．覆盖预测范围内，所有与建设项目排放污染物相关的污染源负荷，占预测范围总污染负荷的比例应超过（　　）。

A. 70%　　B. 80%　　C. 90%　　D. 95%

41．当受纳水体为河流时，受回水影响的河段，建设项目污染源排放量核算断面位于排放口（　　），与排放口的距离应小于（　　）。

A. 上下游，1 km　　B. 上下游，2 km　　C. 下游，1 km　　D. 下游，2 km

42．某建设项目污水排放量为 300 m^3/h，COD_{Cr} 为 200 mg/L。污水排入附近一条小河，河水流量为 5 000 m^3/h，排放口上游 COD_{Cr} 背景浓度为 10 mg/L，则排放口完全混合后 COD 的浓度为（　　）mg/L。

A．22　　B．36.67　　C．25　　D．20.75

43．某条河流水面宽度为 150 m，水深为 3 m，弯曲系数为 1.35，则该段河流水域可概化为（　　）。

A．弯曲矩形河流　　B．平直矩形河流

C．弯曲非矩形河流　　D．平直非矩形河流

44．当某河流 O’Connor 数α和贝克莱数 Pe 满足（　　）时，可以采用对流降解模型求解排放口上下游污染物的浓度。

A．$\alpha \leqslant 0.027$，$Pe \geqslant 1$　　B．$\alpha \leqslant 0.027$，$Pe < 1$

C．$0.027 < \alpha \leqslant 380$　　D．$\alpha > 380$

45．当某河流 O’Connor 数α和贝克莱数 Pe 满足（　　）时，可以采用对流扩散降解简化模型求解排放口上下游污染物的浓度。

A．$\alpha \leqslant 0.027$，$Pe \geqslant 1$　　B．$\alpha \leqslant 0.027$，$Pe < 1$

C．$0.027 < \alpha \leqslant 380$　　D．$\alpha > 380$

46．某项目向河道型水库排放污染物，该污染物在断面上均匀混合，预测模型应选用（　　）。

A．纵向一维模型　　B．立面二维模型

C．平面二维模型　　D．零维模型

47．某项目涉及水环境保护目标的水域，安全余量应按照项目污染源排放量核算断面处环境质量标准、受纳水体环境敏感性等确定，当受纳水体为 GB 3838 的Ⅳ类水域时，安全余量为环境质量标准的（　　）。

A．5%　　B．8%　　C．15%　　D．20%

48．某河流流速为 8.5 m/s，水面宽度为 50 m，水深为 0.8 m，纵向扩散系数为 187 m^2/s；污染物在该河流中的综合衰减系数为 0.000 5/s，则 O’Connor 数α和贝克莱数 Pe 分别是（　　）。

A．0.0013，0.057　　B．2.07，2.27

C．2.07，0.057　　D．0.001 3，2.27

49．当某条河流流速为 1.0 m/s，O’Connor 数$\alpha \leqslant 0.027$和贝克莱数$Pe \geqslant 1$，排放口 COD 初始断面混合浓度为 10 mg/L，COD 衰减系数为 5×10^{-5}/s，则排污口下游 2 km 出 COD 浓度为（　　）mg/L。

A．8　　B．9　　C．7　　D．6

50．某排污水企业位于长江南岸，拟在宽度为 1 200 m 的河段设置排污口，1 号排污口距岸边 20 m，2 号排污口距岸边 50 m，3 号排污口距岸边 80 m，4 号排污口距岸边 100 m，则混合过程段最短的是（　　）。

A．1号排污口　B．2号排污口　C．3号排污口　D．4号排污口

51．流向不定的河网地区和潮汐河段水环境影响预测时，合理的初始水文条件为（　　）。

A．90%保证率最枯月流量或近10年最枯月平均流量

B．90%保证率流速为零时的低水位相应水量

C．95%保证率最枯月流量或近10年最枯月平均流量

D．90%保证率最枯月流量或近20年最枯月平均流量

52．感潮河段、入海河口及近岸海域建设项目，应考虑（　　）对污染物运移扩散的影响，一级评价时间精度不得低于1 h。

A．水温　B．总磷　C．叶绿素a　D盐度

53．某建设项目排入河流的主要源有COD、氨氮、TP，河流背景中各污染物浓度占标率分别为70%、40%、60%，按背景浓度选择水质预测因子时排序正确的是（　　）。

A．TP＞氨氮＞COD　B．氨氮＞COD＞TP

C．COD＞TP＞氨氮　D．COD＞氨氮＞TP

54．垂向一维数学模型水量平衡的基本方程为：

$$\frac{\partial(wA)}{\partial z}=(\mu_i-\mu_o)B$$

式中，w为（　　）。

A．入流速度　B．垂向速度

C．横向速度　D．出流流速

55．根据《环境影响评价技术导则　地下水环境》，地下水二级评价中水文地质条件复杂时应优先采用（　　）进行预测。

A．解析法　B．数值法　C．回归分析　D．趋势外推

56．某油罐因油品泄漏导致下伏潜水含水层污染，在污染物迁移模型的边界条件划定中，积累油类污染物的潜水面应划定为（　　）。

A．定浓度边界　B．与大气连通的不确定边界

C．定浓度梯度或弥散通量边界　D．定浓度和浓度梯度或总通量边界

57．根据《环境影响评价技术导则　地下水环境》，下列关于不同地下水环境影响评价等级应采用的预测方法，说法错误的是（　　）。

A．一般情况下，一级评价应采用数值法

B．二级评价中水文地质条件复杂且适宜采用数值法时，建议优先采用数值法

C．三级评价不可采用解析法

D．三级评价可采用类比分析法

58．根据《环境影响评价技术导则　地下水环境》，关于地下水环境影响预测源强确定的依据，下列说法错误的是（　　）。

A．正常状况下，预测源强应结合建设项目工程分析和相关设计规范确定

B．非正常状况下，预测源强应结合建设项目工程分析确定

C．非正常状况下，预测源强可根据工艺设备系统老化或腐蚀程度设定

D．非正常状况下，预测源强可根据地下水环境保护措施系统老化或腐蚀程度设定

59．根据《环境影响评价技术导则　地下水环境》，关于地下水环境影响预测模型概化的内容，下列说法错误的是（　　）。

A．根据排放规律污染源可以概化为连续恒定排放或非连续恒定排放以及瞬时排放

B．各级评价项目，预测所需的包气带垂向渗透系数、含水层渗透系数、给水度等参数初始值的获取应以收集评价范围内已有水文地质资料为主，现场试验获取为辅

C．水文地质条件概化可根据调查评价区和场地环境水文地质条件进行

D．一级评价项目，预测所需的包气带垂向渗透系数、含水层渗透系数、给水度等参数初始值的获取应通过现场试验获取

60．为了解决许多复杂水文地质条件和地下水开发利用条件下的地下水资源评价问题，并预测各种开采方案条件下地下水位的变化，即预测各种条件下的地下水状态，可以采用（　　）。

A．数值法　　B．地下水量均衡法

C．地下水溶质运移解析法　　D．回归分析

61．根据《环境影响评价技术导则　地下水环境》，通过对照数值解法进行检验和比较，并能拟合观测资料以求得水动力弥散系数的预测方法是（　　）。

A．数值法　　B．地下水量均衡法

C．地下水溶质运移解析法　　D．回归分析

62．根据《环境影响评价技术导则　地下水环境》，采用数值法预测前，应先（　　）。

A．进行参数识别和模型验证　　B．进行地下水流场的调查

C．进行地下水质识别　　D．进行回归分析

63．根据《环境影响评价技术导则　地下水环境》，地下水水质现状评价应采用（　　）进行评价。

A．综合指数法　　B．标准指数法

C．加权平均法　　D．南京指数法

64．根据《环境影响评价技术导则　地下水环境》，某水质因子的监测数据经计算，标准指数=1，表明该水质因子（　　）。

A．已超标　　B．达标

C．超标率为 1　　D．不能判断达标情况

65．根据《环境影响评价技术导则　地下水环境》，（　　）不适合采用解析模型预测污染物在含水层中的扩散。

A．污染物的排放对地下水流场没有明显的影响

B．污染物的排放对地下水流场有明显的影响

C．评价区内含水层的基本参数（如渗透系数、有效孔隙度等）不变

D．评价区内含水层的基本参数（如渗透系数、有效孔隙度等）变化很小

66．根据《环境影响评价技术导则　地下水环境》，对采用类比分析法时，应给出类比分析对象与拟预测对象之间的条件，（　　）不是类比分析法的条件。

A．二者的环境水文地质条件相似

B．二者的工程类型、规模及特征因子对地下水环境的影响具有相似性

C．二者的水动力场条件相似

D．二都的投资规模相似

67．根据《环境影响评价技术导则　地下水环境》，水文地质参数初始值的确定时，对于预测所需的包气带垂向渗透系数、含水层渗透系数、给水度等参数初始值的获取应（　　）。

A．以收集评价范围内已有水文地质资料为主，不满足预测要求时需通过现场试验获取

B．通过现场试验获取

C．以收集评价范围内已有水文地质资料为主，无须通过现场试验获取

D．查阅相关资料获取

68．数值法可以预测各种开采方案条件下地下水位的变化，但不适用于（　　）。

A．岩溶暗河系统　　B．包气带厚度大于 100 m 的项目

C.渗透系数小于 1.0×10^{-6}cm/s 的项目　　D．水文地质条件复杂的区域

69．饱水带污染物运移数值法预测第一步工作是（　　）。

A．建立水流的数值模型　　B．建立水质的数值模型

C．水力水流的水质概念模型　　D．分析水文地质

70．固体废物在淋滤作用下，淋滤液下渗引起的地下水污染属（　　）污染。

A．间歇入渗型　　B．连续入渗型

C．越流型　　D．经流型

71．废水渠渗漏造成地下水污染属（　　）污染。

A．间歇入渗型　　B．连续入渗型

C．越流型　　D．经流型

72．污染物通过地下岩溶孔道进入含水层造成地下水污染属（　　）污染。

A．间歇入渗型　　B．连续入渗型

C．越流型　　D．经流型

73．污染物通过地层尖灭的天窗污染潜水或承压水属（　　）污染。

A．间歇入渗型　　B．连续入渗型

C．越流型　　D．经流型

74．某危险废物处理项目位于黄土高原，项目场地天然包气带厚度超过 100 m，其地下水预测范围应扩展至（　　）。

A．承压水层　　B．包气带

C．潜水层　　D．基岩带

75．某铁路建设项目应预测声环境保护目标处的（　　）。

A．$L_{Aeq,Tp}$　　B．L_{Amax}

C．L_{EPN}　　D．L_F

76．机场项目应给出评价范围内（　　）。

A．不同声级范围覆盖下的面积　　B．不同声级范围覆盖下的人数

C．不同声级范围覆盖下的敏感目标　　D．相同声级范围覆盖下的面积

77．某工厂内有 4 种机器，声压级分别是 84 dB、82 dB、86 dB、89 dB，它们同时运行时的声压级是（　　）dB。

A．94　　B．92　　C．95　　D．98

78．下列利用某时段内瞬时 A 声级数据系列计算等效连续 A 声级的方法中，正确的是（　　）。

A．调和平均法　　B．算术平均法　　C．几何平均法　　D．能量平均法

79．室内有两个噪声源，同时工作时总声压级为 73 dB，当其中一个声源停止工作时，测得室内声压级为 72 dB，另一声源的声压级是（　　）dB。

A．62　　B．67　　C．78　　D．66

80．已知 L_1＝85 dB，L_2＝85 dB，则合成声压级 L_{1+2} 是（　　）dB。

A．86　　B．87　　C．88　　D．90

81．某工厂冷却塔外 1 m 处，噪声级为 100 dB（A），厂界值要求标准为 60 dB（A），在不考虑屏障衰减的情况下，厂界与冷却塔的最小距离应为（　　）。

A．80 m　　B．100 m　　C．50 m　　D．60 m

82．任何形状的声源，只要声波波长（　　）声源几何尺寸，该声源可视为点声源。

A．远远大于　　B．远远小于　　C．等于　　D．远远小于等于

83．在声环境影响评价中，声源中心到预测点之间的距离超过声源最大几何尺寸（　　）时，可将该声源近似为点声源。

A．很多　　B．1 倍　　C．3 倍　　D．2 倍

84．某厂的鼓风机产生噪声，距鼓风机 3 m 处测得噪声为 85 dB，鼓风机距居民楼 30 m，该鼓风机噪声在居民楼处产生的声压级是（　　）dB。

A．75　　B．68　　C．65　　D．60

85．上题中如居民楼执行的噪声标准是 55 dB，如果要达标，则居民楼应离鼓风机的距离是（　　）m。

A．65　　B．85　　C．75　　D．95

86．某工厂机器噪声源附近测得噪声声压级为 67 dB，背景值为 60 dB，机器的噪声是（　　）dB。

A．62　　B．60　　C．66　　D．64

87．已知距某点声源 10 m 处测得噪声值为 90 dB，则 30 m 处的噪声值为（　　）dB。

A．72　　B．78　　C．80.5　　D．84

88．某机场扩建项目进行声环境影响评价，关于飞机噪声影响评价的说法，正确的是（　　）。

A．应分析评价范围内现状昼夜等效声级

B．应分析评价飞机不同速度产生的噪声影响

C．应分析机场范围内各类建筑物中的现状噪声级

D．应分析评价范围内受噪声影响人口的分布情况

89．已知某线声源长 10 km，在距线声源 10 m 处测得噪声值为 90 dB，则 30 m 处的噪声值为（　　）dB。

A．78　　B．81　　C．80.5　　D．85.2

90．有一列 500 m 火车正在运行。若距铁路中心线 20 m 处测得声压级为 90 dB，距铁路中心线 40 m 处有一居民楼，则该居民楼的声压级是（　　）dB。

A．87　　B．84　　C．80　　D．78

91．有一列 500 m 火车正在运行。若距铁路中心线 600 m 处测得声压级为 70 dB，距铁路中心线 1 200 m 处有疗养院，则该疗养院的声压级是（　　）dB。

A．67　　B．70　　C．64　　D．60

92．有一列 600 m 火车正在运行。若距铁路中心线 250 m 处测得声压级为 65 dB，距铁路中心线 500 m 处有居民楼，则该居民楼的声压级是（　　）dB。

A．62　　B．60.5　　C．59　　D．63

93．距某一线声源 r 处的声级为 50 dB，$2r$ 处的声级为 47 dB，在 r～$2r$ 距离范围内该线声源可视作（　　）。

A．点声源　　B．面声源　　C．有限长线声源　　D．无限长线声源

94．某车间一窗户面积为 20 m^2，已知室内靠近窗户处的声压级为 90 dB，靠近窗户处的室内和室外声压级差为 15 dB，等效室外声源的声功率级应为（　　）。

A．28 dB　　B．75 dB　　C．88 dB　　D．103 dB

95．某污水处理厂罗茨风机是影响最大的噪声源，罗茨风机噪声源表达正确的是（　　）。

A．距离罗茨风机 5 m 处的 A 声压级

B．距离罗茨风机 5 m 处的 A 声功率级

C．距离罗茨风机 5 m 处的 0～2 000 Hz 的倍频带声压级

D．距离罗茨风机 5 m 处的 0～2 000 Hz 的倍频带声功率级

▲（96～103 题根据以下内容回答）某印染企业位于 2 类区域，厂界噪声现状值和噪声源及离厂界东和厂界南的距离如表 1、表 2 所示，本题预测只考虑距离的衰减和建筑墙体的隔声量，空气吸收因本建设项目噪声源离预测点较近而忽略不计，考虑到各噪声源的距离，将噪声源化为点声源处理。计算公式如下：

表 1　某印染企业厂界噪声现状值

时段	测点位置	现状值/dB（A）
昼间	厂址东边界	59.8
	厂址南边界	53.7
夜间	厂址东边界	41.3
	厂址南边界	49.7

表 2　噪声源及离厂界距离

	声源设备名称	台数	噪声等级/dB（A）	厂界东/m	厂界南/m
车间 A	印花机	1 套	85	160	60
锅炉房	风机	3 台	90	250	60

$$L_r = L_W - 20\lg r - 8 - TL$$

式中：L_r —— 距声源 r 米处的声压级，dB（A）；

L_W —— 声源源强，dB（A）；

r —— 距声源的距离，m；

TL —— 墙壁隔声量，dB（A）。TL 在本题中取 10 dB（A）。

96．锅炉房3台风机合成后噪声级（不考虑距离）是（　　）dB（A）。

A．96.4　　B．94.8　　C．90　　D．97.6

97．不考虑背景值的情况下，厂界东的噪声预测值应为（　　）dB（A）。

A．29　　B．28.8　　C．29.8　　D．22.9

98．不考虑背景值的情况下，厂界南的噪声预测值应为（　　）dB（A）。

A．31.4　　B．41.2　　C．30.7　　D．41.6

99．叠加背景值后，厂界东昼间的噪声预测值（　　）。

A．超标　　B．达标

100．叠加背景值后，厂界南夜间的噪声预测值（　　）。

A．超标　　B．达标

101．由建设项目自身声源在预测点产生的声级为（　　）。

A．贡献值　　B．背景值　　C．预测值　　D．叠加值

102．不含建设项目自身声源影响的环境声级为（　　）。

A．贡献值　　B．背景值　　C．预测值　　D．叠加值

103．预测点的贡献值和背景值按能量叠加方法计算得到的声级为（　　）。

A．贡献值　　B．背景值　　C．预测值　　D．最大预测值

104．某高速公路项目穿越自然公园，其生态保护措施平面布置图成图比例尺合适的为（　　）。

A．1∶250 000　　B．1∶50 000

C．1∶5 000　　D．1∶500

105．根据《环境影响评价技术导则　生态影响》，生态影响评价图件基础数据应满足生态影响评价的时效性要求，当图件主题内容无显著变化时，制图数据源的时效性要求可（　　），但必须经过现场勘验校核。

A．在显著变化期内适当放宽　　B．及时更新

C．在无显著变化期内适当缩小　　D．在无显著变化期内适当放宽

106．根据调查，某样地内共有4种植物（S_1、S_2、S_3、S_4），各植物在样方中分布情况为：S_1数量为10株、S_2数量为4株、S_3数量为8株、S_4数量为9株，则该样地群落的优势度指数为（　　）。

A．0.73　　B．0.69

C．0.71　　D．0.70

107．根据调查，某样地内共有4种植物（S_1、S_2、S_3、S_4），各植物在样方中分布情况为：S_1数量为10株、S_2数量为4株、S_3数量为8株、S_4数量为9株，则该样地群落的多样性指数为（　　）。

A．1.37　　B．1.62　　C．1.54　　D．1.39

108．根据《环境影响评价技术导则　生态影响》，某矿产开发项目涉及公益林林地，则该项目的生态评价成图比例尺应在（　　）以上。

A．≥1∶1万　　B．≥1∶5万

C．≥1∶25万　　D．≥1∶10万

109．生态影响评价中，关于指数法应用的说法，错误的是（　　）。

A．可用于生态因子单因子质量评价　　B．可用于生态因子综合质量评价

C．可用于生态系统功能评价　　D．可用于生态系统结构评价

110．根据《环境影响评价技术导则　生态影响》，根据建设项目的特点和受其影响的动、植物的生物学特征，依照生态学原理分析、预测工程生态影响的方法称为（　　）。

A．生产力法　　B．生物多样性法

C．景观生态学法　　D．生态机理分析法

111．根据《环境影响评价技术导则　生态影响》，三级评价可采用（　　）预测分析工程对土地利用、植被、野生动植物等的影响。

A．资料收集法　　B．列表清单法

C．生态机理分析法　　D．综合指数法

112．根据《环境影响评价技术导则　生态影响》，生态综合指数法评价公式$\Delta E=\sum(\mathrm{Eh}_i-\mathrm{Eh}_{qi})\times W_i$中$W_i$表示（　　）。

A．斑块i出现的样方数　　B．群落的多样性指数

C．i因子的权值　　D．种数

113．根据《环境影响评价技术导则　生态影响》，生态综合指数法评价公式$\Delta E=\sum(\mathrm{Eh}_i-\mathrm{Eh}_{qi})\times W_i$中$\Delta E$表示（　　）。

A．开发建设活动前后生物多样性变化值

B．开发建设活动前后生态质量变化值

C．开发建设活动后i因子的质量指标

D．开发建设活动前i因子的质量指标

114．根据《环境影响评价技术导则　生态影响》，生态影响评价中，类比分析法是一种比较常用的（　　）评价方法。

A．定量和半定量　　B．定性和半定量

C．定性和定量　　D．半定性和半定量

115．生态现状及影响评价方法中，列表清单法是一种（　　）分析方法。

A．定量　　B．定性

C．定性和半定量　　D．定性和定量

116. 根据《环境影响评价技术导则　生态影响》，公式 $H=-\sum_{i=1}^{S}p_i\ln(p_i)$ 用以表达（　　）。

A. 丰富度指数　　B. 辛普森多样性指数

C. 优势度指数　　D. 香农-威纳指数

117. 生物多样性是生物与环境形成的生态复合体以及与此相关的各种生态过程的总和，不包括以下哪个层次（　　）。

A. 生态系统　　B. 种群

C. 物种　　D. 基因

118. 以下哪个不是生态系统评价方法（　　）。

A. 生物完整性指数　　B. 生产力

C. 景观生态学评价方法　　D. 系统分析法

119. 以下哪个不是生态影响评价要求的图件（　　）。

A. 地表水系图　　B. 项目四邻关系图

C. 生态监测布点图　　D. 土地利用现状图

120. 按照水力侵蚀的强度分级，（　　）属于强烈侵蚀。

A. 1 000～2 500 t/（km^2·a）　　B. 2 500～5 000 t/（km^2·a）

C. 5 000～8 000 t/（km^2·a）　　D. 8 000～15 000 t/（km^2·a）

121. 风蚀强度分级按植被覆盖度（%）、年风蚀厚度（mm）、侵蚀模数[t/（km^2·a）]三项指标划分，以下三项指标属中度风蚀强度的是（　　）t/（km^2·a）。

A. 70～50、2～10、200～2 500

B. 50～30、10～25、2 500～5 000

C. 10～30、25～50、5 000～8 000

D. ＜10、50～100、8 000～15 000

122. 在我国东北地区，容许土壤流失量为（　　）。

A. 500 t/（km^2·a）　　B. 1 000 t/（km^2·a）

C. 200 t/（km^2·a）　　D. 1 500 t/（km^2·a）

123. 土壤侵蚀强度以（　　）表示。

A. 土壤侵蚀模数[t/（m^2·a）]　　B. 土壤容许流失量[t/（m^2·a）]

C. 土壤侵蚀模数[t/（km^2·a）]　　D. 植被覆盖度（mm）

124. 通用水土流失方程式 $A=R·K·L·S·C·P$ 中，A 表示（　　）。

A. 土壤侵蚀模数　　B. 土壤容许流失量

C. 土壤侵蚀面积　　D. 单位面积多年平均土壤侵蚀量

125. 当考虑化学耗氧量、总氮、总磷和叶绿素 a 时，海水富营养化时营养指数为（　　）。

A. ＞1　　B. ＞3　　C. ＞4　　D. ＞5

126. 用营养物质负荷法预测富营养化时，当TP为15 mg/m^{3}时，湖泊富营养化等级为（　　）。

A. 富营养　　B. 中营养　　C. 贫营养　　D. 一般营养

127. 用营养状况指数法预测富营养化时，当TSI为35时，湖泊富营养化等级为（　　）。

A. 富营养　　B. 中营养　　C. 贫营养　　D. 一般营养

128. 一般认为春季湖水循环期间的总磷浓度在（　　）mg/m^{3}以下时基本不发生藻花和降低水的透明度。

A. 1　　B. 2　　C. 10　　D. 20

129. 列表清单法是一种定性的分析方法，可以应用于（　　）。

A. 栖息地优先度比选　　B. 生态系统演替方向

C. 生态系统功能评价　　D. 生态问题发展趋势

130. 以下不是物种多样性常用评价指标的是（　　）。

A. 物种丰富度　　B. Simpson均匀度指数

C. 香农-威纳多样性指数　　D. Simpson优势度指数

131. 生境评价方法中常用的物种分布模型是（　　）。

A. MaxEnt模型　B. Miami模型　C. BEPS模型　D. CASA模型

132. 指数法分为单因子指数法和综合指数法，其可应用于（　　）。

A. 生物多样性评价　　B. 生态影响识别

C. 生态保护措施的筛选　　D. 生态系统功能评价

133. 在陆地堆积或简单填埋的固体废物，经过雨水的浸渍和废物本身的分解，将会产生含有有害化学物质的（　　），从而形成水污染。

A. 渗滤液　　B. 重金属　　C. 有毒、有害气体　　D. 有机体

134. 固体废物堆放、贮存和处置场的污染物可以通过（　　）方式释放到环境中。

A. 固态　　B. 气态　　C. 液态　　D. 上述形态的一种或多种

135. 堆放的固体废物产生的大气主要污染物是（　　）。

A. 细微颗粒、粉尘、毒气、恶臭

B. 二氧化硫、二氧化氮、一氧化碳、氯气

C. 细微颗粒、粉尘、BOD_5、氨氮

D. 三氧化硫、一氧化二氮、二氧化碳、重金属

136. 下列哪个公式表达的是填埋场污染物迁移速度？（　　）

A．$v=\frac{q}{\eta_e}$　　B．$v'=\frac{v}{R_d}$　　C．$v=C\sqrt{Ri}$　　D．$v'=C\sqrt{Rv}$

137．垃圾填埋场渗滤液通常可根据填埋场“年龄”分为两类，“年轻”填埋场的填埋时间在（　　）年以下。

A．2　　B．3　　C．4　　D．5

138．一般情况，“年轻”填埋场的渗滤液的pH（　　），BOD_5及COD浓度（　　）。

A．较高，较高　　B．较低，较高　　C．较高，较低　　D．较低，较低

139．城市生活垃圾填埋场产生的气体主要为（　　）。

A．氨气和一氧化碳　　B．甲烷和二氧化碳

C．甲烷和二氧化氮　　D．氮气和氨气

140．一般情况，“年老”填埋场的渗滤液的pH（　　），BOD_5及COD浓度（　　）。

A．接近中性或弱碱性，较低　　B．接近中性或弱碱性，较高

C．接近酸性或弱酸性，较高　　D．较低，较低

141．危险废物的特性不包括（　　）。

A．放射性　　B．毒性　　C．易燃性　　D．反应性

142．封场后的填埋场，植被恢复过程中种植于填埋场顶部覆盖层上的植物（　　）受到污染。

A．可能　　B．不会　　C．一定　　D．严重

143．填埋场渗滤液（　　）可能会对地下水及地表水造成污染。

A．泄漏　　B．处理不当

C．重金属　　D．泄漏或处理不当

144．某城市垃圾填埋场封场前地下水污染调查，垃圾渗滤液向地下水渗漏的过程中，“三氮”沿地下水流向出现峰值的先后顺序，正确的是（　　）。

A．$NH_4^+ \rightarrow NO_2^- \rightarrow NO_3^-$　　B．$NO_3^- \rightarrow NO_2^- \rightarrow NH_4^+$

C．$NH_4^+ \rightarrow NO_3^- \rightarrow NO_2^-$　　D．$NO_3^- \rightarrow NH_4^+ \rightarrow NO_2^-$

145．垃圾填埋场大气环境影响预测及评价的主要内容是（　　）。

A．释放气体对环境的影响　　B．恶臭对环境的影响

C．渗滤液对环境的影响　　D．释放气体及恶臭对环境的影响

146．生活垃圾填埋场选址应位于重现期不小于（　　）的洪水水位以上。

A．10年一遇　　B．20年一遇　　C．50年一遇　　D．百年一遇

147．垃圾填埋场的环境质量现状评价方法一般是根据监测值与各种标准，采用（　　）方法。

A．单因子和多因子综合评判　　B．单因子

C．多因子综合评判　　D．极值评判

148．土壤环境影响预测评价范围一般（　　）。

A．与土壤环境现状调查评价范围一致

B．大于土壤环境现状调查评价范围

C．小于土壤环境现状调查评价范围

D．与大气环境预测评价范围一致

149．土壤环境影响预测应重点预测评价建设项目对占地范围外土壤环境敏感目标的累积影响，兼顾对（　　）的影响预测。

A．占地范围外土壤环境敏感目标

B．占地范围内

C．占地范围外农田

D．占地范围内建设用地

150．土壤环境影响分析可（　　）说明建设项目对土壤环境产生的影响及趋势。

A．定量

B．定性或半定量

C．定性

D．半定量

151．根据《环境影响评价技术导则　土壤环境（试行）》，建设项目导致土地沙漠化的，可根据土壤环境特征，结合建设项目的特点，分析（　　）。

A．地下水环境可能受影响的程度

B．土壤环境可能受影响的范围和程度

C．土壤环境可能受影响的程度

D．土壤环境直接受影响的范围和程度

152．根据《环境影响评价技术导则　土壤环境（试行）》，根据建设项目（　　），确定重点预测时段。

A．工程分析结果

B．土壤环境保护目标

C．各阶段具体特征

D．土壤环境影响识别结果

153．污染影响型建设项目进行土壤环境影响预测时，应根据环境影响识别出的（　　）选取关键预测因子。

A．基本因子及特征因子

B．特征因子

C．基本因子

D．周边企业产生的特征因子

154．根据《环境影响评价技术导则　土壤环境（试行）》，污染影响型的（　　）项目，预测方法可参见附录E或进行类比分析。

A．一级、二级

B．三级

C．一级

D．一级、二级、三级

155．土壤盐化影响因素为土壤本底含盐量（SSC）、地下水埋深（GWD）、干燥度（EPR）、地下水溶解性总固体（TDS）、土壤质地（ST）等，下列土壤盐化综合评分权重排序正确的是（　　）。

A．EPR＞SSC＞ST＞GWD

B．EPR＞SSC＞GWD＞ST

C．GWD＞EPR＞ST＞SSC　　D．GWD＞EPR＞SSC＞ST

156．水库项目（　　），土壤环境敏感目标处且占地范围内各评价因子均满足 GB 15618、GB 36600，或附录 D、附录 F 中相关标准要求，则该项目土壤环境影响可接受。

A．建设期　　B．服务期满后

C．运营期　　D．各不同阶段

157．根据《环境影响评价技术导则　土壤环境（试行）》，某建设项目为土壤环境影响评价一级项目，该项目产生的重金属污染物以点源形式垂直进入土壤环境，则可采用（　　）方法进行预测。

A．一维非饱和溶质运移模型　　B．综合评分法

C．定性描述　　D．估算模式

158．根据《环境影响评价技术导则　土壤环境（试行）》，可通过工程分析计算土壤中某种物质的（　　）。

A．淋溶或径流排出　　B．土壤缓冲消耗

C．输入量　　D．输出量

159．某建设项目单位质量土壤中铅的增量为 0.000 3 g/kg，铅的现状值为 0.000 1 g/kg，则预测值为（　　）g/kg。

A．0.000 2　　B．0.000 4　　C．0.000 3　　D．0.000 1

160．公式$\Delta S=n（I_S-L_S-R_S）/（\rho_b\times A\times D）$中，$\rho_b$是指（　　）。

A．表层土壤容重

B．表层土壤深度

C．单位质量表层土壤中某种物质的增量

D．持续年份

161．公式$\Delta S=n（I_S-L_S-R_S）/（\rho_b\times A\times D）$中，$R_S$是指（　　）。

A．单位年份表层土壤中某种物质的输入量

B．单位年份表层土壤中某种物质经径流排出的量

C．单位年份表层土壤中某种物质经淋溶排出的量

D．单位年份深层土壤中某种物质的输入量

162．公式$\Delta S=n(I_S-L_S-R_S)/(\rho_b\times A\times D)$，适用于某种物质可以概化为以（　　）形式进入土壤环境的影响预测。

A．点源　　B．面源

C．非连续点源　　D．连续点源

163．一维非饱和溶质运移模型预测方法适用于某种物质以（　　）形式垂直进入土壤环境的影响预测，重点预测污染物可能影响到的（　　）。

A．点源　深度　　　　B．面源　深度
C．非点源　浓度　　　　D．面源　浓度

164．公式 $pH = pH_b \pm \Delta S/BC_{pH}$ 中，BC_{pH} 是指（　　）。

A．土壤 pH 现状值　　　　B．缓冲容量
C．增量　　　　D．表层土壤深度

165．公式 $Sa = \sum_{i=1}^{n} W_{x_i} \times I_{x_i}$ 中，W_{x_i} 是指（　　）。

A．影响因素 i 指标评分　　　　B．影响因素指标数目
C．预测值　　　　D．影响因素 i 指标权重

166．某建设项目预测出土壤盐化综合评分值为 3，则预测结果应判定为（　　）。

A．轻度盐化　　B．中度盐化　　C．重度盐化　　D．极重度盐化

167．风险预测中，距离风险源 500 m 范围内设置计算点的分辨率为（　　）。

A．50～100 m　　B．10～50 m　　C．100～200 m　　D．150～250 m

168．某项目环境风险为二级评价，选取最不利气象条件时风速应取（　　）。

A．0.5 m/s　　B．1.0 m/s　　C．1.5 m/s　　D．2.0 m/s

169．大气毒性终点浓度低于 1 级限值时，（　　）。

A．绝大多数人员暴露 1 h 不会对生命造成威胁
B．暴露 1 h 一会不会对人体造成不可逆的伤害
C．出现的症状一般不会损伤该个体采取有效防护措施的能力
D．可能对人群造成生命威胁

170．大气环境风险存在（　　）时，应开展关心点概率分析。

A．高度危害　　B．极高危害　　C．中度危害　　D．轻度危害

171．SLAB 模型适用于（　　）排放的扩散模拟。

A．平坦地形下中性气体排放
B．平坦地形下重质气体排放
C．平坦地形下轻质气体排放
D．液池蒸发气体

二、不定项选择题（每题的备选项中至少有一个符合题意）

1．根据《环境影响评价技术导则　大气环境》，属于点源调查内容的有（　　）。

A．排气筒底部中心坐标　　　　B．排气筒几何高度（m）
C．排气筒出口内径（m）　　　　D．排气筒出口处烟气温度

2．根据《环境影响评价技术导则　大气环境》，属于面源调查内容的有（　　）。

A．面源海拔　　　　B．气象数据

C．各主要污染物排放速率　　D．各主要污染物排放工况

3．根据《环境影响评价技术导则　大气环境》，属于矩形面源调查内容的有（　　）。

A．面源海拔　　B．面源长度和宽度

C．各主要污染物排放速率　　D．与正北方向逆时针的夹角

4．根据《环境影响评价技术导则　大气环境》，属于多边形面源调查内容的有（　　）。

A．面源海拔　　B．面源有效排放高度

C．各顶点坐标　　D．与正北方向逆时针的夹角

5．根据《环境影响评价技术导则　大气环境》，属于火炬源调查内容的有（　　）。

A．底部中心坐标　　B．火炬底部的海拔高度

C．火炬等效内经　　D．年排放小时数

6．根据《环境影响评价技术导则　大气环境》，属于体源调查内容的有（　　）。

A．体源中心点坐标　　B．体源排放速率

C．体源有效高度　　D．初始横向扩散参数

7．根据《环境影响评价技术导则　大气环境》，属于线源调查内容的有（　　）。

A．线源几何尺寸　B．线源宽度　C．平均车速　D．车型比例

8．根据《环境影响评价技术导则　大气环境》，适合预测范围小于 50 km 的模型有（　　）。

A．ADMS　B．AUSTAL2000　C．AERMOD　D．EDMS

9．根据《环境影响评价技术导则　大气环境》，适用于 AERSCREEN 模型污染源的有（　　）。

A．点源　B．面源　C．线源　D．体源

10．根据《环境影响评价技术导则　大气环境》，适用于 CALPUFF 模型污染源的有（　　）。

A．点源　B．面源　C．线源　D．体源

11．根据《环境影响评价技术导则　大气环境》，适用于光化学网格模型污染源的有（　　）。

A．点源　B．体源　C．网格源　D．烟塔合一源

12．根据《环境影响评价技术导则　大气环境》，污染源从排放形式可分为（　　）。

A．点源　B．体源　C．网格源　D．面源

13．根据《环境影响评价技术导则　大气环境》，污染源从排放时间上可分为（　　）。

A．连续源　B．间断源　C．偶发源　D．频发源

14．根据《环境影响评价技术导则　大气环境》，污染源从排放的运行形式可分为（　　）。

A．固定源　B．移动源　C．烟塔合一源　D．机场源

15．某规划项目，污染物排放量为SO_2：240 t/a；NO_x：360 t/a；VOCs：1 640 t/a；该项目需要进行预测的污染物有（　　）。

A．SO_2　B．NO_2　C．O_3　D．$PM_{2.5}$

16．某规划项目，经判定大气需要预测二次污染物O_3，下列可预测该污染物的模型有（　　）。

A．ADMS　B．网格模型　C．AERMOD　D．CALPUFF

17．某大气一级评价项目，经判定需预测二次污染物，则预测范围应（　　）

A．覆盖各污染物短期浓度贡献值占标率大于10%的区域

B．覆盖各污染物年平均质量浓度贡献值占标率大于1%的区域

C．覆盖评价范围

D．覆盖各污染物短期浓度贡献值占标率大于1%的区域

18．属于达标区域新建项目，新增污染源正常排放状况下大气预测内容包括（　　）。

A．短期浓度　B．正常排放　C．长期浓度　D．1 h平均质量浓度

19．属于达标区域新建项目，新增污染源非正常排放状况下大气预测和评价内容包括（　　）。

A．1 h最大浓度贡献值　B．1 h平均质量浓度

C．1 h最大浓度占标率　D．日平均浓度、年均浓度

20．某水泥项目应编制环境影响报告书，利用估算模式计算P_{max}为4.5%，下列关于预测要求说法正确的有（　　）。

A．应采用进一步预测模型开展大气环境影响预测与评价

B．不进行进一步预测与评价，只对污染物排放量进行核算

C．选取有环境质量标准的评价因子作为预测因子

D．评价结果表达不需绘制网格浓度分布图

21．预测评价项目建成后各污染物对预测范围的环境影响，预测值计算方式正确的是（　　）。

A．$C_{叠加}=C_{本项目}+C_{区域削减}+C_{拟在建}-C_{现状}$（达标区）

B．$C_{叠加}=C_{本项目}-C_{区域削减}+C_{拟在建}+C_{现状}$（达标区）

C．$C_{叠加}=C_{本项目}-C_{区域削减}+C_{拟在建}+C_{规划}$（非达标区）

D．$C_{叠加}=C_{本项目}-C_{区域削减}+C_{拟在建}-C_{规划}$（非达标区）

22．大气环境影响预测情景设定时，污染源包括（　　）。

A．新增污染源　　B．“以新带老”污染源

C．区域消减污染源　　D．其他在建、拟建污染源

23．某化工改扩建项目，大气环境影响预测中应作为计算点的有（　　）。

A．厂界　　B．网格点

C．居住区　　D．环境质量现状监测点

24．污染物排放量核算应包括（　　）。

A．本项目新增污染源　　B．本项目改、扩建污染源

C．区域污染源　　D．拟建项目污染源

25．属于区域规划项目，不同规划年叠加现状浓度后，大气评价内容包括（　　）。

A．主要污染物保证率日平均质量浓度的占标率　　B．短期浓度

C．主要污染物年均浓度的占标率　　D．年平均质量浓度变化率

26．某一级评价项目，厂界浓度超过大气污染物厂界浓度限值，应（　　）。

A．自厂界向外设置一定范围的大气环境防护区域

B．要求削减排放源强

C．调整工程布局

D．重新申请厂界浓度执行标准

27．属于大气评价结果中基本信息底图的内容有（　　）。

A．环境功能区划　　B．环境空气保护目标

C．监测点位　　D．比例尺

28．大气评价结果表达时，应在项目基本信息底图上标示的内容有（　　）。

A．项目边界　　B．总平面布置

C．项目位置　　D．环境空气保护目标

29．属于大气评价结果中达标评价结果表的内容有（　　）。

A．贡献浓度

B．现状浓度

C．占标率

D．叠加现状浓度后保证率日平均质量浓度和年平均质量浓度

30．属于大气评价结果中网格浓度分布图的内容有（　　）。

A．保证率日均浓度分布图　　B．年均浓度分布图

C．月均浓度分布图　　D．小时浓度分布图

31．属于大气评价结果中污染物排放量核算表的内容有（　　）。

A．有组织排放量　　B．无组织排放量

C．年排放量　　D．非正常排放量

32．属于大气环境一级评价结果图表的有（　　）。

A．基本信息底图　　B．项目基本信息图

C．网格浓度分布图　　D．大气环境防护区域图

33．属于大气环境二级评价结果图表的有（　　）。

A．基本信息底图　　B．项目基本信息图

C．污染物排放量核算表　　D．大气环境防护区域图

34．采用 AERMOD 模型进行大气预测，地面气象数据所需的要素有（　　）。

A．风速　　B．风向　　C．干球温度　　D．低云量

35．某项目所在评价区域近 20 年统计的全年静风（风速≤0.2 m/s）频率超过 35%，环境影响评价时，可能用到的模型有（　　）。

A．AERSCREEN　　B．AERMOD　　C．ADMS　　D．CALPUFF

36．采用 AUSTAL2000 模型进行大气预测，地面气象数据所需的要素有（　　）。

A．风速　　B．风向　　C．干球温度　　D．相对湿度

37．采用 CALPUFF 模型进行大气预测，地面气象数据所需的要素有（　　）。

A．地面气压　　B．云量　　C．云底高度　　D．相对湿度

38．采用 CALPUFF 模型进行大气预测，高空气象数据所需的要素有（　　）。

A．气压　　B．离地高度　　C．干球温度　　D．风速

39．采用进一步预测模型考虑建筑物下洗时，需要输入的建筑物参数有（　　）。

A．建筑物高度　　B．建筑物角点横坐标

C．建筑物宽度　　D．建筑物方位角

40．CALPUFF 模型在考虑化学转化时，应输入下列（　　）现状浓度数据。

A．SO_2　　B．O_3　　C．NH_3　　D．NO_2

41．使用 AERMOD 模型计算考虑颗粒物干沉降时，地面气象数据中需包括的参数有（　　）。

A．干沉降速度　　B．降雨量　　C．相对湿度　　D．站点气压

42．大气环境影响预测与评价中地形数据应包含的参数有（　　）。

A．数据来源　　B．数据时间　　C．分辨率　　D．范围

43．在项目基本信息图上绘制最终确定的大气环境防护区域，并标示的内容包括（　　）。

A．大气环境防护距离预测网格　　B．厂界污染物贡献浓度

C．超标区域　　D．敏感点分布

44．采用 AERMOD 模型的 NO_2 转化算法，可采用的方法有（　　）。

A．PVMRM　　B．OLM　　C．ARM2　　D．ARM1

45．大气环境影响预测与评价中基本附件应包含的内容有（　　）。

A．估算模型相关文件　　B．环境质量现状监测报告
C．气象、地形原始数据文件　　D．进一步预测模型相关文件

46．某项目大气环境影响评价所附地形图应包含的内容有（　　）。

A．地形高程　　B．评价范围
C．主要环境保护目标　　D．比例尺

47．项目大气环境影响评价需要附件有（　　）。

A．估算模型相关文件　　B．环境质量公报
C．标准申请文件　　D．进一步预测模型相关文件

48．AERMOD 和 ADMS 预测网格点间距可以采用（　　）进行设置。

A．坐标法　　B．近密远疏
C．等间距　　D．随机法

49．水污染影响型建设项目，地表水预测内容应包括的有（　　）。

A．各关心断面水质预测因子浓度及变化
B．到达水环境保护目标处污染物浓度
C．各污染物最大影响范围
D．排放口混合区范围

50．水库水文情势预测分析应包含的内容有（　　）。

A．水域形态　　B．径流条件　　C．水力条件　　D．冲淤变化

51．受纳水体环境质量不达标区的建设项目，水处理措施应满足（　　）。

A．水环境质量限期达标规划
B．污染防治可行技术指南中最佳可行技术
C．废水污染物达到最低排放强度和排放浓度
D．替代源的削减方案要求

52．下列属于地表水环境预测模型的有（　　）。

A．数学模型　　B．物理模型　　C．估算模型　　D．现场实测

53．水污染影响型建设项目，重点预测时期为（　　）。

A．水体自净能力最不利时期　　B．现状补充监测时期
C．水质状况相对较差的不利时期　　D．水体自净能力多年平均时期

54．对某排污企业进行水环境影响评价时，需考虑（　　）污染源强进行预测分析。

A．一类污染物的车间或车间处理设施排放口　　B．企业总排口
C．温排水排放口　　D．雨水排放口

55．某排污水企业需按照二级水污染影响型进行预测分析，运营期应预测（　　）工况对水环境影响。

A．正常排放　　B．非正常排放
C．事故排放　　D．只针对正常排放

56．下列属于水动力及水质模型中水文及水力学参数的有（　　）。
A．流量　　B．流速　　C．坡度　　D．糙率

57．下列属于水动力及水质模型中水质参数的有（　　）。
A．扩散系数　　B．耗氧系数　　C．复氧系数　　D．蒸发散热系数

58．感潮河段下游水位边界的确定可取保证率为（　　）的潮差。
A．10%　　B．50%　　C．75%　　D．90%

59．下列作为地表水预测重点预测点位有（　　）。
A．常规监测点　　B．特征监测点
C．补充监测点　　D．水环境保护目标
E．控制断面

60．下列属于水污染影响型三级A评价项目主要评价内容的有（　　）。
A．水污染控制评价　　B．水环境影响减缓措施有效性评价
C．水环境影响评价　　D．依托污水处理设施可行性评价

61．建设项目地表水环境影响评价自查表中的工作内容主要包括（　　）。
A．影响识别　　B．现状调查与评价　　C．影响预测
D．影响评价　　E．防治措施

62．根据《环境影响评价技术导则　地下水环境》，建设项目地下水环境影响预测方法包括（　　）。
A．数值法　　B．解析法　　C．均衡法　　D．时序分析

63．根据《环境影响评价技术导则　地下水环境》，预测方法的选取应根据（　　）来确定。
A．建设项目工程特征　　B．水文地质条件
C．评价等级　　D．资料掌握程度

64．在地下水环境影响评价中，下列确定污水池及管道正常状况泄漏源强的方法，正确的有（　　）。
A．按湿周面积5%确定
B．不产生泄漏，无须确定
C．按《给水排水管道工程施工及验收规范》（GB 50268）确定
D．按《给水排水构筑物工程施工及验收规范》（GB 50141）确定

65．根据《环境影响评价技术导则　地下水环境》，采用解析模型预测污染物在含水层中的扩散时，一般应满足（　　）条件。
A．污染物的排放对地下水流场没有明显的影响

B．污染物的排放对地下水流场有明显的影响

C．评价区内含水层的基本参数变化很大

D．评价区内含水层的基本参数不变或变化很小

66．根据《环境影响评价技术导则　地下水环境》，关于不同地下水环境影响评价等级应采用的预测方法，说法正确的是（　　）。

A．一般情况下，一级评价应采用数值法

B．二级评价中水文地质条件复杂且适宜采用解析法

C．二级评价中，水文地质条件复杂且适宜采用数值法时，建议优先采用数值法

D．三级评价可采用解析法或类比预测法

67．根据《环境影响评价技术导则　地下水环境》，地下水环境影响预测模型概化的内容有（　　）。

A．工程分析概化　　B．污染源概化

C．水文地质参数初始值的确定　　D．水文地质条件概化

68．根据《环境影响评价技术导则　地下水环境》，地下水环境影响预测时，水文地质条件概化应根据（　　）等因素进行。

A．环境保护敏感目标　　B．含水介质结构特征

C．边界性质　　D．地下水补、径、排条件

69．根据《环境影响评价技术导则　地下水环境》，地下水环境影响预测时，污染源概化按排放规律可概化为（　　）。

A．瞬时排放　　B．连续恒定排放

C．点源　　D．非连续恒定排放

70．根据《环境影响评价技术导则　地下水环境》，关于建设项目地下水环境影响评价的原则，下列说法错误的是（　　）

A．评价应以地下水环境现状调查和地下水环境影响预测结果为依据

B．对建设项目各实施阶段（建设期、运营期及服务期满后）不同环节及不同污染防控措施下的地下水环境影响进行评价

C．地下水环境影响预测未包括环境质量现状值时，无须叠加环境质量现状值可进行评价

D．必需评价建设项目对地下水水质的间接影响

71．根据《环境影响评价技术导则　地下水环境》，地下水预测采用数值法或解析法预测时，应先进行（　　）。

A．参数识别　　B．模型验证

C．适用条件判断　　D．地质条件判断

72．采用数值法预测地下水环境影响，地下水模型识别与验证的依据主要有

（　　）。

A．模拟的地下水流场与实际地下水流场基本一致

B．模拟水位过程线与实际地下水位过程线形状相似

C．实际地下水量的变化量应接近于计算的含水层储量的变化量

D．识别的水文地质参数要符合实际水文地质条件

73．污染物在松散孔隙中水动力弥散产生的原因主要有（　　）。

A．浓度场梯度　　B．孔隙介质密度

C．孔隙结构的非均质　　D．孔隙通道的弯曲度

74．地下水预测因子根据识别的特征因子，按照（　　）和其他类别进行分类，并对每一类别中各项因子采用标准指数法进行排序，分别取标准指数最大的因子作为预测因子。

A．特征因子　　B．重金属　　C．有机污染物　　D．常规因子

75．渗透系数与（　　）因素有关。

A．粒度分选　　B．颗粒排列　　C．流体的黏滞性　　D．粒径大小

76．地下水的污染途径类型有（　　）。

A．间歇入渗型　　B．连续入渗型　　C．越流型　　D．径流型

77．某改扩建项目，现有工程中地下水特征因子为铅、汞、砷及甲苯，改扩建后地下水特征因子为砷及氟化物，则改扩建项目地下水预测因子应包括（　　）。

A．铅　　B．汞　　C．砷　　D．甲苯　　E．氟化物

78．非正常状况下地下水预测源强应考虑（　　）等进行设定。

A．工艺设备的系统老化　　B．储罐的腐蚀程度

C．污水调节池防渗层破裂　　D．初期雨水漫流泄漏

79．下列属于地下水预测内容的是（　　）。

A．给出预测期内建设项目场地边界常规因子随时间的变化规律

B．给出特征因子不同时段的影响范围、程度、最大迁移距离

C．污染场地修复治理工程项目应给出污染物变化趋势或污染控制的范围

D．当建设项目场地天然包气带垂向渗透系数小于 1.0×10^{-5}cm/s 或厚度超过 100 m 时，须考虑包气带阻滞作用，预测特征因子在包气带中的迁移规律

E．给出预测期内地下水环境保护目标处特征因子随时间的变化规律

80．地下水勘查过程中通过抽水试验可确定的含水层参数有（　　）。

A．渗透系数　　B．含水率

C．给水度　　D．孔隙度

81．在声环境预测过程中遇到的声源往往是复杂的，需根据（　　）把声源简化成点声源，或线声源，或面声源。

A．声源的地理位置　　B．声源的性质

C．预测点与声源之间的距离　　D．设备的型号、种类

82．影响声波传播的参数有（　　）。

A．声源与预测点间的高差　　B．声源和预测点间的障碍物

C．项目所在区域的年平均风速　　D．声源与预测点间的地面覆盖情况

83．声环境影响预测的模型有（　　）。

A．参数模型　　B．经验模型

C．三维模型　　D．半经验模型

84．施工场地声源参数包括（　　）。

A．固定声源的运行方式　　B．移动声源的路径

C．固定声源的设备型号　　D．固定声源的范围

85．当（　　）时，声源可当作点声源处理。

A．预测点离开声源的距离比声源本身尺寸小得多

B．声源中心到预测点之间的距离超过声源最大几何尺寸 2 倍

C．声波波长远远小于声源几何尺寸

D．声波波长远远大于声源几何尺寸

86．工业噪声预测固定声源分析中应明确（　　）。

A．主要声源的设备类型及数量　　B．声环境保护目标的相对位置

C．声源的运行时间　　D．厂界四周的噪声监测值

87．对于等声级线图绘制，正确的说法是（　　）。

A．等声级线的间隔不大于 5 dB

B．等声级线的间隔不大于 10 dB

C．对于 L_{eq}，最低值与相应功能区夜间标准值一致，最高可画到 75 dB 的等声级线

D．对于 L_{WECPN}，一般应有 70 dB、75 dB、80 dB、85 dB 的等值线

E．对于 L_{eq}，一般需对应项目所涉及的声环境功能区的昼夜间标准值要求

88．根据《建设项目环境保护分类管理名录》，应确定为生态环境敏感区的为（　　）。

A．行政办公区域　　B．公益林

C．基本农田保护区　　D．天然湿地

89．根据《环境影响评价技术导则　生态影响》，在生态系统质量评价中使用系统分析的具体方法有（　　）。

A．层次分析法　　B．模糊综合评判法

C．系统动力学　　D．综合排序法

90．根据《环境影响评价技术导则　生态影响》，不属于生态影响三级评价中的基本图件有（　　）。

A．土地利用现状图　　B．典型生态保护措施平面布置示意图

C．植被类型图　　D．主要评价因子的评价成果和预测图

E．生态保护目标分布图

91．根据《环境影响评价技术导则　生态影响》，物种多样性常用评价指标为（　　）。

A．物种丰富度　　B．香农-威纳多样性指数

C．Pielou 均匀度指数　　D．Simpson 优势度指数

E．生物完整性指数

92．根据《环境影响评价技术导则　生态影响》，采用（　　）方法分析植物群落的物种群落的物种组成、群落结构等变化情况。

A．图形叠置法　　B．生态机理分析法

C．类比分析法　　D．资料收集法

93．根据《环境影响评价技术导则　生态影响》，常用的景观指数包括（　　）。

A．斑块所占景观面积比例　　B．散布与并列指数

C．斑块类型面积　　D．香农多样性指数

E．蔓延度指数

94．生态环境影响预测与评价的方法有哪些（　　）。

A．列表清单法　　B．图形叠置法

C．生态机理分析法　　D．景观生态学法

E．指数法与综合指数法　　F．典型生态保护措施平面布置示意图

95．根据《环境影响评价技术导则　生态影响》，香农-威纳指数的级别包括（　　）。

A．丰富　　B．较丰富　　C．一般

D．贫乏　　E．极贫乏

96．物种分布模型可广泛应用于（　　）。

A．保护区规划　　B．入侵物种控制

C．濒危物种的保护　　D．气候变化对生物分布区影响预测

97．根据《环境影响评价技术导则　生态影响》，生态影响评价图件应包括主图以及图名、（　　）、成图时间等要素。

A．比例尺　　B．方向标　　C．图例

D．注记　　E．制图数据源

98．根据《环境影响评价技术导则　生态影响》，在进行生态机理分析法时，

需要做的是（　　）。

A．识别有无珍稀濒危物种、特有种等需要特别保护的物种

B．调查环境背景现状，收集工程组成、建设、运行等有关资料

C．调查植物和动物分布，动物栖息地和迁徙、洄游路线

D．预测项目建成后该地区动物、植物生长环境的变化

99．以下是生物完整性指数评价工作步骤的是（　　）。

A．结合工程影响特点和所在区域生态系统特征，选择指示物种

B．评价项目建设前所在区域生态系统状况，预测分析项目建设前后生态系统变化情况

C．确定每种参数指标值以及生物完整性指数的计算方法，分别计算参考点和干扰点的指数值

D．调查环境背景现状，收集工程组成、建设、运行等有关资料

100．根据《环境影响评价技术导则　生态影响》，生态机理分析法可以预测（　　）。

A．项目对动物个体、种群和群落的影响　　B．项目对生态系统功能的评价

C．项目对植物个体的影响　　D．生态系统演替方向

101．根据《环境影响评价技术导则　生态影响》，关于生态机理分析法的说法，下列说法正确的是（　　）。

A．该方法不能预测生态系统演替方向

B．该方法无须与其他学科合作评价，就能得出较为客观的结果

C．该方法需与生物学、地理学及其他多学科合作评价，才能得出较为客观的结果

D．评价过程中有时要根据实际情况进行相应的生物模拟试验

102．根据《环境影响评价技术导则　生态影响》，生态影响评价中，指数法可应用于（　　）。

A．生态系统功能评价　　B．生态多因子综合质量评价

C．生态因子单因子质量评价　　D．生物多样性评价

103．根据《环境影响评价技术导则　生态影响》，生态影响评价中，关于指数法评价的说法正确的是（　　）。

A．单因子指数法可评价项目建设区的植被覆盖现状情况

B．单因子指数法不可进行生态因子的预测评价

C．综合指数法需根据各评价因子的相对重要性赋予权重

D．综合指数法中对各评价因子赋予权重有一定难度，带有一定的人为因素

104．根据《环境影响评价技术导则　生态影响》，生态影响评价中，综合指数法评价要求做的有（　　）。

A．分析研究评价的生态因子的性质及变化规律

B．建立表征各生态因子特性的指标体系

C．确定评价标准

D．建立评价函数曲线

E．根据各评价因子的相对重要性赋予权重

105．根据《环境影响评价技术导则　生态影响》，生态影响评价中，综合指数法需建立评价函数曲线，对于无明确标准的生态因子，须根据（　　）选择相应的环境质量标准值，再确定上、下限。

A．评价目的　　B．评价要求　　C．评价依据　　D．环境特点

106．根据《环境影响评价技术导则　生态影响》，生态影响评价中，类比分析法可应用于（　　）。

A．进行生态影响识别和评价因子筛选

B．以原始生态系统作为参照，可评价目标生态系统的质量

C．进行生态影响的定量分析与评价

D．进行某一个或几个生态因子的影响评价

E．预测生态问题的发生与发展趋势及其危害

107. 采用 TSI 预测湖泊富营养化，在非固体悬浮物和水体透明度较低的情况下，与透明度高度相关的指标有（　　）。

A．总磷　　B．溶解氧　　C．叶绿素 a　　D．水流速度

108．根据《环境影响评价技术导则　生态影响》，生态影响评价中，类比分析法类比对象的选择条件是（　　）。

A．工程投资与拟建项目基本相当

B．工程性质、工艺和规模与拟建项目基本相当

C．生态因子相似

D．项目建成已有一定时间，所产生的影响已基本全部显现

109．根据《环境影响评价技术导则　生态影响》，关于香农-威纳指数公式 $H=-\sum_{i=1}^{s}p_i\ln(p_i)$，下列参数说法正确的是（　　）。

A．H 为群落的多样性指数　　B．H 为种群的多样性指数

C．p_i 为样品中属于第 i 种的个体比例　　D．S 为种数

110．风蚀强度分级按（　　）三项指标划分。

A．植被覆盖度（%）　　B．年风蚀厚度（mm）

C．侵蚀模数 [t/（km^2·a）]　　D．生物量

111．为便于分析和采取对策，要将生态影响划分为（　　）。

A．有利影响和不利影响　　B．可逆影响与不可逆影响
C．近期影响与长期影响　　D．人为影响与自然影响
E．局部影响与区域影响

112．采用侵蚀模数预测水土流失时，常用方法包括（　　）。

A．已有资料调查法　　B．现场调查法　　C．水文手册查算法
D．数学模型法　　E．物理模型法

113．采用景观生态学法进行生态影响预测评价时，下列说法正确的是（　　）。

A．通过空间结构、功能及稳定性分析评判生态环境质量
B．合理的景观结构有助于提高生态系统功能
C．空间结构分析基于景观是高于生态系统的系统，是一个可度量的单位
D．物种优势度由物种频度、景观破碎度、斑块面积参数计算
E．景观生态学法多用于区域或特大型建设项目的生态环境影响评价

114．通用水土流失方程式 $A=R\cdot K\cdot L\cdot S\cdot C\cdot P$ 中的计算因子是（　　）。

A．降雨侵蚀力因子　　B．土壤可蚀性因子
C．气象因子　　D．坡长和坡度因子
E．水土保持措施因子

115．关于水体富营养化的说法，正确的是（　　）。

A．富营养化是一个动态的复杂过程
B．富营养化只与水体磷的增加相关
C．水体富营养化主要指人为因素引起的湖泊、水库中氮、磷增加对其水生生态产生不良的影响
D．水体富营养化与水温无关
E．富营养化与水体特征有关

116．在稳定状况下，湖泊总磷的浓度与（　　）因子有关。

A．湖泊水体积　　B．湖水深度　　C．输入与输出磷
D．年出湖水量　　E．湖泊海拔

117．风力侵蚀的强度分级按（　　）指标划分。

A．植被覆盖度　　B．年风蚀厚度　　C．生物生产量　　D．侵蚀模数

118．表达水土流失的定量指标有（　　）。

A．侵蚀模数　　B．侵蚀类型　　C．侵蚀面积　　D．侵蚀量

119．Carlson 的营养状况指数法预测富营养化，其认为湖泊中总磷与（　　）之间存在一定的关系。

A．年出湖水量　　B．透明度　　C．输入与输出磷　　D．叶绿素 a

120．矿产资源开发项目中生态影响预测与评价中应对（　　）等开展重点预测

与评价。

A．植物群落和植被覆盖度变化　　B．重要物种的活动、分布

C．重要生境变化　　D．生物多样性变化

121．固体废物按其污染特性可分为（　　）。

A．农业固体废物　　B．一般废物　　C．工业固体废物

D．危险废物　　E．城市固体废物

122．固体废物按其来源可分为（　　）。

A．农业固体废物　　B．工业固体废物　　C．一般废物

D．危险废物　　E．城市固体废物

123．固体废物填埋场渗滤液来源有（　　）。

A．降水　　B．地表水

C．地下水　　D．填埋场中的废物含有的水

124．固体废物填埋场污染物在衬层和包气带土层中的迁移速度受（　　）的影响。

A．地下水的运移速度　　B．地表径流的运移速度

C．土壤堆积容重　　D．土壤—水体系中的吸附平衡系数

E．多孔介质的有效空隙度

125．固体废物可以通过（　　）危害人类健康。

A．大气环境　　B．食物链　　C．声环境

D．土壤环境　　E．水环境

126．下列关于固体废物致人疾病途径的说法，正确的是（　　）。

A．处置堆存填埋固体废物可以通过地下水的间接饮用使人致病

B．污水处理厂的污泥作为肥料通过农作物可使人致病

C．固体废物的堆肥产品通过农作物可使人致病

D．固体废物的焚烧产生的二次污染物可使人致病

E．固体废物直接倒入江河湖泊影响水生生物，食用水生生物后可使人致病

127．一般情况，属于“年轻”填埋场的渗滤液的水质特点有（　　）。

A．各类重金属离子浓度较高　　B．BOD_5 及 COD 浓度较低

C．pH 较低　　D．色度大

E．BOD_5/COD 的比值较低

128．城市垃圾填埋场产生的气体主要为（　　）。

A．氨气　　B．二氧化碳　　C．硫化物　　D．氮气　　E．甲烷

129．下列关于垃圾填埋场产生的气体，说法错误的有（　　）。

A．接受工业废物的垃圾填埋场产生的气体中可能含有微量挥发性有毒气体

B. 城市垃圾填埋场产生的气体主要为甲烷和二氧化碳

C. 垃圾填埋场产生的微量气体很小，成分也不多

D. 城市垃圾填埋场产生的气体主要为氮气和氨气

130. 一般情况，属“年老”填埋场的渗滤液的水质特点的是（ ）。

A. 各类重金属离子浓度开始下降 B. BOD_5 及 COD 浓度较低

C. pH 接近中性或弱碱性 D. NH_4^+-N 的浓度较高

E. BOD_5/COD 的比值较高

131. 下列关于运行中的垃圾填埋场对环境的主要影响，说法正确的有（ ）。

A. 流经填埋场区的地表径流可能受到污染

B. 填埋场滋生的昆虫、啮齿动物以及在填埋场的鸟类和其他动物可能传播疾病

C. 填埋场工人生活噪声对公众产生一定的影响

D. 填埋作业及垃圾堆体可能造成滑坡、崩塌、泥石流等地质环境影响

E. 填埋场产生的气体排放可能发生的爆炸对公众安全的威胁

132. 下列关于运行中的垃圾填埋场对环境的主要影响，说法正确的有（ ）。

A. 填埋场的存在对周围景观没有不利影响

B. 填埋场垃圾中的塑料袋、纸张以及尘土等在未来得及覆土压实情况下可能飘出场外，造成环境污染和景观破坏

C. 填埋场渗滤液泄漏或处理不当对地下水及地表水造成污染

D. 填埋场产生的气体排放对大气产生污染、对公众健康有一定的危害

E. 填埋场机械噪声对公众有一定的影响

133. 垃圾填埋场水环境影响预测与评价的主要工作内容有（ ）。

A. 正常排放对地表水的影响 B. 正常排放对地下水的影响

C. 非正常渗漏对地下水的影响 D. 非正常渗漏对地表水的影响

134. 垃圾填埋场场址选择评价的重点是场地的（ ）。

A. 工程的区位条件 B. 水文地质条件

C. 工程地质条件 D. 土壤自净能力

135. 填埋场恶臭气体的预测和评价通常选择的预测评价因子包括（ ）。

A. 硫化氢 B. 氨

C. 一氧化碳 D. 甲烷

136. 降雨的地表径流系数与哪几个因素有关（ ）。

A. 土壤条件 B. 地表植被条件

C. 地形条件 D. 气象条件

137. 垃圾焚烧厂的废气产生的主要污染物有（ ）。

A. 粉尘（颗粒物） B. 酸性气体（HCl、HF、SO_x 等）

C．重金属（Hg、Pb、Cr 等） D．二噁英 E．恶臭气体

138．关于建设项目土壤环境影响预测评价，以下说法正确的是（ ）。

A．重点预测对占地范围内土壤的累积影响

B．重点预测评价建设项目对占地范围外土壤环境敏感目标的累积影响

C．兼顾对占地范围内的土壤的影响预测

D．重点预测评价园区外土壤环境敏感目标的累积影响

139．根据《环境影响评价技术导则 土壤环境（试行）》，建设项目导致土壤（ ）等影响的，可根据土壤环境特征，结合建设项目特点，分析土壤环境可能受到影响的范围和程度。

A．潜育化 B．土地沙漠化 C．沼泽化 D．潴育化

140．可能造成土壤（ ）影响的建设项目，分别选取土壤盐分含量、pH 值等作为预测因子。

A．潴育化 B．盐化 C．酸化 D．碱化

141．二级评价的污染影响型建设项目，占地范围内还应根据（ ）等分析其可能影响的深度。

A．土体构型 B．地下水位埋深 C．土壤质地 D．饱和导水率

142．某项目土壤环境影响评价等级为三级，可采用（ ）进行预测。

A．定性描述 B．类比分析法

C．一维非饱和溶质运移模型 D．综合评分法

143．项目土壤环境影响预测同意评价方法应根据建设项目的（ ）确定。

A．土壤环境敏感度 B．项目类型

C．土壤环境影响类型 D．评价等级

144．可能造成土壤盐化、酸化、碱化影响的建设项目，分别选取（ ）等作为预测因子。

A．特征因子 B．常规因子

C．pH D．土壤盐分含量

145．根据《环境影响评价技术导则 土壤环境（试行）》，以下情况可得出污染影响型建设项目土壤环境影响可接受的结论的是（ ）。

A．项目各不同阶段，土壤环境敏感目标处且占地范围内各评价因子均满足 GB 15618、GB 36600，或附录 D、附录 F 中相关标准要求的

B．生态影响型建设项目各不同阶段，出现土壤盐化的问题，但采取防控措施后，可满足相关标准要求的

C．各不同阶段，土壤环境敏感目标处或占地范围内有个别点位、层位或评价因子出现超标，但采取必要措施后，可满足 GB 15618、GB 36600 或其他土壤

污染防治相关管理规定的

D．各不同阶段，土壤环境敏感目标处或占地范围内各点位、层位或评价因子均未出现超标

146．根据《环境影响评价技术导则　土壤环境（试行）》，以下情况不能得出建设项目土壤环境影响可接受的结论的是（　　）。

A．生态影响型建设项目，未出现或加重土壤盐化、酸化、碱化等问题

B．生态影响型建设项目，土壤盐化对预测评价范围内土壤原有生态功能造成重大不可逆影响

C．化工项目运营期，土壤环境敏感目标处评价因子出现超标，采取必要措施后，仍无法满足土壤污染防治相关管理规定

D．造纸项目占地范围内某个点位评价因子出现超标，采取必要措施后，仍无法满足土壤污染防治相关管理规定

147．土壤中某种物质的输出量主要包括（　　）。

A．淋溶或径流排出　　B．植物吸收量

C．有机物挥发　　D．土壤缓冲消耗

148．关于公式$\Delta S=n(I_S-L_S-R_S)/(\rho_b\times A\times D)$，以下说法正确的是（　　）。

A．涉及大气沉降的，可不考虑L_S、R_S

B．ΔS的单位为g/kg或mmol/kg

C．I_S表示预测评价范围内单位年份表层土壤中某种物质的输入量

D．D一般取0.2 m

149．污染影响型建设项目土壤环境污染源类型包括（　　）。

A．大气沉降　　B．土壤酸化　　C．垂向入渗　　D．地面漫流

150．关于一维非饱和溶质垂向运移控制方程的边界条件的说法正确的有（　　）。

A．边界条件有三类

B．Dirichlet边界条件适用于连续点源和非连续点源情景

C．第一类为Dirichlet边界

D．第二类为Neumann零梯度边界

151．土壤盐化主要影响因素有（　　）。

A．地下水位埋深　　B．干燥度　　C．土壤本底含盐量

D．地下水溶解性总固体　　E．土壤质地

152．某新建化工项目位于半干旱地区，土壤调查发现项目场地土壤含盐量为4.2 g/kg，该土壤盐化级别为（　　）。

A．未盐化　　B．极轻度盐化　　C．轻度盐化　　D．重度盐化

53．关于土壤环境影响评价自查表，以下说法正确的是（　　）。

A．土地利用类型仅需识别建设项目所占土地利用类型

B．评价因子根据现状监测因子确定

C．根据不同土壤环境影响类型选取适当的预测方法并记录，预测方法可根据实际需要多选

D．跟踪监测应按要求确定监测点数、监测指标、监测频次并记录

参考答案

一、单项选择题

1．A 【解析】《环境影响评价技术导则 大气环境》附录 B.6.1 原文："当项目周边 3 km 半径范围内一半以上面积属于城市建成区或者规划区时，选择城市，否则选择农村。"

2．D 【解析】等效排气筒虽然在新的大气导则中没有此方面的要求，但笔者认为其仍属技术方法的内容。据《大气污染物综合排放标准》（GB 16297—1996），两个排放相同污染物（不论其是否由同一生产工艺过程产生）的排气筒，若其距离小于其几何高度之和，应合并视为一根等效排气筒。若有 3 根以上的近距离排气筒，且排放同一种污染物时，应以前两根的等效排气筒，依次与第 3 根、第 4 根排气筒取等效值，等效排气筒的有关参数按下式公式计算：

等效排气筒污染物排放速率计算公式：

$$Q = Q_1 + Q_2$$

式中：Q—— 等效排气筒某污染物排放速率，kg/h；

Q_1，Q_2—— 等效排气筒 1 和排气筒 2 的某污染物的排放速率，kg/h。

等效排气筒高度计算公式：

$$h = \sqrt{\frac{1}{2}\left(h_1^2 + h_2^2\right)}$$

式中：h—— 等效排气筒高度，m；

h_1，h_2—— 排气筒 1 和排气筒 2 的高度，m。

3．C 【解析】$h = \sqrt{\frac{1}{2}\left(24^2 + 30^2\right)} = \sqrt{738} \approx 27.2$（m）

4．B 【解析】要判断本题的答案，首先要知道 SO_2、NO_2 小时平均浓度二级标准值（0.5 mg/m^3 和 0.20 mg/m^3），其次要知道占标率的计算公式。

5．B 【解析】根据《环境影响评价技术导则 大气环境》，二级评价项目不进行进一步预测与评价，只对污染物排放量进行核算；三级评价项目不进行进一步

预测与评价。

6. B 【解析】预测范围应覆盖评价范围，并覆盖各污染物短期浓度贡献值占标率大于 10%的区域。

7. C 【解析】需预测二次污染物的项目，预测范围应覆盖 $PM_{2.5}$ 年平均质量浓度贡献值占标率大于 1%的区域。

8. D 【解析】CALPUFF 适用于模拟岸边熏烟现象污染物浓度。

9. C 【解析】区域光化学网格模型适用于模拟复杂化学反应。

10. D 【解析】烟塔合一源利用 AUSTAL2000 进行进一步预测。

11. A 【解析】EDMS/AEDT 模型适用于机场源进一步预测。

12. B 【解析】ADMS 模型可以模拟建筑物下洗、干湿沉降，包含街道窄谷模型。

13. C 【解析】当项目评价基准年内存在风速≤0.5 m/s 的持续时间超过 72 h 时，应采用 CALPUFF 模型进行进一步模拟。

14. D 【解析】如果存在岸边熏烟，并且估算的最大 1 h 平均质量浓度超过环境质量标准，应采用 CALPUFF 模型进行进一步模拟。

15. C 【解析】当项目近 20 年统计的全年静风（风速≤0.2 m/s）频率超过 35%时，应采用 CALPUFF 模型进行进一步模拟。

16. C 【解析】《环境影响评价技术导则　大气环境》附录 A.2 内容。

17. C 【解析】《环境影响评价技术导则　大气环境》附录 A.2 内容。

18. D 【解析】《环境影响评价技术导则　大气环境》附录 A.2 内容。

19. C 【解析】《环境影响评价技术导则　大气环境》附录 A.2 内容。

20. C 【解析】《环境影响评价技术导则　大气环境》附录 B.2 内容。

21. B 【解析】《环境影响评价技术导则　大气环境》附录 B.3 内容。

22. A 【解析】《环境影响评价技术导则　大气环境》附录 B.3 内容。

23. B 【解析】《环境影响评价技术导则　大气环境》附录 B.4 内容。

24. C 【解析】《环境影响评价技术导则　大气环境》附录 B.5 内容。

25. C 【解析】《环境影响评价技术导则　大气环境》附录 B.6 内容。

26. D 【解析】《环境影响评价技术导则　大气环境》附录 B.6 内容。

27. C 【解析】《环境影响评价技术导则　大气环境》附录 B.6 内容。

28. A 【解析】《环境影响评价技术导则　大气环境》附录 B.6 内容。

29. D 【解析】《环境影响评价技术导则　大气环境》附录 B.6 内容。

30. C 【解析】《环境影响评价技术导则　大气环境》附录 B.3 内容。

31. B 【解析】《环境影响评价技术导则　大气环境》附录 A.2 内容。

32. A 【解析】建设项目 SO_2+NO_2 的年总排放量≥500 t 时，利用 AERMOD、

ADMS 或 CALPUFF 预测 $PM_{2.5}$ 对环境的影响。

33. C 【解析】《环境影响评价技术导则 大气环境》8.6，规划项目 SO_2+NO_2 的年总排放量≥2 000 t 时，采用网格模型预测 $PM_{2.5}$ 对环境的影响；500 t≤SO_2+NO_2＜2 000 t 时，采用 AERMOD、ADMS 或 CALPUFF 预测 $PM_{2.5}$ 对环境的影响。

34. B

35. B 【解析】《环境影响评价技术导则 地表水环境》附录 D 对于盐度比较高的湖泊、水库及入海河口、近岸海域，DO_f =（491−2.65S）/（33.5+T），其中 S 为实用盐度符号，量纲一。

36. A 【解析】《环境影响评价技术导则 地表水环境》附录 E E.2 零维数学模型，E.2.3 狄龙模型。

37. D 【解析】《环境影响评价技术导则 地表水环境》7.6 表 4。

38. B 【解析】《环境影响评价技术导则 地表水环境》E.5 垂向一维数学模型适用于模拟预测水温在面积较小、水深较大的水库或湖泊水体中，除太阳辐射外没有其他热源交换的状况。

39. D 【解析】《环境影响评价技术导则 地表水环境》7.6.3.2 水动力模型及水质模型。a）河流数学模型。河流数学模型选择要求见表 4。

40. D 【解析】《环境影响评价技术导则 地表水环境》7.10.2.2 应覆盖预测范围内的所有与建设项目排放污染物相关的污染源或污染源负荷占预测范围总污染负荷的比例超过 95%。

41. A 【解析】《环境影响评价技术导则 地表水环境》8.3.3.1 直接排放建设项目污染源排放量核算应在满足 8.2.2 的基础上，遵循以下原则要求：c）当受纳水体为河流时，不受回水影响的河段，建设项目污染源排放量核算断面位于排放口下游，与排放口的距离应小于 2 km；受回水影响的河段，应在排放口的上下游设置建设项目污染源排放量核算断面，与排放口的距离应小于 1 km。

42. D 【解析】《环境影响评价技术导则 地表水环境》E.2.1 河流均匀混合模型（200 mg/L×300 m^3/h+ 10 mg/L× 5 000 m^3/h）/（300 m^3/h+ 5 000 m^3/h）=20.75 mg/L。

43. A 【解析】《环境影响评价技术导则 地表水环境》7.7.2 河流水域概化要求：a）预测河段及代表性断面的宽深比≥20 时，可视为矩形河段；b）河段弯曲系数＞1.3 时，可视为弯曲河段，其余可概化为平直河段。

44. A 【解析】《环境影响评价技术导则 地表水环境》E.3.2.1 连续稳定排放。根据河流纵向一维水质模型方程的简化、分类判别条件（即 O'Connor 数 α 和贝克莱数 Pe 的临界值），选择相应的解析解公式。当 α ≤0.027、Pe≥1 时，适用对流降解模型；当 α ≤0.027、Pe＜1 时，适用对流扩散降解简化模型；当 0.027＜α ≤380

时，适用对流扩散降解模型。

45. B 【解析】《环境影响评价技术导则　地表水环境》E.3.2.1 连续稳定排放。根据河流纵向一维水质模型方程的简化、分类判别条件（即 O'Connor 数α和贝克莱数 Pe 的临界值），选择相应的解析解公式。当$\alpha \leqslant 0.027$、Pe$\geqslant$1 时，适用对流降解模型；当$\alpha \leqslant 0.027$、Pe＜1 时，适用对流扩散降解简化模型；当 $0.027 < \alpha \leqslant 380$ 时，适用对流扩散降解模型。

46. A 【解析】《环境影响评价技术导则　地表水环境》7.6 表 5。

47. C 【解析】《环境影响评价技术导则　地表水环境》8.3.3.1 直接排放建设项目污染源排放量核算应在满足 8.2.2 的基础上，遵循以下原则要求：e）遵循地表水环境质量底线要求，主要污染物（化学需氧量、氨氮、总磷、总氮）需预留必要的安全余量。安全余量可按地表水环境质量标准、受纳水体环境敏感性等确定：受纳水体为 GB 3838 Ⅲ类水域，以及涉及水环境保护目标的水域，安全余量按照不低于建设项目污染源排放量核算断面（点位）处环境质量标准的 10%确定（安全余量≥环境质量标准×10%），受纳水体为 GB 3838 Ⅳ、Ⅴ类水域，以及涉及水环境保护目标的水域，安全余量按照不低于建设项目污染源排放量核算断面（点位）处环境质量标准的 8%确定（安全余量≥环境质量标准×8%）。

48. D 【解析】《环境影响评价技术导则　地表水环境》E.3.2.1 连续稳定排放。根据河流纵向一维水质模型方程的简化、分类判别条件（即 O'Connor 数α和贝克莱数 Pe 的临界值），选择相应的解析解公式。$\alpha = kEx/u^2$，Pe= uB/Ex（Ex 是污染物纵向扩散系数，m^2/s，B 是水面宽度）。

49. B 【解析】《环境影响评价技术导则　地表水环境》E.3.2.1 连续稳定排放。当$\alpha \leqslant 0.027$、Pe$\geqslant$1 时，适用对流降解模型：

$$C = C_0 \exp\left(-\frac{kx}{u}\right) = 10\ \text{mg/L} \times \exp\left(-\frac{0.000\,05/\text{s} \times 2\,000\ \text{m}}{1.0\ \text{m/s}}\right) = 10\ \text{mg/L} \times 0.9 = 9\ \text{mg/L}$$

50. D 【解析】《环境影响评价技术导则　地表水环境》E.1 混合过程段长度估算公式：

$$L_m = 0.11 + 0.7\left[0.5 - \frac{a}{B} - 1.1\left(0.5 - \frac{a}{B}\right)^2\right]^{1/2} \frac{uB^2}{E_y}$$

位于河流中心线同侧的排污口，距离岸边距离越近，混合段长度越长。α=0 m，$L_0 = 0.11 + 0.33\dfrac{uB^2}{E_y}$；$L_1$=0.11，据此，距离岸边越近，混合段越长。

51. B 【解析】《环境影响评价技术导则　地表水环境》7.10.1.1 河流、湖库设计水文条件要求：a）河流不利枯水条件宜采用90%保证率最枯月流量或近10年最枯月平均流量；流向不定的河网地区和潮汐河段，宜采用90%保证率流速为零时的低水位相应水量作为不利枯水水量；湖库不利枯水条件应采用近10年最低月平均水位或90%保证率最枯月平均水位相应的蓄水量，水库也可采用死库容相应的蓄水量。其他水期的设计水量则应根据水环境影响预测需求确定。

52．D　【解析】《环境影响评价技术导则　地表水环境》7.8.1.1 水文数据。水文数据应采用水文站点实测数据或根据站点实测数据进行推算，数据精度应与模拟预测结果精度要求匹配。河流、湖库建设项目水文数据时间精度应根据建设项目调控影响的时空特征，分析典型时段的水文情势与过程变化影响，涉及日调度影响的，时间精度宜不小于小时平均。感潮河段、入海河口及近岸海域建设项目应考虑盐度对污染物运移扩散的影响，一级评价时间精度不得低于1 h。

53．C

54．B　【解析】《环境影响评价技术导则　地表水环境》附录E中的E.5。

55．B

56．A　【解析】2017年考题，参考技术方法教材“地下水环境影响评价与防护”中地下水环境影响预测的边界条件相关内容。

57．C　【解析】建设项目地下水环境影响预测方法包括数学模型法和类比分析法。其中，数学模型法包括数值法、解析法等方法。一般情况下，一级评价应采用数值法，不宜概化为等效多孔介质的地区除外；二级评价中水文地质条件复杂且适宜采用数值法时，建议优先采用数值法；三级评价可采用解析法或类比分析法。

58．B　【解析】非正常状况下，预测源强可根据工艺设备或地下水环境保护措施因系统老化或腐蚀程度等设定。

59．D　【解析】选项D的内容是旧导则的要求，对于2016年版的导则，不管是哪级评价，预测所需的包气带垂向渗透系数、含水层渗透系数、给水度等参数初始值的获取应以收集评价范围内已有水文地质资料为主，不满足预测要求时需通过现场试验获取。

60．A

61．C　【解析】《环境影响评价技术导则　地下水环境》附录D中的D.1.1。

62．A　63．B

64．B　【解析】标准指数>1，表明该水质因子已超标，标准指数越大，超标越严重。

65．B　66．D　67．A

68．A　【解析】《环境影响评价技术导则　地下水环境》附录D中D.2.1。

69．D　【解析】参考技术方法教材中“地下水环境影响预测”相关内容。

70．A　71．B　72．D　73．C

74．B　【解析】《环境影响评价技术导则　地下水环境》9.2.3 中，当建设项目场地天然包气带垂向渗透系数小于 1.0×10^{-6} cm/s 或厚度超过 100 m 时，预测范围应扩展至包气带。

75．A

76．A　【解析】《环境影响评价技术导则　地下水环境》8.6.1 中，机场项目还应给出评价范围内不同声级范围覆盖下的面积。

77．B　【解析】此题是一个噪声级（分贝）的相加问题。用公式法相加。

$$L = 10\lg(10^{84/10} + 10^{82/10} + 10^{86/10} + 10^{89/10}) = 10\lg 1\,602\,113\,367.7 = 92\ \text{(dB)}$$

78．C　【解析】参考技术方法教材“声环境影响预测与评价”中“噪声源的几何发散”的相关内容。

79．D　【解析】由于 73－72＝1（dB），则另一声源声压级＝72－6＝66（dB）。

80．C

81．B　【解析】根据点声源衰减公式 $\Delta L = 20\lg(r/r_0)$，$100-60=20\lg(r/1)$，r=100 m。

82．A　83．D

84．C　【解析】根据题中给的条件按点源处理。L（30）=L（3）－20 lg（30/3）= 85－20×1=65（dB）。

85．D　【解析】要达标，则衰减值应为 30 dB，30=20lg（r/3），$r \approx 95$（m）。

86．C　【解析】此题是一个噪声级（分贝）的相加问题。有两种方法解此题，一种是通过查表法，查表法在考试时不提供，但有两个数字是需记住，一是声压级差为 0 时（相同的声压级），增值 3 dB；二是两声压级差为 6 时，增值 1 dB，从题中可知只有 C 选项符合题干。另一种是用公式法计算。

$$L = 10\lg(10^{66/10} + 10^{60/10}) = 10\lg(10^{6.6} + 10^{6}) = 10\lg 4981071.7 = 67\ \text{(dB)}$$

87．C　【解析】根据点声源衰减公式计算：20 lg（r_1/r_2）=20 lg（10/30）=－20 lg 3=－9.5 dB。

88．D　【解析】2020 年考题。参考技术方法教材中声环境影响预测与评价中的机场飞机噪声环境影响评价相关内容；针对项目不同运行阶段，依据《机场周围飞机噪声环境标准》（GB 9660—88）评价 WECPNL 评价量 70 dB、75 dB、80 dB、85 dB、90 dB 等值线范围内各敏感目标（城镇、学校、医院、集中生活区等）的数目和受影响人口的分布情况。

89．D　【解析】当 $r/l < 1/10$ 时，可视为无限长线声源，其计算公式为：10 lg

（r_1/r_2）=10 lg（10/30）= − 10 lg3= − 4.8 dB。

90. A 【解析】该题是一个有限长线声源的题目。按《环境影响评价技术导则 声环境》有3种简化计算方式。当 $r < l_0/3$ 且 $r_0 < l_0/3$ 时，按无限长线声源处理。此题 20 < 500/3 且 40 < 500/3，因此可按无限长线声源衰减公式计算：居民楼的声压级 L_p（40）=L_p（20）− 10lg（40/20）=90 − 3=87（dB）。

91. C 【解析】该题也是一个有限长线声源的题目。按《环境影响评价技术导则 声环境》，当 $r > l_0$ 且 $r_0 > l_0$ 时，按点声源处理。此题 600 > 500 且 1 200 > 500，因此可按点声源衰减公式计算：该疗养院的声压级 L_p（1 200）=L_p（600）− 20×lg（1 200/600）=70 − 6=64（dB）。

92. B 【解析】该题也是一个有限长线声源的题目。按《环境影响评价技术导则 声环境》，当 $l_0/3 < r < l_0$ 且 $l_0/3 < r_0 < l_0$ 时，按 $L_p(r) = L_p(r_0) - 15\lg(r/r_0)$ 计算。此题 600/3 < 250 < 600 且 600/3 < 500 < 600，因此可按上述公式计算：该居民楼的声压级 L_p（500）=L_p（250）− 15lg（500/250）=65 − 4.5=60.5（dB）。

93. D 【解析】2 r 处比 r 处衰减值为 3 dB，符合无限长线声源的计算公式。

94. C 【解析】$L_{w2}=L_2$（T）+10 lg$S$=90 − 15+10 lg20=88 dB（A）。

95. A　96. B　97. C　98. D　99. B

100. A 【解析】

第一步：据噪声合成公式（此公式是要记住的）计算合成声压级：

$$L_{P_T} = 10\lg\left(\sum_{i=1}^{n} 10^{\frac{L_{P_i}}{10}}\right)$$（跟参考教材是一样的，只是表达不同）

式中：L_{P_T}——某预测点叠加后的总声压级，dB（A）；

L_{P_i}——i 声源对某预测点的贡献声压级，dB（A）。

此题只是计算锅炉房3台风机合成后的贡献噪声级。

表3　新增设备噪声等级及合成声压级

噪声源	声源设备名称	台数	噪声等级/dB（A）	合成声压级/dB（A）
车间A	印花机	1套	85	85
锅炉房	风机	3台	90	94.77

第二步：根据题中给的公式，预测各受声点的噪声值。

比如车间A在厂界东160 m处的声压级=85 − 20×lg 160 − 8 − 10=22.9 dB（A）

锅炉房在厂界东250 m处的声压级=94.77 − 20×lg 250 − 8 − 10= 28.8 dB（A）

其他两个值以此类推。

第三步：计算厂界东和厂界南受车间A印花机和锅炉房风机的共同影响的合成

声压贡献值，29.79 是由 22.9 和 28.8 合成计算的，41.6 是由 31.4 和 41.2 合成的。

表 4　噪声预测结果

预测值/dB（A） 噪声源	厂界东	厂界南
	离声源距离/m	
车间 A	160	60
	22.9	31.4
锅炉房	250	60
	28.8	41.2
贡献累积值	29.79	41.63

第四步：叠加背景值与标准对比。比如厂界东叠加背景值的 59.80 dB（A）是由现状值 59.8 dB（A）和预测贡献值 29.79 dB（A）相加而成。

表 5　建设项目建设前后受声点噪声值　　单位：dB（A）

时段	受声点	现状值	贡献值	叠加值	是否超标
昼间	厂界东	59.8	29.79	59.80	不超标
	厂界南	53.7	41.63	53.96	不超标
夜间	厂界东	41.3	29.79	41.60	不超标
	厂界南	49.7	41.63	50.33	超标

2 类区域执行昼间 60 dB（A），夜间 50 dB（A）。

说明：此题是一个实例环评的简化，只用了两个公式，一是相加的公式，一是题目给的随距离衰减的公式（比教材稍复杂，接近实务）。但只要掌握了上述基本方法，即使预测的公式可能有不同，思路也基本一致。

如果题中没有给出点声源衰减公式，那就按教材中给出的点声源衰减公式计算，此公式是要求记住的。

101．A　【解析】同 100 题。

102．B　【解析】同 100 题。

103．C　【解析】同 100 题。

104．C　【解析】《环境影响评价技术导则　生态环境》附录 D.2 中，调查样方、样线、点位、断面等布设图、生态监测布点图、生态保护措施平面布置图、生态保护措施设计图等应结合实际情况选择适宜的比例尺，一般为 1∶10 000～1∶2 000。

105．D　【解析】《环境影响评价技术导则　生态环境》附录 D.1 中，生态影响评价图件基础数据应满足生态影响评价的时效性要求，选择与评价基准时段相匹配的数据源。当图件主题内容无显著变化时，制图数据源的时效性要求可在无显著变化期内适当放宽，但必须经过现场勘验校核。

106. A 【解析】Simpson优势度指数计算公式为：

$$D = 1 - \sum_{i=1}^{s} P_i^2$$

107. A 【解析】生物多样性指数采用香农-威纳指数表征，其计算公式为：

$$H = -\sum_{i=1}^{s} P_i \ln P_i$$

式中，H 表示香农-威纳多样性指数，S 表示调查区域内物种种类总数，P_i 表示为调查区域内属于第 i 种的个体的比例。

108. B 【解析】《环境影响评价技术导则　生态环境》附录D.2中，生态影响评价制图应采用标准地形图作为工作底图，精度不低于工程设计的制图精度，比例尺一般在1∶50 000以上。

109. D 110. D

111. C 【解析】《环境影响评价技术导则　生态环境》8.2 三级评价可采用图形叠置法、生态机理分析法、类比分析法等预测分析工程对土地利用、植被、野生动植物等的影响。

112. C 113. B 114. B 115. B

116. D 【解析】香农-威纳指数用以表达生物多样性的一种方法，在香农-威纳多样性指数计算公式中，包含两个因素影响生物多样性的大小：① 种类数目，即丰富度；② 种类中个体分配上的平均性或均匀性。种类数目多，可增加多样性；同样，种类之间个体分配的均匀性增加也会使多样性提高。

117. B 【解析】生物多样性是生物（动物、植物、微生物）与环境形成的生态复合体以及与此相关的各种生态过程的总和，包括生态系统、物种和基因三个层次。

118. D 119. B

120. C 【解析】参考《土壤侵蚀分类分级标准》中水力侵蚀强度分级表。

121. B 【解析】参考《土壤侵蚀分类分级标准》中风力侵蚀强度分级表。

122. C 【解析】参考《土壤侵蚀分类分级标准》中各侵蚀类型区容许土壤流失量。

123. C 124. D

125. C 【解析】参考技术方法教材。第一种方法考虑化学耗氧量、总氮、总磷和叶绿素a，当营养指数大于4时，认为海水达到富营养化；第二种方法考虑化学耗氧量、溶解无机氮、溶解无机磷，当营养指数大于1时，认为水体富营养化。

126. B 【解析】参考技术方法教材。TP浓度 $< 10\ mg/m^3$，为贫营养；$10 \sim 20\ mg/m^3$，为中营养；$> 20\ mg/m^3$，为富营养。

127. C 【解析】TSI＜40，为贫营养；40～50，为中营养；＞50，为富营养。

128. C　【解析】参考技术方法教材中生态影响预测与评价的相关内容。

129. A　【解析】《环境影响评价技术导则　生态环境》附录 C.1，列表清单法可应用于（1）进行开发建设活动对生态因子的影响分析；（2）进行生态保护措施的筛选；（3）进行物种或栖息地重要性或优先度比选。

130. B　【解析】《环境影响评价技术导则　生态环境》附录 C.7，物种多样性常用的评价指标包括物种丰富度、香农-威纳多样性指数、Pielou 均匀度指数、Simpson 优势度指数等。

131. A　【解析】《环境影响评价技术导则　生态环境》附录 C.10，基于最大熵模型（maximum entropy model，MaxEnt），可以在分布点相对较少的情况下获得较好的预测结果，是目前使用频率最多的物种分布模型之一。

132. D　【解析】《环境影响评价技术导则　生态环境》附录 C.3，指数法应用于: ①生态因子单因子质量评价; ②生态多因子综合质量评价; ③生态系统功能评价。

133. A　134. D　135. A　136. B

137. D　【解析】垃圾填埋场渗滤液通常可根据填埋场“年龄”分为两大类: ①“年轻”填埋场（填埋时间在 5 年以下）渗滤液的水质特点是，pH 值较低，BOD_5 和 COD 浓度较高，色度大，且 BOD_5/COD 的比值较高，同时各类重金属离子浓度也较高（因为较低的 pH 值）；②“年老”的填埋场（填埋时间一般在 5 年以上）渗滤液的主要水质特点是，pH 值接近中性或弱碱性（一般在 6～8），BOD_5 和 COD 浓度较低，且 BOD_5/COD 的比值较低，而 NH_4^+-N 的浓度高，重金属离子浓度则开始下降（因为此阶段 pH 值开始下降，不利于重金属离子的溶出），渗滤液的可生化性差。

138. B

139. B　【解析】参考技术方法教材固体废物环境影响评价相关内容，城市生活垃圾填埋场产生的气体主要为甲烷和二氧化碳，另外还含有少量的一氧化碳、氢、硫化氢、氨、氮和氧等，接收工业废物的城市生活垃圾填埋场其气体中还可能含有微量挥发性有毒气体。

140. A　141. A　142. A　143. D　144. A　145. D　146. C　147. A

148. A　【解析】《环境影响评价技术导则　土壤环境（试行）》“8.2 预测评价范围一般与现状调查评价范围一致。”

149. B　【解析】《环境影响评价技术导则　土壤环境（试行）》“8.1.3 应重点预测评价建设项目对占地范围外土壤环境敏感目标的累积影响，并根据建设项目特征兼顾对占地范围内的影响预测。”

150. B　【解析】《环境影响评价技术导则　土壤环境（试行）》“8.1.4 土壤环境影响分析可定性或半定量地说明建设项目对土壤环境产生的影响及趋势。”

151. B　【解析】《环境影响评价技术导则　土壤环境（试行）》“8.1.5 建设

项目导致土壤潜育化、沼泽化、潴育化和土地沙漠化等影响的，可根据土壤环境特征，结合建设项目特点，分析土壤环境可能受到影响的范围和程度。”

152. D 【解析】《环境影响评价技术导则　土壤环境（试行）》“8.3 根据建设项目土壤环境影响识别结果，确定重点预测时段。”

153. B 【解析】《环境影响评价技术导则　土壤环境（试行）》“8.5.1 污染影响型建设项目应根据环境影响识别出的特征因子选取关键预测因子。”

154. A 【解析】《环境影响评价技术导则　土壤环境（试行）》“8.7.3 污染影响型建设项目，其评价工作等级为一级、二级的，预测方法可参见附录 E 或进行类比分析。”

155. D 【解析】参见《环境影响评价技术导则　土壤环境（试行）》附录 F 的 F.2。

156. D 【解析】《环境影响评价技术导则　土壤环境（试行）》“8.8.1 以下情况可得出建设项目土壤环境影响可接受的结论：a）建设项目各不同阶段，土壤环境敏感目标处且占地范围内各评价因子均满足 8.6 中相关标准要求的。”

157. A 【解析】《环境影响评价技术导则　土壤环境（试行）》附录“E.2.1 本方法适用于某种污染物以点源形式垂直进入土壤环境的影响预测，重点预测污染物可能影响到的深度。”

158. C 【解析】《环境影响评价技术导则　土壤环境（试行）》附录“E.1.2 可通过工程分析计算土壤中某种物质的输入量；涉及大气沉降影响的，可参照 HJ 2.2 相关技术方法给出。”

159. B 【解析】《环境影响评价技术导则　土壤环境（试行）》附录“E.1.3 单位质量土壤中某种物质的预测值可根据其增量叠加现状值进行计算。”

160. A 【解析】《环境影响评价技术导则　土壤环境（试行）》附录“E.1.3 ρ_b——表层土壤容重，kg/m^3。”

161. B 【解析】《环境影响评价技术导则　土壤环境（试行）》附录“E.1.3 I_S——单位年份表层土壤中某种物质的输入量，g；L_S——单位年份表层土壤中某种物质经淋溶排出的量，g；R_S——单位年份表层土壤中某种物质经径流排出的量，g。”

162. B 【解析】参见《环境影响评价技术导则　土壤环境（试行）》附录 E.1.1。

163. A 【解析】参见《环境影响评价技术导则　土壤环境（试行）》附录 E.2.1。

164. B 【解析】《环境影响评价技术导则　土壤环境（试行）》附录“E.1.3 BC_{pH}——缓冲容量，mmol/（kg·pH）。”

165. D 【解析】《环境影响评价技术导则　土壤环境（试行）》附录“F.1 W_{x_i}——影响因素 i 指标权重。”

166. C 【解析】参见《环境影响评价技术导则　土壤环境（试行）》附录 F.3。

167. B　【解析】《建设项目环境风险评价技术导则》9.1.1.2，一般计算点的设置应具有一定分辨率，距离风险源 500 m 范围内可设置 10 ~ 50 m 间距，大于 500 m 范围内可设置 50 ~ 100 m 间距。

168. C　【解析】《建设项目环境风险评价技术导则》9.1.1.4，最不利气象条件取 F 类稳定度，1.5 m/s 风速，温度 25℃，相对湿度 50%。

169. C　【解析】参见《建设项目环境风险评价技术导则》9.1.1.5。

170. B　【解析】《建设项目环境风险评价技术导则》9.1.1.6，对于存在极高大气环境风险的建设项目，应开展关心点概率分析，即有毒有害气体（物质）剂量负荷对个体的大气伤害概率、关心点处气象条件的频率、事故发生概率的乘积，以反映关心点处人员在无防护措施条件下受到伤害的可能性。

171. B　【解析】参见《建设项目环境风险评价技术导则》附录 C。

二、不定项选择题

1. ABCD　【解析】参见《环境影响评价技术导则　大气环境》附录 C.4 内容。
2. ACD　【解析】参见《环境影响评价技术导则　大气环境》附录 C.4 内容。
3. ABCD　【解析】参见《环境影响评价技术导则　大气环境》附录 C.4 内容。
4. ABC　【解析】参见《环境影响评价技术导则　大气环境》附录 C.4 内容。
5. ABCD　【解析】参见《环境影响评价技术导则　大气环境》附录 C.4 内容。
6. ABCD　【解析】参见《环境影响评价技术导则　大气环境》附录 C.4 内容。
7. ABCD　【解析】参见《环境影响评价技术导则　大气环境》附录 C.4 内容。
8. ABCD　【解析】参见《环境影响评价技术导则　大气环境》附录 A.2 内容。
9. ABD　【解析】参见《环境影响评价技术导则　大气环境》附录 A.2 内容。
10. ABCD　【解析】参见《环境影响评价技术导则　大气环境》附录 A.2 内容。
11. C　【解析】参见《环境影响评价技术导则　大气环境》附录 A.2 内容。
12. ABCD　【解析】参见《环境影响评价技术导则　大气环境》附录 A.1 内容。
13. ABC　【解析】参见《环境影响评价技术导则　大气环境》附录 A.1 内容。
14. AB　【解析】参见《环境影响评价技术导则　大气环境》附录 A.1 内容。
15. ABCD　【解析】该项目 $SO_2+NO_x \geqslant 500$ t/a，$NO_x+VOC_s \geqslant 2\,000$ t/a，因此需要预测 $PM_{2.5}$ 和 O_3，基本污染物均需进行预测。
16. B　【解析】参见《环境影响评价技术导则　大气环境》附录 A.2 内容。
17. AC　【解析】根据《环境影响评价技术导则　大气环境》，预测范围应覆盖评价范围，并覆盖各污染物短期浓度贡献值占标率大于 10%的区域，对于经判定需预测二次污染物的项目，预测范围应覆盖 $PM_{2.5}$ 年平均质量浓度贡献值占标率大于 1%的区域。

18. AC 【解析】参见《环境影响评价技术导则 大气环境》8.7.6表5内容。

19. BC 【解析】参见《环境影响评价技术导则 大气环境》8.7.6表5内容。

20. AC 【解析】根据《环境影响评价技术导则 大气环境》，编制环境影响报告书的水泥项目，评价等级应提高一级，因此，本项目为一级评价项目。一级评价项目应采用进一步预测模型开展大气环境影响预测与评价；二级评价项目不进行进一步预测与评价，只对污染物排放量进行核算。

21. BC 【解析】达标区域预测值计算方法为$C_{叠加}=C_{本项目}-C_{区域削减}+C_{拟在建}+C_{现状}$，非达标区预测值计算方法为$C_{叠加}=C_{本项目}-C_{区域削减}+C_{拟在建}+C_{规划}$。

22. ABCD 【解析】参见《环境影响评价技术导则 大气环境》8.7.6表5内容。

23. BCD

24. AB 【解析】污染物排放量核算包括本项目的新增污染源及改、扩建污染源。

25. ACD 【解析】参见《环境影响评价技术导则 大气环境》8.7.6预测内容与评价要求。

26. BC 【解析】根据《环境影响评价技术导则 大气环境》，对于项目厂界浓度超过大气污染物厂界浓度限值的，应要求削减排放源强或调整工程布局，待满足厂界浓度限值后，再核算大气环境防护距离。

27. ABCD 【解析】根据《环境影响评价技术导则 大气环境》，基本信息底图应包括评价范围内的环境功能区划、环境空气保护目标、项目位置、监测点位以及图例、比例尺、基准年风频玫瑰图等要素。

28. AB 【解析】基本信息图内容应在基本信息底图上标识，应标注项目边界、总平面布置、大气排放口位置等信息。

29. ABCD 【解析】列表给出各环境空气保护目标及网格最大浓度点主要污染物现状浓度、贡献浓度、叠加现状浓度后保证率日平均质量浓度和年平均质量浓度、占标率、是否达标等评价结果。

30. AB 【解析】包括叠加现状浓度后主要污染物保证率日平均质量浓度分布图和年平均质量分布图。网格浓度分布图的图例间距一般按相应标准值的5%～100%进行设置。如果某种污染物环境空气质量超标，还需在评价报告及浓度分布图上标示超标范围与超标面积，以及与环境空气保护目标的相对位置关系等。

31. ABCD 【解析】参见《环境影响评价技术导则 大气环境》8.9评价结果表达。

32. ABCD 【解析】参见《环境影响评价技术导则 大气环境》8.9评价结果表达。

33. ABC　【解析】参见《环境影响评价技术导则　大气环境》8.9 评价结果表达。

34. ABC 【解析】《环境影响评价技术导则　大气环境》附录 B 的 B.3，AERMOD 和 ADMS 地面气象数据所需的要素有风向、风速、干球温度和总云量。

35. AD 【解析】AERSCREEN 用于等级判定，若为一级评价项目，还需用到 CALPUFF。

36. ABCD　37. ABCD　38. ABCD　39. ABCD　40. BC　41. A　42. ABCD

43. ABCD 【解析】参见《环境影响评价技术导则　大气环境》附录 C 的 C.5.9。

44. ABC　45. ABCD

46. ABCD 【解析】《环境影响评价技术导则　大气环境》附录 C.1.2 原文："C.1.2 地形图　应标示地形高程、项目位置、评价范围、主要环境保护目标、比例尺、图例、指北针等。"

47. AD

48. BC 【解析】】《环境影响评价技术导则　大气环境》附录 B.6，AERMOD 和 ADMS 网格点间距可以采用等间距或近密远疏法进行设置。

49. ABCD　【解析】《环境影响评价技术导则　地表水环境》7.5.2 水污染影响型建设项目，主要包括：a）各关心断面（控制断面、取水口、污染源排放核算断面等）水质预测因子的浓度及变化；b）到达水环境保护目标处的污染物浓度；c）各污染物最大影响范围；d）湖泊、水库及半封闭海湾等，还需关注富营养化状况与水华、赤潮等；e）排放口混合区范围。

50. ABCD　【解析】《环境影响评价技术导则　地表水环境》7.5.3 水文要素影响型建设项目，主要包括：河流、湖泊及水库的水文情势预测分析主要包括水域形态、径流条件、水力条件以及冲淤变化等内容，具体包括水面面积、水量、水温、径流过程、水位、水深、流速、水面宽、冲淤变化等，湖泊和水库需要重点关注湖库水域面积或蓄水量及水力停留时间等因子。

51. ABCD　【解析】《环境影响评价技术导则　地表水环境》8.2.1 区（流）域水环境质量限期达标规划和替代源的削减方案要求、区（流）域环境质量改善目标要求及行业污染防治可行技术指南中最佳可行技术要求，确保废水污染物达到最低排放强度和排放浓度，且环境影响可以接受。

52. AB　【解析】《环境影响评价技术导则　地表水环境》7.6.1 地表水环境影响预测模型包括数学模型、物理模型。7.6.2 数学模型包括：面源污染负荷估算模型、水动力模型、水质（包括水温及富营养化）模型等，可根据地表水环境影响预测的需要选择。估算模型是干扰项，属于数学模型中的一种。

53. ABC　【解析】《环境影响评价技术导则　地表水环境》7.3 预测时期。

水环境影响预测的时期应满足不同评价等级的评价时期要求。水污染影响型建设项目，水体自净能力最不利以及水质状况相对较差的不利时期、水环境现状补充监测时期应作为重点预测时期；水文要素影响型建设项目，以水质状况相对较差或对评价范围内水生生物影响最大的不利时期为重点预测时期。

54. ABCD 【解析】《环境影响评价技术导则 地表水环境》7.10.2.1 根据预测情景，确定各情景下建设项目排放的污染负荷量，应包括建设项目所有排放口（涉及一类污染物的车间或车间处理设施排放口、企业总排口、雨水排放口、温排水排放口等）的污染物源强。

55. AB 【解析】《环境影响评价技术导则 地表水环境》7.4.2 生产运行期应预测正常排放、非正常排放两种工况对水环境的影响，如建设项目具有充足的调节容量，可只预测正常排放对水环境的影响。

56. ABCD 【解析】《环境影响评价技术导则 地表水环境》7.11.1 水动力及水质模型参数包括水文及水力学参数、水质（包括水温及富营养化）参数等。其中水文及水力学参数包括流量、流速、坡度、糙率等；水质参数包括污染物综合衰减系数、扩散系数、耗氧系数、复氧系数、蒸发散热系数等。

57. ABCD

58. ABD 【解析】《环境影响评价技术导则 地表水环境》7.10.1.2 感潮河段、入海河口的上游水文边界条件参照 7.10.1.1 的要求确定，下游水位边界的确定，应选择对应时段潮周期作为基本水文条件进行计算，可取保证率为 10%、50%和90%潮差，或上游计算流量条件下相应的实测潮位过程。

59. ACDE 【解析】《环境影响评价技术导则 地表水环境》7.12.1 预测点位设置要求：7.12.1.1 应将常规监测点、补充监测点、水环境保护目标、水质水量突变处及控制断面等作为预测重点。

60. ABC 【解析】《环境影响评价技术导则 地表水环境》8.1.1 一级、二级、水污染影响型三级 A 及水文要素影响型三级评价。主要评价内容包括：a）水污染控制和水环境影响减缓措施有效性评价；b）水环境影响评价。8.1.2 水污染影响型三级 B 评价。主要评价内容包括：a）水污染控制和水环境影响减缓措施有效性评价；b）依托污水处理设施的环境可行性评价。

61. ABCDE 【解析】根据《环境影响评价技术导则 地表水环境》附录 H 建设项目地表水环境影响评价自查表。

62. AB 【解析】建设项目地下水环境影响预测方法包括数学模型法和类比分析法。其中，数学模型法包括数值法、解析法等方法。

63. ABD

64. CD 【解析】2016年考题，参考技术方法教材“地下水环境影响评价与防护”中地下水污染源正常渗透量计算的相关内容。

65. AD

66. ACD 【解析】一般情况下，一级评价应采用数值法，不宜概化为等效多孔介质的地区除外；二级评价中水文地质条件复杂且适宜采用数值法时，建议优先采用数值法；三级评价可采用解析法或类比分析法。

67. BCD

68. BCD 【解析】水文地质条件概化是根据调查评价区和场地环境水文地质条件，对边界性质、介质特征、水流特征和补径排等条件进行概化。

69. ABD 【解析】污染源概化包括排放形式与排放规律的概化。根据污染源的具体情况，排放形式可以概化为点源、线源、面源；排放规律可以简化为连续恒定排放或非连续恒定排放以及瞬时排放。

70. CD 【解析】地下水环境影响预测未包括环境质量现状值时，应叠加环境质量现状值后再进行评价；应评价建设项目对地下水水质的直接影响，重点评价建设项目对地下水环境保护目标的影响。

71. AB

72. ABCD 【解析】参考技术方法教材“地下水环境影响评价与防护”中地下水环境影响预测的相关内容。判断模型识别与验证的依据主要有：模拟的地下水流场要与实际地下水流场基本一致、模拟地下水的动态过程要与实测的动态过程基本相似，从均衡的角度出发，模拟的地下水均衡变化要与实际要素基本相符且识别的水文地质参数要符合实际水文地质条件。

73. ACD 【解析】参考技术方法教材“地下水环境影响评价与防护”中污染物在地下水中的迁移与转化的相关内容。产生水动力弥散的原因主要有：首先，浓度场作用下存在质点的分子扩散运动；其次，在微观上，孔隙结构的非均质性和孔隙通道的弯曲性导致了污染物的弥散现象；最后，孔隙介质宏观上的非均质性加剧了弥散现象。

74. BC 【解析】参见《环境影响评价技术导则　地下水环境》9.5预测因子。

75. ABCD 【解析】参考技术方法教材“地下水环境影响评价与防护”中地下水运动的相关内容。

76. ABCD

77. CE 【解析】《环境影响评价技术导则　地下水环境》9.5预测因子中，现有工程已经产生的且改、扩建后将继续产生的特征因子，改、扩建后新增加的特征因子。

78. ABC 【解析】《环境影响评价技术导则　地下水环境》9.6，非正常状况下，预测源强可根据地下水环境保护设施或工艺设备的系统老化或腐蚀程度等设定。

79. BCE 【解析】《环境影响评价技术导则 地下水环境》9.9，预测内容包括：①给出特征因子不同时段的影响范围、程度、最大迁移距离；②给出预测期内建设项目场地边界或地下水环境保护目标处特征因子随时间的变化规律；③当建设项目场地天然包气带垂向渗透系数小于 1.0×10^{-6}cm/s 或厚度超过 100 m 时，须考虑包气带阻滞作用，预测特征因子在包气带中的迁移规律；④污染场地修复治理工程项目应给出污染物变化趋势或污染控制的范围。

80. AC 【解析】《环境影响评价技术导则 地下水环境》附录 C 中的 C.1A 抽水试验。抽水试验的目的是确定含水层的导水系数、渗透系数、给水度、影响半径等水文地质参数，也可以通过抽水试验查明某些水文地质条件，如地表水与地下水之间及含水层之间的水力联系，以及边界性质和强径流带位置等。

81. BC 82. ABCD 83. ABD 84. ABC 85. BD 86. ABC

87. ACE 【解析】《环境影响评价技术导则 声环境》8.2.2 声级的计算。

88. AC 【解析】根据《建设项目环境保护分类管理名录》第三条，名录中环境敏感区是指依法设立的各级各类保护区域和建设项目产生的环境影响特别敏感的区域，主要包括：（1）国家公园、自然保护区、风景名胜区、世界文化和自然遗产地、海洋特别保护区、饮用水水源保护区；（2）除（1）外的生态保护红线管控范围，永久基本农田、基本草原、自然公园（森林公园、地质公园、海洋公园等）、重要湿地、天然林，重点保护野生动物栖息地，重点保护野生植物生长繁殖地，重要水生生物的自然产卵场、索饵场、越冬场和洄游通道，天然渔场，水土流失重点预防区和重点治理区、沙化土地禁封保护区、封闭及半封闭海域；（3）以居住、医疗卫生、文化教育、科研、行政办公为主要功能的区域，以及文虎保护单位。

89. ABCD 【解析】《环境影响评价技术导则 生态影响》C.6，在生态系统质量评价中使用系统分析的具体方法有专家咨询法、层次分析法、模糊综合评判法、综合排序法、系统动力学、灰色关联等方法。

90. BD 【解析】三级评价可采用定性描述或面积、比例等定量指标，重点对评价范围内的土地利用现状、植被现状、野生动植物现状等进行分析，编制土地利用现状图、植被类型图、生态保护目标分布图等图件。

91. ABCE 【解析】《环境影响评价技术导则 生态影响》C.7，物种多样性常用评价指标包括物种丰富度、香农-威纳多样性指数、Pielou 均匀度指数、Simpson 优势度指数等。

92. BC 【解析】根据《环境影响评价技术导则 生态影响》8.2.1，“通过引起地表沉陷或改变地表径流、地下水水位、土壤理化性质等方式对植被产生影响的，采用生态机理分析法、类比分析法等方法分析植物群落的物种组成、群落结构等变化情况。”。

93．ABCDE 【解析】根据《环境影响评价技术导则 生态影响》C.9，常用的景观指数包括斑块类型面积、斑块所占景观面积比例、最大斑块指数、香农多样性指数、蔓延度指数、散布与并列指数、聚集度指数。

94．ABCDE 【解析】生态影响预测与评价常用的方法，包括列表清单法、图形叠置法、生态机理分析法、景观生态学法、指数法与综合指数法、类比分析法、系统分析法和生物多样性评价等。

95．ABCD 【解析】参考技术方法教材“生态影响预测与评价”中“生态影响预测与评价的方法与应用”的相关内容。

96．ABCD 【解析】物种分布模型是基于物种分布信息和对应的环境变量数据对物种潜在分布区进行预测的模型，广泛应用于濒危物种的保护、保护区规划、入侵物种控制及气候变化对生物分布区影响预测等领域。

97．ABCDE

98．ABCD

99．ABC 100．ACD 101．CD 102．ABC

103．ACD 【解析】单因子指数法可进行生态因子的预测评价，如以评价区现状植被盖度为评价标准，可评价建设项目建成后植被盖度的变化率。权重赋予一般都是据专业、专家判断，不同人赋予值有所差异。

104．ABCDE 105．ABD

106．ABDE 【解析】类比分析法是一种比较常用的定性和半定量评价方法，一般有生态整体类比、生态因子类比和生态问题类比等。选项C的正确说法是：进行生态影响的定性分析与评价。

107．AC 【解析】2019年考题，参考技术方法教材“生态影响预测与评价”中营养状况指数法预测富营养化的相关内容。Carlson根据透明度、总磷和叶绿素a三个指标发展了一种简单的营养状况指数（TSI）。

108．BCD

109．ACD 【解析】香农-威纳指数主要用以比较不同群落生物多样性大小。H超大，说明该群落生物多样性越高。

110．ABC

111．ABCE 【解析】为便于分析和采取对策，要将生态影响划分为：有利影响和不利影响，可逆影响与不可逆影响，近期影响与长期影响，一次影响与累积影响，明显影响与潜在影响，局部影响与区域影响。

112．ABCDE

113．ABCE 【解析】决定某一拼块类型在景观中的优势，也称优势度值（D_0）。

优势度值由密度（R_d）、频率（R_f）和景观比例（L_p）3 个参数计算得出。

114. ABDE 【解析】通用水土流失方程式 $A=R \cdot K \cdot L \cdot S \cdot C \cdot P$ 中，R——降雨侵蚀力因子；K——土壤可蚀性因子；L——坡长因子；S——坡度因子；C——植被和经营管理因子；P——水土保持措施因子。

115. ACE 【解析】水体富营养化主要指人为因素引起的湖泊、水库中氮、磷增加对其水生生态产生不良的影响。富营养化是一个动态的复杂过程。一般认为，水体磷的增加是导致富营养化的主因，但富营养化也与氮含量、水温及水体特征有关。

116. ABCD 【解析】参考技术方法教材中生态影响预测与评价的相关内容。

117. ABD 118. ACD 119. BD

120. ABCD 【解析】《环境影响评价技术导则 生态影响》8.2.2 中矿产资源开发项目应对开采造成的植物群落及植被覆盖度变化、重要物种的活动、分布及重要生境变化以及生态系统结构和功能变化、生物多样性变化等开展重点预测与评价。

121. BD 122. ABE

123. ABCD 【解析】参考技术方法教材中生态影响预测与评价的相关内容。

124. ACDE 【解析】参考技术方法教材中生态影响预测与评价内容中填埋场渗滤液中污染物迁移转化的三个公式。

125. ABDE 126. ABCDE 127. ACD 128. BE 129. CD 130. ABCD

131. ABDE 【解析】运行中的垃圾填埋场对环境的主要影响有 8 点，一定要记住，要写得出来！这 8 点归纳起来应从水（地表径流、地下水）、气、声、景观、地质、疾病、健康和安全、二次固废（塑料袋、尘土）关键词去记，然后联想，用自己的语言去表达，中心思想不会相差太大。

132. BCDE 133. AC 134. BCD

135. ABC 【解析】参考技术方法教材生态影响预测与评价中垃圾填埋场环境影响评价的污染物排放强度相关内容。

136. ABC 【解析】参考技术方法教材生态影响预测与评价中垃圾填埋场环境影响评价的渗滤液对地下水影响预测相关内容。

137. ABCD

138. BC 【解析】《环境影响评价技术导则 土壤环境（试行）》8.1.3，“应重点预测评价建设项目对占地范围外土壤环境敏感目标的累积影响，并根据建设项目特征兼顾对占地范围内的影响预测。”

139. ABCD 【解析】《环境影响评价技术导则 土壤环境（试行）》8.1.5，“建设项目导致土壤潜育化、沼泽化、潴育化和土地沙漠化等影响的，可根据土壤环境特征，结合建设项目特点，分析土壤环境可能受到影响的范围和程度。”

140. BCD 【解析】《环境影响评价技术导则 土壤环境（试行）》8.5.2，“可能造成土壤盐化、酸化、碱化影响的建设项目，分别选取土壤盐分含量、pH 值等作为预测因子。”

141. ACD 【解析】《环境影响评价技术导则　土壤环境（试行）》8.7.3，“污染影响型建设项目，其评价工作等级为一级、二级的，预测方法可参见附录 E 或进行类比分析；占地范围内还应根据土体构型、土壤质地、饱和导水率等分析其可能影响的深度。”

142. AB 【解析】《环境影响评价技术导则　土壤环境（试行）》8.7.4，“评价工作等级为三级的建设项目，可采用定性描述或类比分析法进行预测。”

143. CD 【解析】参见《环境影响评价技术导则　土壤环境（试行）》8.7.1。

144. CD 【解析】《环境影响评价技术导则　土壤环境（试行）》8.5.2，“可能造成土壤盐化、酸化、碱化影响的建设项目，分别选取土壤盐分含量、pH 值等作为预测因子。”

145. ABC 【解析】《环境影响评价技术导则　土壤环境（试行）》8.8.1，“以下情况可得出建设项目土壤环境影响可接受的结论：a）建设项目各不同阶段，土壤环境敏感目标处且占地范围内各评价因子均满足 8.6 中相关标准要求的；b）生态影响型建设项目各不同阶段，出现或加重土壤盐化、酸化、碱化等问题，但采取防控措施后，可满足相关标准要求的；c）污染影响型建设项目各不同阶段，土壤环境敏感目标处或占地范围内有个别点位、层位或评价因子出现超标，但采取必要措施后，可满足 GB 15618、GB 36600 或其他土壤污染防治相关管理规定的。”

146. BCD 【解析】《环境影响评价技术导则　土壤环境（试行）》8.8.2，“以下情况不能得出建设项目土壤环境影响可接受的结论：a）生态影响型建设项目：土壤盐化、酸化、碱化等对预测评价范围内土壤原有生态功能造成重大不可逆影响的；b）污染影响型建设项目各不同阶段，土壤环境敏感目标处或占地范围内多个点位、层位或评价因子出现超标，采取必要措施后，仍无法满足 GB 15618、GB 36600 或其他土壤污染防治相关管理规定的。”

147. AD 【解析】《环境影响评价技术导则　土壤环境（试行）》E.1.2，“b）土壤中某种物质的输出量主要包括淋溶或径流排出、土壤缓冲消耗等两部分；植物吸收量通常较小，不予考虑；涉及大气沉降影响的，可不考虑输出量。”

148. ABCD 【解析】《环境影响评价技术导则　土壤环境（试行）》E.1.2，“涉及大气沉降影响的，可不考虑输出量”，L_S、R_S 均为输出量，因此 A 正确。

《环境影响评价技术导则　土壤环境（试行）》E.1.3，“单位质量土壤中某种物质的增量可用下式计算：

$$\Delta S = n\left(I_S - L_S - R_S\right) / \left(\rho_b \times A \times D\right)$$

式中：ΔS——单位质量表层土壤中某种物质的增量，g/kg；

表层土壤中游离酸或游离碱浓度增量，mmol/kg;

I_S—— 预测评价范围内单位年份表层土壤中某种物质的输入量，g;

预测评价范围内单位年份表层土壤中游离酸、游离碱输入量，mmol;

L_S—— 预测评价范围内单位年份表层土壤中某种物质经淋溶排出的量，g;

预测评价范围内单位年份表层土壤中经淋溶排出的游离酸、游离碱的量，mmol;

R_S—— 预测评价范围内单位年份表层土壤中某种物质经径流排出的量，g;

预测评价范围内单位年份表层土壤中经径流排出的游离酸、游离碱的量，mmol;

ρ_b—— 表层土壤容重，kg/m^3;

A—— 预测评价范围，m^2;

D—— 表层土壤深度，一般取0.2 m，可根据实际情况适当调整;

n—— 持续年份，a。

因此，B、C、D正确。

149. ACD 【解析】2020年考题，见《环境影响评价技术导则　土壤环境（试行）》附录B。

150. BCD 【解析】《环境影响评价技术导则　土壤环境（试行）》E.2.2，边界条件有两类：第一类 Dirichlet 边界条件，其中E.6适用于连续点源情景，E.7适用于非连续点源情景；第二类 Neumann 零梯度边界。

151. ABCDE 【解析】《环境影响评价技术导则　土壤环境（试行）》F.2，表F.1土壤盐化影响因素赋值表，土壤盐化主要影响因素有地下水位埋深、干燥度、土壤本底含盐量、地下水溶解性总固体、土壤质地。

152. D 【解析】参见《环境影响评价技术导则　土壤环境（试行）》附录D的D.1。

153. BCD 【解析】参见《环境影响评价技术导则　土壤环境（试行）》G。

第五章　环境保护措施

一、单项选择题（每题的备选选项中，只有一个最符合题意）

1．根据《大气污染治理工程技术导则》（HJ 2000—2010），除尘器宜布置在除尘工艺的（　　）。

A．负压段上　　B．正压段上　　C．前端　　D．后端

2．根据《大气污染治理工程技术导则》（HJ 2000—2010），利用气体混合物中各组分在一定液体中溶解度的不同而分离气体混合物的方法是（　　）。

A．吸附法　　B．吸收法　　C．冷凝法　　D．膜分离法

3．根据《大气污染治理工程技术导则》（HJ 2000—2010），吸收法净化气态污染物主要适用于（　　）的有毒有害气体的净化。

A．吸收效率和吸收速率均较低　　B．吸收效率和吸收速率均较高

C．吸收效率较低和吸收速率较高　　D．吸收效率较高和吸收速率较低

4．根据《大气污染治理工程技术导则》（HJ 2000—2010），吸附法净化气体污染物主要适用于（　　）有毒有害气体的净化。

A．高浓度　　B．中等浓度　　C．低浓度　　D．有机废气

5．根据《大气污染治理工程技术导则》（HJ 2000—2010），气态污染物常用的吸附设备有固定床、移动床和流化床等，工业应用宜采用（　　）。

A．固定床　　B．移动床　　C．流化床　　D．板式床

6．根据《大气污染治理工程技术导则》（HJ 2000—2010），低浓度挥发性有机化合物废气的去除采取（　　）更合适。

A．吸收法　　B．吸附法　　C．冷凝法　　D．膜分离法

7．含尘废气中水汽接近饱和，去除其中颗粒物的适用工艺技术是（　　）。

A．洗涤　　B．吸附　　C．布袋除尘　　D．旋风分离

8．根据《大气污染治理工程技术导则》（HJ 2000—2010），对于大气量和高、中浓度的恶臭气体，宜采用（　　）处理。

A．化学吸收类处理方法　　B．化学吸附类处理方法

C．物理类处理方法　　D．生物类处理方法

9．某锅炉烟气烟尘粒径较小，须执行特别排放限值标准，宜优先选用的除尘器

类型是（　　）。

A．旋风除尘器　　B．水膜除尘器

C．静电除尘器　　D．电袋除尘器

10．根据《大气污染治理工程技术导则》（HJ 2000—2010），某燃烧废气中含有氯、重金属元素Cd等，且氯浓度较高，在废气治理中应优先考虑的是（　　）

A．用碱液吸收去除酸性气体

B．用活性炭吸附去除重金属元素Cd

C．用酸液洗涤法去除酸性气体

D．用过滤法去除重金属元素Cd

11．根据《大气污染治理工程技术导则》（HJ 2000—2010），铅及其化合物废气宜采用（　　）处理。

A．吸附法　　B．吸收法　　C．冷凝法　　D．燃烧法

12．目前，燃烧脱硫较为先进的燃烧方式是（　　）。

A．氧化铜燃烧脱硫技术　　B．型煤固硫燃烧脱硫技术

C．流化床燃烧脱硫技术　　D．分子筛燃烧脱硫技术

13．二氧化硫的治理工艺划分为（　　）。

A．非选择性催化还原法和活性炭脱硫　　B．湿法、干法和半干法

C．催化还原脱硫和吸收脱硫　　D．高温排烟脱硫和低温排烟脱硫

14．袋式除尘器属（　　）除尘设备，宜用于处理风量大、浓度范围广和波动较大的含尘气体。

A．昂贵　　B．便宜　　C．高效　　D．低效

15．一般习惯以使用吸收剂的形态和处理过程将二氧化硫控制技术分为（　　）。

A．非选择性催化还原法和活性炭脱硫　　B．干法排烟脱硫和湿法排烟脱硫

C．催化还原脱硫和吸收脱硫　　D．高温排烟脱硫和低温排烟脱硫

16．采用石灰石、生石灰或消石灰的乳浊液为吸收剂吸收烟气中的SO_2的方法称为（　　）。

A．活性炭法　　B．钠法　　C．镁法　　D．钙法

17．某乙烯裂解炉年运行时间8 000 h，每年计划清焦作业5次，每次36 h，烟气排放量为42 000 m^3/h，氨氮化物浓度为240 mg/m^3。单台裂解炉在非正常工况时年排放氨氮化物的总量是（　　）t/a。

A．0.36　　B．1.81

C．0.01　　D．14.51

18．干法排烟脱硫是用（　　）去除烟气中二氧化硫的方法。

A．固态吸附剂或固体吸收剂　　B．固态吸附剂

C．固体吸收剂　　　　D．固态吸附剂或液态吸收剂

19．（　　）具有对 SO_2 吸收速度快、管路和设备不容易堵塞等优点，但吸收剂价格昂贵。

A．镁法　　B．钙法　　C．氨法　　D．钠法

20．以铜、铂、钒、钼、锰等的氧化物为催化剂，以氨、硫化氢、一氧化碳为还原剂，选择出最适宜的温度范围进行脱氮反应。此方法称为（　　）。

A．非选择性催化还原法　　　　B．催化氧化法

C．选择性催化还原法　　　　D．活性炭法

21．用铂作为催化剂，以氢或甲烷等还原性气体作为还原剂，将烟气中的 NO_x 还原成 N_2，在反应中不仅与 NO_x 反应，还要与尾气中的 O_2 反应，没有选择性。此方法称为（　　）。

A．非选择性催化还原法　　　　B．甲烷非选择性催化还原法

C．选择性催化还原法　　　　D．氨选择性催化还原法

22．选择除尘器应主要考虑的因素不包括（　　）。

A．烟气及粉尘的物理、化学性质

B．烟气流量、粉尘浓度和粉尘允许排放浓度

C．除尘器的压力损失以及除尘效率

D．空气湿度

23．工艺简单，目前使用较广，成本较低，处理效果好，排烟脱氮转化率达 90% 以上，但还不能达到变废为宝、综合利用的目的。此方法是（　　）。

A．非选择性催化还原法　　　　B．选择性催化还原法

C．碱液吸收法　　　　D．分子筛吸附法

24．某设施甲苯尾气浓度为 20 mg/m^3，风量为 200 000 m^3/h，下列处理方法中合理的是（　　）。

A．海水法　　　　B．排烟再循环法

C．石灰石/石灰-石膏法　　　　D．低温等离子体法

25．目前，对一些以大气污染为主、烟（粉）尘排放量大、除尘效率要求高的项目，如大型火电厂、大型水泥厂等，为了满足达标排放，最好选用（　　）。

A．布袋除尘器　　　　B．惯性除尘器

C．重力除尘器　　　　D．洗涤式除尘器

26．某污水处理厂产生的污泥原始含水率为 96%，欲将污泥量降为原来的 10%，应将污泥的含水率降低到（　　）。

A．40%　　　　B．50%

C．60%　　　　D．70%

27．在污水处理厂（站）总平面布置时，污泥消化池与其他处理构筑物的间距应大于（　　）m。

A．10　　B．20　　C．30　　D．40

28．用于去除含胶体有机物的污水处理方法是（　　）。

A．过滤法　　B．化学中和法

C．活性污泥法　　D．膜分离法

29．某废水含有甲苯、丙酮、石油类，其质量百分比分别为1%、0.3%、1.7%，下列最合理的处理工艺为（　　）。

A．蒸汽汽提—重力油水分—厌氧　　B．重力油水分离—蒸汽汽提—好氧

C．重力油水分离—好氧—厌氧　　D．重力油水分离—好氧—蒸汽汽提

30．在一般的废水处理过程中，除磷脱氮主要在（　　）中完成。

A．一级处理　　B．二级处理　　C．三级处理　　D．四级处理

31．某制药废水硝基苯类浓度为20 mg/L，不能有效处理硝基苯的工艺是（　　）。

A．微电解　　B．厌氧水解

C．Fenton氧化　　D．中和处理

32．污泥处理的基本过程为（　　）。

A．调节→稳定→浓缩→脱水→压缩　　B．浓缩→稳定→调节→脱水→压缩

C．压缩→稳定→调节→脱水→浓缩　　D．浓缩→稳定→脱水→调节→压缩

33．不属于好氧生物处理法的是（　　）。

A．活性污泥法　　B．接触氧化法　　C．UASB　　D．氧化沟法

34．臭氧消毒适用于污水的深度处理，在臭氧消毒之前，应增设去除水中（　　）的预处理设施。

A．重金属　　B．生化需氧量

C．悬浮物和化学需氧量　　D．氨氮

35．一级废水处理的任务主要是（　　）。

A．去除重金属

B．去除有机污染物

C．去除呈悬浮状态的固体或呈分层或乳化状态的油类污染物

D．去除复杂的无机污染物

36．下列不属于废水处理的方法化学处理法的是（　　）。

A．去除有机污染物　　B．去除重金属

C．化学沉淀法　　D．活性污泥法

37．城市污水处理厂事故池的作用是（　　）。

A．容纳厂区生产事故废水

B．容纳厂区初期雨水

C．容纳消防备用水

D．容纳可能严重影响污水处理厂运行的接管废水

38．曝气沉砂池集曝气和除砂为一体，可使沉砂中的有机物含量降低至（　　）以下。

A．3%　　B．5%　　C．8%　　D．10%

39．高浓度有机废水生化处理过程中产生的沼气主要来源于处理工艺的（　　）。

A．中和段　　B．厌氧段　　C．好氧段　　D．沉淀段

40．下列处理工艺，适用于芯片制造项目产生的含氟废水预处理的是（　　）。

A．隔油　　B．$CaC1_2$混凝沉淀

C．序批式活性污泥法　　D．生物接触氧化法

41．根据《环境噪声与振动控制工程技术导则》（HJ 2034—2013），噪声与振动控制的基本原则中，优先顺序正确的是（　　）。

A．传输途径的控制、源强控制、敏感点防护措施

B．源强控制、传输途径的控制、敏感点防护措施

C．敏感点防护、措施源强控制、传输途径的控制

D．源强控制、敏感点防护措施、传输途径的控制

42．以下不属于噪声和振动控制的基本原则的是（　　）。

A．优先源强控制　　B．传输途径控制

C．敏感点防护　　D．噪声水平检测

43．机场建设项目环境影响评价中，为防治飞机噪声污染，应优先分析的是（　　）。

A．机场飞行架次调整的可行性

B．机场周边环境保护目标隔声的数量

C．机场周边环境保护目标搬迁的数量

D．机场位置、跑道方位选择、飞行程序和城市总体规划的相容性

44．根据《环境噪声与振动控制工程技术导则》（HJ 2034—2013），针对锅炉排气、高炉放风、化工工艺气放散、空压机和各种风动工具的不同排气噪声特点和工艺要求，可在排气口合理选择（　　）。

A．排气放空消声器　　B．微穿孔板消声器

C．抗性消声器　　D．阻性消声器

45．某厂房结构内靠近围护结构处的室内声级为 90 dB（A）（1 000 Hz），透声面积为 100 m^2，围护结构的隔音量为 30 dB（A）（1 000 Hz）。该厂房室外等效声源的声功率级是（　　）dB（A）（1 000 Hz）。

A．54　　B．60　　C．74　　D．80

46．某地铁建设项目地下段振动对某小区的影响预测值超标 15 dB，以下减振措施可行的是（　　）。

A．钢弹簧浮置板　　B．洛德（Lord）扣件

C．科隆蛋扣件　　D．橡胶长轨枕

47．用压力式打桩机代替柴油打桩机，反铆接改为焊接，液压代替锻压等降低噪声的措施是指（　　）。

A．利用自然地形物降低噪声　　B．改进机械设计以降低噪声

C．维持设备处于良好的运转状态　　D．改革工艺和操作方法以降低噪声

48．某电厂锅炉排气噪声的 A 声功率级为 125 dB（A），距离排气口 100 m 处的 A 声级是（　　）dB（A）。

A．74　　B．77　　C．85　　D．94

49．根据《固体废物处理处置工程技术导则》（HJ 2035—2013），贮存含硫量大于（　　）的煤矸石时，应采取防止自燃的措施。

A．0.5%　　B．1.0%　　C．1.5%　　D．2.0%

50．固体废物焚烧处置技术对环境的最大影响是尾气造成的污染，（　　）是污染控制的关键。

A．工况控制和烟气净化　　B．工况控制

C．固体原料的选择　　D．尾气净化

51．根据《固体废物处理处置工程技术导则》（HJ 2035—2013），适用于生活垃圾焚烧，不适用于处理含水率高的污泥的焚烧炉型是（　　）。

A．炉排式焚烧炉　　B．流化床式焚烧炉

C．回转窑焚烧炉　　D．固定床焚烧炉

52．根据《固体废物处理处置工程技术导则》（HJ 2035—2013），适用于处理成分复杂、热值较高的一般工业固体废物的焚烧炉型是（　　）。

A．炉排式焚烧炉　　B．流化床式焚烧炉

C．回转窑焚烧炉　　D．固定床焚烧炉

53．根据《固体废物处理处置工程技术导则》（HJ 2035—2013），垃圾填埋场上方甲烷气体含量应小于（　　），建（构）筑物内，甲烷气体含量不应超过 1.25%。

A．5%　　B．10%　　C．15%　　D．20%

54．下列固体废弃物处置原则中，（　　）实际上就是解决固体废弃物的最终归宿问题。

A．资源化　　B．无害化

C．减量化　　D．清洁化

55. 目前，国内外用垃圾、污泥、人畜粪便等有机废物制造堆肥的工厂，绝大多数采用（ ）。

A. 低温堆肥法　　B. 厌氧堆肥法
C. 绝热堆肥法　　D. 好氧堆肥法

56. 固体废物焚烧处置技术的燃烧系统中，最普通的氧化物为含有（ ）氧气的空气，空气量的多少与燃料的混合程度直接影响燃烧的效率。

A. 21%　B. 26%　C. 37%　D. 29%

57. 在烟气中重金属和二噁英的去除中，下列说法错误的是（ ）。

A. 合理匹配物料，控制入炉物料含氯量
B. 固体废物应完全燃烧，并严格控制燃烧室烟气的温度、停留时间与气流扰动工况
C. 应减少烟气在 200～400℃温区的滞留时间
D. 应优先考虑采用低氮燃烧技术氮氧化物的产生量

58. 炉渣与焚烧飞灰应分别收集、贮存和运输，（ ）属于危险废物，应按危险废物进行安全处置。

A. 秸秆焚烧飞灰　　B. 农林废物焚烧飞灰
C. 生活垃圾焚烧飞灰　　D. 工业垃圾焚烧飞灰

59. 下列关于填埋的说法中，错误的是（ ）。

A. 填埋技术是固体废物的最终处置技术并且是保护环境的重要手段
B. 卫生填埋场的合理使用年限应在 10 年以上，特殊情况下应不低于 8 年
C. 具有浸出毒性、腐蚀性、传染性、放射性等的有毒有害废物可以进入卫生填埋场
D. 填埋终止后，应进行封场和生态环境恢复

60. 保护生态系统的整体性，是以保护（ ）为核心，保护生物的生境。

A. 植被　B. 生物多样性　C. 物种　D. 群落

61. 植被破坏的生态补偿量不应少于破坏量，具体补偿量确定原则为（ ）。

A. 等面积补偿　　B. 等当量生物质补偿
C. 等植株数量补偿　　D. 等植物种类补偿

62. 某新建项目拟穿越省级自然保护区的试验区，下列生态影响防护与恢复措施中，应优先考虑的是（ ）。

A. 避让　B. 补偿　C. 减缓　D. 重建

63. 某需进行打桩作业的建设项目位于越冬鸟类栖息地附近，施工期打桩作业时间不应安排在（ ）。

A. 春季　B. 夏季　C. 秋季　D. 冬季

64．西南山区某拟建铁路需穿越以野生动物为主要保护对象的自然保护区，为最大限度减轻铁路建设对野生动物的影响，穿越自然保护区路段应优先考虑采取的措施是（　　）。

A．生态补偿　　B．架设桥梁

C．放缓路基边坡　　D．隧道穿越

65．下列关于生态影响的补偿的表述不正确的是（　　）。

A．补偿是一种重建生态系统以补偿因开发建设活动而损失的环境功能的措施

B．异地补偿类似于回复，但建立的新生态系统与原生态系统没有一致性

C．异地最常见的补偿是耕地和植被的补偿

D．补偿措施体现社会群体等使用和保护环境的权利，也体现生态环保的特殊性要求

66．土壤环境保护措施与对策不包括（　　）。

A．项目生产设施　　B．保护的目标

C．实施的保证措施　　D．预期效果的分析

67．（　　）应针对现有工程引起的土壤环境影响问题，提出“以新带老”措施，有效减轻影响程度或控制影响范围，防止土壤环境影响加剧。

A．所有建设项目　　B．改、扩建项目

C．污染影响型项目　　D．新、改、扩建项目

68．（　　）建设项目应结合项目的生态影响特征、按照生态系统功能优化的理念、坚持高效适用的原则提出源头防控措施。

A．生态影响型　　B．污染影响型

C．生态影响型及污染影响型　　D．改、扩建项目

69．进行污染场地修复时，提出的修复目标不包括（　　）。

A．确认目标污染物　　B．确认场地状况

C．提出修复目标值　　D．确认修复范围

70．关于修复技术可行性评估，如对土壤修复技术适用性不确定，应开展（　　）。

A．实验室小试　　B．应用案例分析

C．现场中试　　D．专家讨论会

71．确认前期场地环境调查与风险评估提出的土壤修复范围是否清楚，特别要关注（　　）。

A．四周边界　　B．污染土层深度分布

C．地下水埋深　　D．污染土层异常分布情况

72．关于基坑清理效果评估布点，对于重金属和半挥发性有机物，在一个采样网格和间隔内可采集（　　）。

A．混合样　B．表层样　C．深层样　D．柱状样

二、不定项选择题（每题的备选项中至少有一个符合题意）

1．根据《大气污染治理工程技术导则》（HJ 2000—2010），关于污染气体的收集措施和要求，说法正确的有（　　）。

A．对产生逸散粉尘或有害气体的设备，一定要采取密闭、隔离和负压操作措施

B．污染气体应尽可能利用生产设备本身的集气系统进行收集，逸散的污染气体采用集气（尘）罩收集

C．集气（尘）罩的吸气方向应尽可能与污染气流运动方向不一致

D．吸气点的排风量应按防止粉尘或有害气体扩散到周围环境空间为原则确定

2．根据《大气污染治理工程技术导则》（HJ 2000—2010），关于污染气体的排放的要求，说法正确的有（　　）。

A．排气筒的出口直径应根据出口流速确定，流速宜取 15 m/s 左右

B．排气筒的高度按《大气污染物综合排放标准》（GB 16297—1996）的要求就可以

C．排气筒或烟道应按相关规范设置永久性采样孔，必要时设置测试平台

D．排放有腐蚀性的气体时，排气筒应采用防腐设计

3．根据《大气污染治理工程技术导则》（HJ 2000—2010），关于污染气体的排放的要求，说法错误的有（　　）。

A．防雷保护范围的排气筒，应装设避雷设施

B．对于可能影响航空器飞行安全的烟囱，应按相关要求设置航空障碍灯和标志

C．大型除尘系统排气筒底部应设置比烟道底部低 0.5～1.0 m 的积灰坑，并应设置清灰孔

D．应当根据当地环保部门的要求在排气筒上建设、安装自动监控设备及其配套设施或预留连续监测装置安装位置

4．根据《大气污染治理工程技术导则》（HJ 2000—2010），污染气体排放排气筒应根据（　　）因素，确定采用砖排气筒、钢筋混凝土排气筒或钢排气筒。

A．使用条件　B．功能要求

C．排气筒高度　D．材料供应及施工条件

5．根据《大气污染治理工程技术导则》（HJ 2000—2010），对除尘器收集的粉尘或排出的污水，需根据（　　）和便于维护管理等因素，采取妥善的回收和处理措施。

A．生产条件　B．除尘器类型

C．粉尘的回收价值　D．粉尘的特性

6．根据《大气污染治理工程技术导则》（HJ 2000—2010），袋式除尘器适宜用于（　　）的含尘气体。

A．处理风量大　　B．浓度范围广

C．处理风量小　　D．浓度波动较大

7．吸附剂的选择原则包括（　　）。

A．比表面积大，孔隙率高，吸附容量大

B．吸附选择性强

C．有足够的机械强度、热稳定性和化学稳定性

D．鼓易于再生和活化

8．下列含铅烟气中，可用碱液吸收法处理的有（　　）。

A．氧化铅生产含铅废气　　B．蓄电池生产中的含铅烟气

C．化铅锅含铅烟气　　D．冶炼炉含铅烟气

9．影响吸附法处理废气效率的主要因素有（　　）。

A．吸附剂种类　　B．吸附设备结构

C．吸附剂再生方式　　D．吸附塔入孔直径

10．根据《大气污染治理工程技术导则》（HJ 2000—2010），汞及其化合物废气一般处理方法有（　　）。

A．吸附法　　B．吸收法　　C．冷凝法　　D．燃烧法

11．袋式除尘器的清灰方式主要有（　　）。

A．机械振打清灰　　B．脉冲清灰　　C．逆气流清灰

D．自激式清灰　　E．高压文氏管清灰

12．电除尘器的主要优点是（　　）。

A．抗高温和腐蚀　　B．压力损失少　　C．投资小

D．能耗少　　E．除尘效率高

13．除尘器的技术指标有（　　）。

A．压力损失　　B．工作负荷　　C．净化效率

D．运行成本　　E．使用温度

14．适合大风量、低浓度有机废气的治理技术方法有（　　）。

A．静电除尘器　　B．膜分离法

C．冷凝法　　D．低温等离子法

15．属于湿法排烟脱硫的有（　　）。

A．活性炭法　　B．钠法　　C．镁法　　D．钙法　　E．氨法

16．属于干法排烟脱硫的有（　　）。

A．活性炭法　　B．钠法　　C．催化氧化法

D．钙法　　E．石灰粉吹入法

17．低氮燃烧技术是通过（　　）等方法来抑制 NO_x 的生成或破坏已生成的 NO_x。

A．调节燃烧温度　　B．催化还原

C．烟气中氧的浓度　　D．烟气在高温区的停留时间

18．烟（粉）尘的治理技术主要是通过（　　）来实现。

A．加强环境管理　　B．提高员工环保素质

C．改进燃烧技术　　D．采用除尘技术

19．属于二氧化硫防治措施的是（　　）。

A．氨法　　B．镁法　　C．烟气循环流化床

D．吸附法　　E．炉内喷钙法

20．属于氮氧化物防治措施的是（　　）。

A．非选择性催化还原法　　B．炉内喷钙　　C．选择性催化还原法

D．海水法　　E．低氮喷嘴

21．属于除烟（粉）尘的有效措施的是（　　）。

A．机械式除尘器　　B．湿式除尘器　　C．袋式除尘器

D．静电除尘器　　E．泥煤碱法

22．关于污水处理工艺组合的要求，说法正确的有（　　）。

A．采用厌氧和好氧组合工艺处理废水时，好氧工艺单元应设置在厌氧工艺单元前

B．当废水中含有生物毒性物质，且废水处理工艺组合中有生物处理单元时，应在废水进入生物处理单元前去除生物毒性物质

C．工业废水处理系统中应考虑设置事故应急池

D．在污（废）水达标排放、技术经济合理的前提下应优先选用污泥产量高的处理单元或组合工艺

23．关于污水处理厂（站）总平面布置的要求，说法错误的有（　　）。

A．应将管理区和生活区布置在冬季主导风向上风侧

B．将污泥区和进水区布置在夏季主导风向上风侧

C．处理构筑物的间距应以节约用地、缩短管线长度为原则

D．污泥消化池与其他处理构筑物的间距应大于 20 m

24．谢列方法中，利用密度差异去除废水中污染物的有（　　）。

A．隔油　　B．过滤　　C．气浮　　D．反渗透

25．生物接触氧化反应池中，填料的作用有（　　）。

A．可提高废水的 B/C 比

B．可提高废水处理过程中氧的利用率

C．可增加微生物数量

D．可增加好氧生物反应器中微生物的种群数量

26．污泥稳定的目的是（　　）。

A．减少有机组分含量　　B．改善污泥脱水性能

C．去除污泥中的水分　　D．抑制细菌代谢

E．增加固态物的含量

27．污泥的处置方法主要有（　　）。

A．卫生填埋　　B．热解　　C．安全填埋　　D．焚烧

28．某生产车间产生含金属 Ni 废水，拟采用物化处理该废水进行预处理，下列做法正确的有（　　）。

A．应在车间内处理达标后排出　　B．调节 pH 为酸性去除金属 Ni

C．调节 pH 为碱性去除金属 Ni　　D．与其他车间废水混合后集中处理

29．属于地下水污染水力控制技术方法的有（　　）

A．排水法　　B．注水法

C．防渗墙法　　D．包气带土层就地恢复法

30．在进行污染包气带土层及污染地下水恢复工程之前，必须控制污染源。如果污染源得不到控制，污染物仍源源不断地进入包气带土层及其下的地下水，恢复技术就不能可能取得成功。污染源的种类很多，但就其工程性质可分为（　　）两大类。

A．不可清除的污染源　　B．可清除的污染源

C．点污染源　　D．面污染源

31．对于Ⅰ类建设项目场地地下水污染监控中的监测计划应包括（　　）。

A．监测孔位置、孔深　　B．监测井结构

C．监测层位　　D．监测项目、监测频率

32．对于Ⅰ类建设项目场地地下水污染监控体系应包括（　　）。

A．建立地下水污染监控制度　　B．建立地下水污染环境管理体系

C．制订监测计划　　D．配备先进的检测仪器和设备

33．属于Ⅰ类建设项目场地地下水污染防治分区防治措施的有（　　）。

A．提出不同区域的地面防渗方案

B．划分污染防治区

C．给出具体的防渗材料及防渗标准要求

D．建立防渗设施的检漏系统

34．属于Ⅱ类建设项目地下水保护与环境水文地质问题减缓措施的有（　　）。

A．以均衡开采为原则，提出防止地下水资源超量开采的具体措施

B．分区防治措施

C．建立地下水动态监测系统

D．针对建设项目可能引发的其他环境水文地质问题提出应对预案

35．根据《环境噪声与振动控制工程技术导则》（HJ 2034—2013），属于传输途径控制措施的有（　　）。

A．隔声　　B．吸声　　C．阻尼处理　　D．耳罩

36．根据《环境噪声与振动控制工程技术导则》（HJ 2034—2013），关于隔声的一般规定，说法正确的有（　　）。

A．对固定声源进行隔声处理时，宜尽可能靠近噪声源设置隔声措施

B．对敏感点采取隔声防护措施时，宜采用具有一定高度的隔声墙或隔声屏障

C．对噪声传播途径进行隔声处理时，宜采用隔声间（室）的结构形式

D．对临街居民建筑可安装隔声窗或通风隔声窗

37．蒸汽排放器消声装置设计需考虑的因素有（　　）。

A．排放气体的流量及压力　　B．排放气体的水汽比

C．排气噪声的频率特性　　D．排气噪声强度

38．某公路声屏障设计应考虑的因素有（　　）。

A．路宽

B．交通噪声源强

C．公路相邻噪声敏感点与公路距离

D．公路相邻噪声敏感点所处声环境功能区

39．某新建铁路拟穿越城区集中居住区，两侧住宅高度在 30 m 以上，对住宅高层可考虑的噪声防治对策有（　　）。

A．铁路改线　　B．铁路侧加 3 m 高的声屏障

C．居民住宅加装隔声窗　　D．穿越居民区路段加装封闭的隔声设施

40．根据《环境噪声与振动控制工程技术导则》（HJ 2034—2013），噪声与振动控制工程的性能通常可以采用（　　）来检测。

A．插入损失　　B．传递损失

C．空气自由损失　　D．声压级降低量

41．在噪声传播途径上降低噪声，可采用（　　）的设计原则，使高噪声敏感设备尽可能远离噪声敏感区。

A．改革工艺和操作方法　　B．闹静分开

C．合理布局　　D．消声、隔振和减振

42．从声源上降低噪声的有（　　）。

A．利用自然地形物降低噪声　　B．改进机械设计以降低噪声

C．维持设备处于良好的运转状态　　D．改革工艺和操作方法以降低噪声

43．根据《固体废物处理处置工程技术导则》（HJ 2035—2013），关于固体废物处理厂（场）址选择的总体要求，说法正确的有（　　）。

A．垃圾焚烧厂不应建在受洪水、潮水或内涝威胁的地区

B．垃圾填埋场场址的标高应位于重现期不小于 100 年一遇的洪水位之上

C．垃圾填埋场可使用容积建成后使用期为 10 年以上

D．垃圾厌氧消化厂应避免建在地质不稳定及易发生坍塌、滑坡、泥石流等自然灾害的区域

44．根据《固体废物处理处置工程技术导则》（HJ 2035—2013），根据生物处理过程中起作用的微生物对氧气要求的不同，生物处理分为（　　）。

A．好氧堆肥　　B．厌氧堆肥

C．好氧消化　　D．厌氧消化

45．根据《固体废物处理处置工程技术导则》（HJ 2035—2013），固体废物焚烧处置技术适用于处理（　　）的固体废物。

A．可燃　　B．无机成分较多

C．热值较高　　D．有机成分较多

46．根据《固体废物处理处置工程技术导则》（HJ 2035—2013），关于控制焚烧烟气中的酸性气体、烟尘、重金属、二噁英等污染物的措施与设备，说法错误的有（　　）。

A．脱酸系统应采用适宜的碱性物质作为中和剂，可采用半干法、干法或湿法处理工艺

B．烟气除尘设备应采用旋风除尘器

C．烟气中重金属去除应注意固体废物应完全燃烧，并严格控制燃烧室烟气的温度、停留时间与气流扰动工况

D．烟气中二噁英的去除应注意减少烟气在 500～800℃温区的滞留时间

47．根据《固体废物处理处置工程技术导则》（HJ 2035—2013），属于（　　）的有毒有害废物不应进入卫生填埋场。

A．浸出毒性　　B．传染性　　C．放射性　　D．易燃性

48．根据《固体废物处理处置工程技术导则》（HJ 2035—2013），关于垃圾填埋场渗滤液的收集与处理，说法正确的有（　　）。

A．填埋场内应实行雨水与污水合流

B．填埋库区应铺设渗滤液收集系统，并宜设置疏通设施

C．调节池及渗滤液流经或停留的其他设施均应采取防渗措施

D．渗滤液应相关要求，处理达标后排放

49．根据《固体废物处理处置工程技术导则》（HJ 2035—2013），关于垃圾填埋场填埋气体收集与处理，说法正确的有（　　）。

A．填埋场应设置有效的填埋气体导排设施

B．宜对所有的填埋气体进行收集和利用

C．填埋场上方甲烷气体含量应小于5%

D．填埋场应防止填埋气体在局部聚集

50．根据《固体废物处理处置工程技术导则》（HJ 2035—2013），关于一般工业固体废物的收集和贮存的要求，说法正确的有（　　）。

A．贮存、处置场应采取防止粉尘污染的措施，周边应设导流渠，防止雨水径流进入贮存、处置场内，避免渗滤液量增加和发生滑坡

B．应构筑堤、坝、挡土墙等设施，防止一般工业固体废物和渗滤液的流失

C．应设计渗滤液集排水设施，必要时应设计渗滤液处理设施，对渗滤液进行处理

D．贮存含硫量大于1%的煤矸石时，应采取防止自燃的措施

51．下列属于固体废物预处理技术的是（　　）。

A．固体废物的压实　　B．破碎处理　　C．分选　　D．好氧堆肥

52．根据生物处理过程中起作用的微生物对氧气要求的不同，可以把固体废物堆肥分为（　　）。

A．高温堆肥　　B．好氧堆肥　　C．低温堆肥　　D．厌氧消化

53．下列作为城市生活垃圾中转站的有（　　）。

A．垃圾收集中心或垃圾产量多的地方

B．靠近公路干线及交通方便的地方

C．居民和环境危害较少的地方

D．进行建设和作业最经济的地方

54．下列废物可以进水泥窑协同处置的有（　　）。

A．废盐酸　　B．工业污水处理污泥

C．动植物加工废物　　D．废轮胎

55．根据危险废物安全填埋入场要求，废物可直接入场填埋的是（　　）。

A．含水率高于85%的废物

B．液体废物

C．与衬层具有不相容性反应的废物

D．根据《固体废物浸出毒性浸出方法》和《固体废物浸出毒性测定方法》测得的废物浸出液中有一种或一种以上有害成分浓度超过《危险废物鉴别标准》

中的标准值并低于《危险废物填埋污染控制标准》中的允许进入填埋区控制限值的废物

E．根据《固体废物浸出毒性浸出方法》和《固体废物浸出毒性测定方法》测得的废物浸出液 pH 在 7.0～12.0 的废物

56．生态环境保护战略特别注重保护（　　）地区。

A．生态良好的地区，要预防对其破坏

B．城市、乡镇等人口活动较为密集的地区，保护城市、乡镇生态环境

C．生态系统特别重要的地区，要加强对其保护

D．资源强度利用，生态系统十分脆弱，处于高度不稳定或正在发生退化性变化的地区

57．减少生态环境影响的工程措施有（　　）。

A．合理选址选线　　B．项目规划论证分析

C．工程方案分析与优化　　D．加强工程的环境保护管理

E．施工方案分析与合理化建议

58．以下关于合理选址选线说法正确的有（　　）。

A．选址选线以最小的成本和最高的经济效益为原则

B．选址选线避绕敏感的环境保护目标

C．选址选线符合地方环保规划和环境功能区划要求

D．选址选线不存在潜在的环境风险

E．选址选线应保障区域可持续发展能力不受到损害或威胁

59．作为减少生态环境影响的工程措施之一，工程方案分析与优化要从可持续发展出发，其优化的主要措施包括（　　）。

A．选择减少资源消耗的方案　　B．采用环境友好的方案

C．选择经济效益最大化的设计方案　　D．采用循环经济理念，优化建设方案

E．发展环境保护工程设计方案

60．某拟建高速公路建设期在下列地点设置弃渣场，选址合理的有（　　）。

A．水田　　B．河道滩地

C．废弃取土场　　D．荒土凹地

61．生态工程施工方案分析与合理化建议包括（　　）。

A．施工成本分析　　B．施工机械使用

C．建立规范化操作程序和制度　　D．合理安排施工次序、季节、时间

E．改变落后的施工组织方式，采用科学的施工组织方法

62．生态影响的补偿形式有（　　）。

A．物质补偿　　B．就地补偿　　C．精神补偿　　D．异地补偿

63．生态监测的目的主要是（　　）。

A．了解背景，即继续对生态环境的观察和研究，认识其特点和规律

B．验证假说，即验证环境影响评价中所作出的推论、结论是否正确，是否符合实际

C．促进产率

D．跟踪动态，即跟踪监测实际发生的影响，发现评价中未曾预料到的重要问题，可以采取相应的补救措施

64．按照保护的方式、目的，生态保护可以分为（　　）。

A．维护　　B．保护　　C．恢复　　D．重建　　E．改造

65．根据《矿山生态环境保护与恢复治理技术规范（试行）》（HJ 651—2013），关于矿山生态环境保护与恢复治理的一般要求，说法正确的有（　　）。

A．坚持“预防为主、防治结合、过程控制”的原则，将矿山生态环境保护与恢复治理贯穿矿产资源开采的全过程

B．所有矿山企业均应编制实施矿山生态环境保护与恢复治理方案

C．禁止在重要道路、航道两侧及重要生态环境敏感目标 100 m 范围内进行对景观破坏明显的露天开采

D．矿产资源开发活动应符合国家和区域主体功能区规划、生态功能区划、生态环境保护规划的要求

66．根据《矿山生态环境保护与恢复治理技术规范（试行）》（HJ 651—2013），规定禁止采矿的有（　　）。

A．森林公园　　B．饮用水水源保护区

C．文物古迹所在地　　D．地质遗迹保护区

67．根据《矿山生态环境保护与恢复治理技术规范（试行）》（HJ 651—2013），恢复治理后的各类场地应实现（　　）。

A．安全稳定，对人类和动植物不造成威胁

B．对周边环境不产生污染，与周边自然环境和景观相协调

C．恢复土地基本功能，因地制宜实现土地可持续利用

D．区域整体生态功能得到保护和恢复

68．土壤环境保护措施与对策应包括（　　）。

A．保护的对象、目标　　B．措施的内容

C．实施部位和时间　　D．编制环境保护措施布置图

69．根据《环境影响评价技术导则　土壤环境（试行）》，在建设项目可行性研究提出的影响防控对策基础上（　　），提出合理、可行、操作性强的土壤环境影响防控措施。

A．结合建设项目特点

B．结合环境影响识别结果

C．结合调查评价范围内的土壤环境质量现状

D．根据环境影响预测与评价结果

70．涉及取、弃土的建设项目，以下说法正确的是（　　）。

A．弃土的处置应确保不产生二次污染

B．所取土壤应满足占地范围对应的土壤环境相关标准要求

C．说明土壤来源

D．弃土应按照固体废物相关规定进行处理处置

71．污染影响型建设项目应针对（　　）提出源头控制措施，并与相关标准要求相协调。

A．污染影响特征　　B．关键污染源

C．敏感点情况　　D．污染物的迁移途径

72．绿化实施法包括有（　　）。

A．立地条件分析　　B．绿化结构建议

C．实施时间要求　　D．实施范围要求

73．进行生态影响评价应充分重视（　　）。

A．直接影响　　B．间接影响

C．潜在影响　　D．区域性影响

74．建设项目根据行业特点与占地范围内的土壤特性，按照相关技术要求采取（　　）措施。

A．过程阻断　　B．污染物削减

C．地面硬化　　D．分区防控

75. 生活垃圾填埋气的净化方法表述正确的有（　　）。

A．溶剂吸收法是目前较为成熟的沼气净化方法

B．采用 MDEA 作为 CO_2 的吸收剂，可分离垃圾沼气中的 CO_2

C．采用 MDEA 为吸收剂的溶剂吸收法，CO_2 脱除率大于 90%

D．采用 MDEA 为吸收剂的溶剂吸收法，CO_2 脱除率大于 95%

参考答案

一、单项选择题

1．A　【解析】《大气污染治理工程技术导则》（HJ 2000—2010）6.1.1.4，除

尘器宜布置在除尘工艺的负压段上。

2. B 【解析】吸附法净化气态污染物是利用固体吸附剂对气体混合物中各组分吸附选择性的不同，而分离气体混合物的方法。吸收法净化气态污染物是利用气体混合物中各组分在一定液体中溶解度的不同，而分离气体混合物的方法。

3. B 【解析】二氧化硫治理工艺划分为湿法、干法和半干法，常用工艺包括石灰石/石灰-石膏法、烟气循环流化床法、氨法、镁法、海水法、吸附法、炉内喷钙法、旋转喷雾法、有机胺法、氧化锌法和亚硫酸钠法等。其中石灰石/石灰-石膏法、海水法、循环流化床法、回流式循环流化床法比较成熟，占有脱硫市场的95%以上，是常用的主流技术。

4. C 5. A 6. B

7. A 【解析】A 项属于湿式除尘类型，可用于高湿含尘废气的净化；B 项不能用于除尘；C 项虽可处理高湿含尘废气，但须选用具有抗结露性能的滤料；D 项适用于去除干燥粉尘，高含湿性粉尘会黏附在旋风除尘器器壁，难以进入灰斗，影响除尘效率。

8. A 9. D 10. A 11. B 12. C 13. B

14. C 【解析】根据《大气污染治理工程技术导则》（HJ 2000—2010）6.1.3.5，袋式除尘器属高效除尘设备，宜用于处理风量大、浓度范围广和波动较大的含尘气体。

15. B 16. D

17. B 【解析】单台裂解炉在非正常工况时年排放氨氮化物的总量为：5 × 36 × 42 000 × 240 × 10−9=1.81（t/a）。

18. A 19. D 20. C 21. A 22. D 23. B

24. D 【解析】由题目所给条件可知，甲苯尾气浓度为 20 mg/m^3，风量为 200 000 m^3/h，甲苯的排放速率为：20×200 000=4 000 000（mg/h）=4（kg/h），气体流量大，浓度低。低温等离子体法、催化氧化法和变压吸附法等工艺，宜用于气体流量大，浓度低的各类挥发性有机化合物废气处理。A 项，甲苯的水溶性不好，不适合用海水法；B 项，排烟循环法不能使甲苯的量减少；C 项，适用于二氧化硫的吸收。

25. A

26. C 【解析】设原污泥量为 a，则污泥含干泥量为：a×（1−96%）；设现污泥量的含水率为 b，则污泥含干泥量为：a×10%×（1−b）。因为污泥含干泥量始终不变，则 a×（1−96%）=a×10%×（1−b）。解得：b=60%。

27. B 【解析】根据《水污染治理工程技术导则》（HJ 2015—2012）5.3.2.4，污泥消化池与其他处理构筑物的间距大于 20 m。

28. D 【解析】D 项，膜分离法分为微滤、超滤、纳滤和反渗透法。微滤用于去除粒径为 0.1～10 μg 的悬浮物、颗粒物、纤维和细菌；超滤适用于去除分子量为 10^3～10^6 Da 的胶体和大分子物质；纳滤适用于分离分子量在 200～1 000 Da，分子尺寸在 1～2 nm 的溶解性物质、二阶及高价盐等；反渗透适用于去除水中全部溶质，已用于脱盐及去除微量残留有机物。去除含胶体有机物的污水处理方式用膜分离法。A 项，过滤适用于混凝或生物处理后低浓度悬浮物的去除，多用于废水深度处理，包括中水处理。可采用石英砂、应遵循“以废治废”的原则，并考虑资源回收和综合利用。C 项，活性污泥法适用于去除污水中碳源有机物为主要目标，无氮、磷去除要求的情况。

29．B 【解析】为利于后续的生化处理，对于含有石油类废水的处理，一般先进行除油预处理，具体有隔油池、气浮或破乳—混凝—气浮、重力分离法等方法。甲苯、丙酮具有毒性，要在生化处理前处理；另甲苯、丙酮沸点不高、可挥发，可采用蒸汽汽提处理，经过重力油水分离—蒸汽汽提处理后的废水甲苯、丙酮、石油类浓度降低，可生化处理，如好氧处理。

30．C

31．D 【解析】有效处理硝基苯的工艺有：微电解、厌氧水解和 Fenton 氧化。废水处理方法中，中和处理法适用于酸性、碱性废水的处理，应遵循以废治废的原则，并考虑资源回收和综合利用。废水中含酸、碱浓度差别很大，一般来说，如酸、碱浓度在 3%以上，则应考虑综合回收或利用；酸碱浓度在 3%以下时，因回收利用的经济意义不大，才考虑中和处理。中和处理不能有效处理硝基苯。

32．B

33．C 【解析】UASB 即上流式厌氧污泥床反应器，属于厌氧生物处理法。

34．C 【解析】是否需要消毒以及消毒程度应根据废水性质、排放标准或再生水要求确定。为避免或减少消毒时产生的二次污染物，最好采用紫外线或二氧化氯消毒，也可用液氯消毒。臭氧消毒适用于污水的深度处理（如脱色、除臭等）。在臭氧消毒之前，应增设去除水中悬浮物和化学需氧量的预处理设施（如砂滤、膜滤等）。

35．C 36．D 37．A

38．B 【解析】曝气沉砂池集曝气和除砂为一体，可使沉砂中的有机物含量降低至 5%以下，由于池中设有曝气设备，具有预曝气、脱臭、防止污水厌氧分解、除油和除泡等功能，为后续的沉淀、曝气及污泥消化池的正常运行以及污泥的脱水提供有利条件。

39．B

40．B 【解析】芯片生产项目常产生 6 种废水：①含氮废水；②含氟废水；③BG/CMP 过程废水；④酸碱废水；⑤有机废水；⑥废气洗涤塔废水。其中含氟废水中的污染物主要包括：氨氮、氟化物、磷酸等。含氟废水现行的处理方法包括化学沉淀法、吸附法、混凝沉淀法、絮凝法、电凝聚法、离子交换树脂法、反渗透法、液膜法、电渗析法、冷冻法、超滤除氟、纳滤技术法、流化床结晶法、共蒸馏法和生化法等，其中化学沉淀法、吸附法和混凝沉降法最为常用。化学沉淀处理是向废水中投加某些化学药剂（沉淀剂），使其与废水中溶解态的污染物直接发生化学反应，形成难溶的固体生成物，然后进行固废分离，除去水中污染物。题干中的含氟废水可采用 $CaCl_2$ 混凝沉淀进行预处理。

41．B

42．D　【解析】噪声与振动控制的基本原则是优先源强控制，其次应尽可能靠近污染源采取传输途径的控制技术措施；必要时再考虑敏感点防护措施。源强控制是应根据各种设备噪声、振动的产生机理，合理采用各种针对性的降噪减振技术，尽可能选用低噪声设备和减振材料，以减少或抑制噪声与振动的产生。

43．D　44．A

45．C　【解析】室内室外声级差公式为：$NR=L_1-L_2=TL+6$

$L_2=L_1-(TL+6)=90-(30+6)=54$[dB（A）]

式中，TL 为窗户的隔声量，dB；NR 为室内和室外的声级差，又称插入损失，dB。

则该厂房室外等效声源的声功率级：$L_{w2}=L_2+10\lg S=54+10\lg 100=74$[dB（A）]。

46．A　【解析】根据《地铁设计规范》（GB 50157—2013），轨道减振级别分为中等减振、高等减振和特殊减振。中等减振的减振效果为 10～15 dB，其减振轨道构造主要有先锋扣件、弹性轨枕、弹性支撑块和梯形轨枕轨道；高等减振的减振效果为 15～20 dB，其减振轨道结构主要是浮置板轨道，包括橡胶浮置板轨道和钢弹簧浮置板轨道。

47．D

48．A　【解析】该电厂锅炉排气口位于高处，其声源处于自由空间，则距离排气口 100 m 处的 A 声级，在自由声场中，它可以向周围媒质均匀、各向同性地辐射球面声波，S 可为球面体积。计算过程如下：$LA(r)=Law-101\lg S=Law-101\lg 4\pi R^2=Law-20\lg(r)-11=125-20\lg 100-11=74$[dB(A)]。

49．C

50．A　【解析】焚烧处置技术对环境的最大影响是尾气造成的污染，常见的焚烧尾气污染物包括：烟气、酸性气体、氮氧化物、重金属、二噁英等。为防止二次污染，工况控制和烟气净化则是污染控制的关键。

51．D　52．C　53．A

54．B　【解析】固体废物污染防治的原则包括：①减量化，即通过清洁生产，最大限度地减少固体废物产生量；②资源化，即通过综合利用，使有利用价值的固体废物变废为宝，实现资源的再循环利用；③无害化，即安全处置，对无利用价值的固体废物的最终处置（焚烧和填埋），应在严格的管理控制下，按照特定要求进行，实现无害于环境的安全处置，实现安全处置即实现废弃物的最终归宿问题。

55. D 56. A 57. D

58. C 【解析】根据《生活垃圾焚烧污染控制标准》，生活垃圾焚烧飞灰属于危险废物，应按危险废物进行安全处置；秸秆等农林废物焚烧飞灰和除危险废物外的固体废物焚烧炉渣应按一般固体废物处理。

59. C 60. B 61. B 62. A

63. D 【解析】需打桩作业的建设项目涉及越冬鸟类栖息地的路段时应做好施工规划，在鸟类越冬期减少高噪声施工作业，必要情况下设置临时声音屏障。因此，该建设项目施工期的打桩作业时间不应安排在冬季。

64. D 【解析】生态影响的防护、恢复、补偿原则：①应按照避让、减缓、补偿和重建的次序提出生态影响防护与恢复的措施；所采取措施的效果应有利修复和增强区域生态功能。②凡涉及不可替代、极具价值、极敏感、被破坏后很难恢复的敏感生态保护目标（如特殊生态敏感区、珍稀濒危物种）时，必须提出可靠的避让措施或生境替代方案。③涉及采取措施后可恢复或修复的生态目标时，也应尽可能提出避让措施；否则，应制定恢复、修复和补偿措施。各项生态保护措施应按项目实施阶段分别提出，并提出实施时限和估算经费。A项属于补偿措施；C项属于减缓措施；BD两项均属于避让措施，但针对铁路，应采取隧道穿越的避让方式。

65. B 【解析】补偿是一种重建生态系统以补偿因开发建设活动而损失的环境功能的措施。补偿有就地补偿和异地补偿两种形式。就地补偿类似于恢复，但建立的新生态系统与原生态系统没有一致性；异地补偿则是在开发建设项目发生地无法补偿损失的生态功能时，在项目发生地以外实施补偿措施，如在区域内或流域内的适宜地点或其他规划的生态建设工程中补偿，最常见的补偿是耕地和植被的补偿。补偿措施体现社会群体等行使保护环境的权利，也体现生态保护的特殊性要求。

66. A 【解析】《环境影响评价技术导则 土壤环境（试行）》9.1.1，“土壤环境保护措施与对策应包括：保护的对象、目标，措施的内容、设施的规模及工艺、实施部位和时间、实施的保证措施、预期效果的分析等，在此基础上估算（概算）环境保护投资，并编制环境保护措施布置图。”

67. B 【解析】《环境影响评价技术导则 土壤环境（试行）》9.1.3，“改、扩建项目应针对现有工程引起的土壤环境影响问题，提出‘以新带老’措施，有效减轻影响程度或控制影响范围，防止土壤环境影响加剧。”

68. A 【解析】《环境影响评价技术导则 土壤环境（试行）》9.2.2.2，“生态影响型建设项目应结合项目的生态影响特征、按照生态系统功能优化的理念、坚持高效适用的原则提出源头防控措施。”

69. B 【解析】根据《污染场地土壤修复技术导则》5.2 提出修复目标，“通过对前期获得的场地环境调查和风险评估资料进行分析，结合必要的补充调查，确认污染场地土壤修复的目标污染物、修复目标值和修复范围。”

70. C　【解析】根据《污染场地土壤修复技术导则》6.2.2 现场中试，“如对土壤修复技术适用性不确定，应在污染场地开展现场中试，验证试验修复技术的实际效果，同时考虑工程管理和二次污染防范等。”

71. D　【解析】根据《污染场地土壤修复技术导则》5.2.3 确认修复范围，“确认前期场地环境调查与风险评估提出的土壤修复范围是否清楚，包括四周边界和污染土层深度分布，特别要关注污染土层异常分布情况，比如非连续性自上而下分布。”

72. A　【解析】根据《污染地块风险管控与土壤修复效果评估技术导则》6.1.1.3.5，“对于重金属和半挥发性有机物，在一个采样网格和间隔内可采集混合样。”

二、不定项选择题

1. BD　【解析】根据《大气污染治理工程技术导则》（HJ 2000—2010）5.1 的“污染气体收集”。

2. ACD　【解析】排气筒的高度应按《大气污染物综合排放标准》（GB 16297）和行业、地方排放标准的规定计算出的排放速率确定，排气筒的最低高度应同时符合环境影响报告批复文件要求。

3. AD　【解析】选项 D 的正确说法是：应当根据批准的环境影响评价文件的要求在排气筒上建设、安装自动监控设备及其配套设施或预留连续监测装置安装位置。

4. ABCD　5. ABCD　6. ABD

7. ABCD　【解析】选择吸附剂时，应遵循的原则包括：①比表面积大，孔隙率高，吸附容量大；②吸附选择性强；③有足够的机械强度、热稳定性和化学稳定性；④抑郁再生和活化；⑤原料来源广泛，价廉易得。

8. CD　【解析】铅及其化合物废气适用吸收法处理。酸液吸收法适用于净化铅和蓄电池生产中产生的含铅烟气。

9. ABC　10. ABCD

11. ABC　【解析】D 和 E 选项属湿式除尘器。

12. ABDE　【解析】在所有的除尘器中，电除尘器的投资成本相对较高，特别是高效电除尘器的初投资比达 15。

13. ABCE　【解析】选项 D 是除尘器的经济指标。

14. AD　【解析】A 项，吸附法，适用于低浓度挥发性有机化合物废气的有效分离与去除。B 项，膜分离法，适用于高浓度挥发性有机化合物废气的分离与回收。C 项，低温等离子体法，适用于气体流量大、浓度低的各类挥发性有机化合物废气处理。

15. BCDE　16. ACE　17. ACD　18. CD　19. ABCDE　20. ACDE

21. ABCD 【解析】根据《大气污染治理工程技术导则》（HJ 2000—2010）6.1.3.2，除尘器主要有机械式除尘器、湿式除尘器、袋式除尘器和静电除尘器。

22. BC 【解析】选项A的正确说法是：采用厌氧和好氧组合工艺处理废水时，厌氧工艺单元应设置在好氧工艺单元前。选项D的正确说法是：在污（废）水达标排放、技术经济合理的前提下应优先选用污泥产量低的处理单元或组合工艺。

23. AB 【解析】选项A的正确说法是：应将管理区和生活区布置在夏季主导风向的上风侧。选项B的正确说法是：将污泥区和进水区布置在夏季主导风向的下风侧。

24. AC 【解析】隔油、气浮方法是利用密度差异去除废水中的污染物。气浮适用于除水中密度小于1 kg/L的悬浮物、油类和脂肪，可用于污水处理，也可用于污泥浓缩。

25. BCD 26. ABD 27. AD

28. AC 【解析】废水中的重金属离子（如汞、镉、铅、锌、镍、铬、铁、铜等）、碱土金属（如钙、镁）、某些非金属（如砷、氟、硫、硼）均可采用化学沉淀处理过程去除。沉淀剂可选用石灰、硫化物、钡盐和铁屑等。Ni属于第一类污染物。对第一类污染物，不分行业和污水排放方式，也不分受纳水体的功能类别，一律在车间或车间处理设施排放口考核；去除金属Ni时，调节pH为碱性，形成$Ni(OH)_2$沉淀，再经固液分离装置去除沉淀物。

29. ABC 【解析】作为地下水环境修复的传统技术，水力控制技术包括抽注地下水、排出地下水、设置低渗透性屏障，这些方法可以单独使用或者联合使用来控制地下水污染。地下水污染水力控制技术包含的系统有：①抽水（排水）系统；②注水系统；③水动力屏障系统。抽水（排水）系统包括重力排水、浅井和群井、深井；注水系统包括补给水塘和注水井。

30. AB 【解析】在进行污染包气带土层及污染地下水恢复工程之前，必须控制污染源。如果污染源得不到控制，污染物仍源源不断地进入包气带土层及其下的地下水，恢复技术就不能可能取得成功。污染源的种类很多，但就其工程性质可分为两大类：不可清除的污染源和可清除的污染源。不可清除的污染源是指像城市垃圾、工业垃圾及放射性等人类活动中产生的固体废物，在目前的科学技术水平下，这些废物还不能完全被消除。可清除的污染源（如贮存罐、贮存箱、废油桶等）的控制措施一般是停止使用，或迁移到安全的地点。

31. ABCD 32. ABCD 33. ABCD 34. ACD 35. ABC

36. AD 【解析】选项B和C的说法对调才正确。

37. ABCD 38. ABCD

39. ACD 【解析】B项，铁路侧加3 m声屏障，对住宅高层的噪声防治无作用，但可以在穿越居民区路段加装封闭的隔声设施。

40. ABD　41. BCD　42. BCD

43. AD　【解析】选项 B 的正确说法是：填埋场场址的标高应位于重现期不小于 50 年一遇的洪水位之上。选项 C 的正确说法是：填埋场应有足够大的可使用容积，以保证填埋场建成后使用期不少于 8～10 年。

44. AD　45. ACD

46. BD　【解析】选项 B 的正确说法是：烟气除尘设备应采用袋式除尘器；选项 D 的正确说法是：应减少烟气在 200～400℃温区的滞留时间。

47. ABCD　【解析】具有爆炸性、易燃性、浸出毒性、腐蚀性、传染性、放射性等的有毒有害废物不应进入卫生填埋场，不得直接填埋医疗废物和与衬层不相容的废物。

48. BCD　【解析】填埋场内应实行雨水与污水分流，减少运行过程中的渗滤液产生量。

49. ACD　【解析】宜对填埋气体进行收集和利用，难以回收和无利用价值时宜将其导出处理后排放。

50. ABC　【解析】选项 D 的正确说法是：贮存含硫量大于 1.5%的煤矸石时，应采取防止自燃的措施。

51. ABC　52. BD　53. ABCD

54. BCD　【解析】水泥窑协同处置固体废物是指将满足或经过预处理后满足入窑要求的固体废物投入水泥窑，在进行水泥熟料生产的同时实现对固体废物的无害化处理过程。水泥窑协同处置固体废物的类型主要包括危险废物、生活垃圾、城市和工业污水处理污泥、动植物加工废物、受污染土壤、应急事件废物等。严禁利用水泥窑协同处置具有放射性、爆炸性和反应性废物，未经拆解的废家用电器、废电池和电子产品，含汞的温度计、血压计、荧光灯管和开关，铬渣，以及未知特性和未经过检测的不明性质废物。反应性废物是指经鉴别具有爆炸性质的危险废物和废弃氧化剂或有机过氧化剂。废盐酸属于废弃氧化剂，故不可利用水泥窑协同处置。

55. DE　【解析】根据危险废物安全填埋入场要求，废物可直接入场填埋的有两种情况。

56. ACD　【解析】生态环境保护战略特别注重保护三类地区：一是生态环境良好的地区，要预防对其破坏；二是生态系统特别重要的地区，要加强对其保护；三是资源强度利用，生态系统十分脆弱，处于高度不稳定或正在发生退化的地区。不同的地区因地制宜，贯彻实施各地生态环境保护规划，是生态环保措施必须实施的内容。

57. ACDE　58. BCDE　59. ABDE

60. CD　61. CDE　62. BD

63. ABD　【解析】生态监测的目的是：① 了解背景，即继续对生态的观察和研究，认识其特点和规律；②验证假说，即验证环境影响评价中所做出的推论、结论是否正确，是否符合实际；③跟踪动态，即跟踪监测实际发生的影响，发现评价中未曾预料到的重要问题，并据此采取相应的补救措施。

64. ABCD

65. ABD 【解析】选项C的正确说法是：禁止在重要道路、航道两侧及重要生态环境敏感目标可视范围内进行对景观破坏明显的露天开采。

66. ABCD 67. ABCD

68. ABCD 【解析】《环境影响评价技术导则 土壤环境（试行）》9.1.1，“土壤环境保护措施与对策应包括：保护的对象、目标，措施的内容、设施的规模及工艺、实施部位和时间、实施的保证措施、预期效果的分析等，在此基础上估算（概算）环境保护投资，并编制环境保护措施布置图。”

69. ACD 【解析】《环境影响评价技术导则 土壤环境（试行）》9.1.2，“在建设项目可行性研究提出的影响防控对策基础上，结合建设项目特点、调查评价范围内的土壤环境质量现状，根据环境影响预测与评价结果，提出合理、可行、操作性强的土壤环境影响防控措施。”

70. ABCD 【解析】《环境影响评价技术导则 土壤环境（试行）》9.1.4，“涉及取土的建设项目，所取土壤应满足占地范围对应的土壤环境相关标准要求，并说明其来源；弃土应按照固体废物相关规定进行处理处置，确保不产生二次污染。”

71. BD 【解析】《环境影响评价技术导则 土壤环境（试行）》9.2.2，“污染影响型建设项目应针对关键污染源、污染物的迁移途径提出源头控制措施，并与HJ 2.2、HJ 2.3、HJ 19、HJ 169、HJ 610等标准要求相协调。”

72. ABC 73. ABD

74. ABD 【解析】根据《环境影响评价技术导则 土壤环境（试行）》9.2.3过程防控措施，建设项目根据行业特点与占地范围内的土壤特性，按照相关技术要求采取过程阻断、污染物削减和分区防控措施。

75. ACD 【解析】根据垃圾填埋二次污染的防治方法：（2）填埋气的净化。溶剂吸收法是目前较为成熟的沼气净化方法，如采用双塔式溶剂吸收法提纯垃圾沼气，设备简单、成本低、操作简便，净化效果好。

采用MDEA作为CO_2的吸收剂，可分离垃圾沼气中的CH_4，供作汽车燃料，或作高热质燃气并入天然气管网用于工业锅炉、民用燃气或发电。

上述工艺的CO_2脱除率大于90%，甲烷回收率90%～95%，净化气中甲烷含量高于90%，据介绍，北京某环境工程技术有限公司已进行了该类净化技术的开发。其净化技术为吸收法，操作费用低，投资少，净化度高；所有设备均为国产，操作简单，无二次污染，工艺符合中国国情。

第六章　环境管理与环境监测

一、单项选择题（每题的备选选项中，只有一个最符合题意）

1．根据《建设项目环境影响评价技术导则　总纲》，按建设项目不同阶段、针对不同工况、不同环境影响和（　　），提出具体环境管理要求。

A．大气环境敏感性　　B．环境风险特征

C．要素　　D．生产工艺

2．根据《建设项目环境影响评价技术导则　总纲》，污染物排放清单不包括（　　）。

A．建设项目拟采取的环境保护措施及主要运行参数

B．排放的污染物总量指标

C．排污口信息

D．环境成本

3．根据《建设项目环境影响评价技术导则　总纲》，污染源监测不包括（　　）。

A．对污染源的定期监测

B．对污染治理设施的运转的不定期监测

C．在线监测设备的布设

D．污染源监测应至少取得7天的有效数据

4．在地下水环境监测中，确定监测层位最主要的依据为（　　）。

A．建设项目地理位置　　B．含水层的结构特点

C．排放污染物的种类　　D．排放污染物的数量

5．某排污单位制定自行监测方案，监测内容不包括（　　）。

A．污染物排放监测　　B．关键工艺参数监测

C．制定排污标准　　D．污染治理设施处理效果监测

6．排污单位环境管理台账中对于发生变化的基本信息，记录频次为（　　）。

A．1次/年　　B．5次/年

C．1次/3年　　D．发生变化时记录1次

7．排污单位环境管理纸质台账与电子台账原则上保存时间分别不低于（　　）。

A．1年，1年　　B．3年，3年　　C．5年，5年　　D．3年，5年

8．对于存在较大潜在人群健康风险的建设项目，应提出（　　）。

A．环境管理要求　　B．生态监测方案

C．定点监测计划　　D．环境跟踪监测计划

9．固定污染源烟气在线监测系统（CEMS）数据失控时段可修约的数据为（　　）。

A．污染物排放量　　B．污染物排放浓度

C．烟气参数　　D．有效数据捕集率

10．建设项目地表水监测计划中监测因子需与（　　）相协调。

A．调查因子　　B．评价因子

C．现状因子　　D．分析因子

11．对下泄流量有泄放要求的建设项目，在闸坝下游应设置（　　）监测系统。

A．流速　　B．水量

C．生态流量　　D．水温

12．排放口 COD 水质在线监测缺失时，其替代值的计算方法为（　　）。

A．缺失时段上推至与缺失时段相同长度的前一时间段监测值的算数平均值

B．缺失时段上推至与缺失时段相同长度的前一时间段监测值的中位值

C．缺失时段前 2 日监测值算数平均值

D．缺失时段前 4 日监测值算数平均值

二、不定项选择题（每题的备选项中至少有一个符合题意）

1．排污单位自行监测的一般要求包括（　　）。

A．制定监测方案　　B．设置和维护监测设施

C．开展自行监测　　D．做好监测质量保证与质量控制

E．记录和保存监测数据

2．某新建高速公路以隧道方式穿越一植被茂密的山体，该项目运营期隧道穿越段应进行的生态监测内容有（　　）。

A．地下水水位　　B．地下水水质

C．鸟类生态习性　　D．植物生长状况

3．关于排污单位自行监测，属于主要排放口的有（　　）。

A．主要污染源的废气排放口

B．主要污染源与一般污染源共用的排放口

C．“排污许可证申请与核发技术规范”确定的主要排放口

D．非重点行业焚烧炉废气排放口

4．按照国家有关规定，重点排污单位应当（　　）。

A．安装使用监测设备　　B．保证监测设备正常运行

C．恢复周边生态　　D．保存原始监测记录

5．下列关于重点排污单位废气自行监测指标的最低监测频次的说法，正确的是（　　）。

A．主要排放口主要监测指标，每半年到每年一次

B．主要排放口其他监测指标，每年一次

C．其他排放口监测指标，每半年到每年一次

D．主要排放口主要监测指标，每个月到每季度一次

6．排污单位环境管理台账记录内容包括（　　）。

A．基本信息　　B．生产设施运行管理信息

C．污染防治设施运行管理信息　　D．监测记录信息

7．下列选项中，属于确定监测频率需要遵循的原则是（　　）。

A．能反映污染物的长期波动

B．满足趋势分析的需要

C．满足精度需要，能区别污染物随时间的变化

D．能反映土地利用的变化对水质的影响

8．关于重点排污单位废水自行监测指标的最低监测频次，正确的是（　　）。

A．主要排放口主要监测指标，每日到每月一次

B．主要排放口其他监测指标，每季度到每半年一次

C．其他排放口监测指标，每季度到每半年一次

D．主要排放口主要监测指标，每季度一次

9．生态监测的目的主要是（　　）

A．了解背景，即继续对生态环境的观察和研究，认识其特点和规律

B．验证假说，即验证环境影响评价中所作出的推论、结论是否正确，是否符合实际

C．促进生产率

D．跟踪动态，跟踪监测实际发生的影响，发现评价中未曾预料到的重要问题，可以采取相应的补救措施

10．环境管理机构主要责任包括（　　）。

A．认真贯彻国家有关环保法规、规范、健全各项规章制度

B．监督环保设施运行状况，监督企业各污染物排放口的排放状况

C．建立企业环境保护档案

D．加强环境监测仪器、设备的维护保养，确保企业的环境监测工作正常进行

E．参加本企业及周边企业环境事件的调查、处理、协调工作

11．对于地下水一级评价的建设项目，跟踪监测点数量一般不少于 3 个，应至少在（　　）各布设 1 个。

A．建设项目场地　　B．建设项目场地上游

C．建设项目场地下游　　D．建设项目场地侧向

参考答案

一、单项选择题

1．B　【解析】《建设项目环境影响评价技术导则　总纲》9.1，“按建设项目建设阶段、生产运行、服务期满后（可根据项目情况选择）等不同阶段，针对不同工况、不同环境影响和环境风险特征，提出具体环境管理要求。”

2．D　【解析】《建设项目环境影响评价技术导则　总纲》9.1，“包括工程组成及原辅材料组分要求，建设项目拟采取的环境保护措施及主要运行参数，排放的污染物种类、排放浓度和总量指标，污染物排放的分时段要求，排污口信息，执行的环境标准，环境风险防范措施以及环境监测等。提出应向社会公开的信息内容。”

3．D　【解析】《建设项目环境影响评价技术导则　总纲》9.4，“a）污染源监测包括对污染源（包括废气、废水、噪声、固体废物等）以及各类污染治理设施的运转进行定期或不定期监测，明确在线监测设备的布设和监测因子。”

4．B　【解析】层位的确定依据以下原则：①含水层的结构特点是确定监测层位最主要的依据。含水层结构决定着地下水径流特征和污染物的迁移特点，含水层之间的水力联系决定了污染物的迁移方向和迁移能力。②建设项目的特点也是确定监测层位的重要参考依据。污染物由地表水污染地下水的建设项目，重点监测潜水含水层；污染物在地下或者含水层以下的建设项目，监测层位应兼顾污染物直接进入的含水层。③根据不同类型的特征因子的物理、化学性质及在含水层中的迁移转化规律，确定监测层位深度。

5．C　【解析】根据《排污单位自行监测技术指南　总则》，监测内容包括污染物排放监测、周边环境质量影响监测、关键工艺参数监测、污染治理设施处理效果监测。

6．D　【解析】《排污单位环境管理台账及排污许可证执行报告技术规范　总则（试行）》4.4.1，“对于未发生变化的基本信息，按年记录，1 次/年；对于发生变化的基本信息，在发生变化时记录 1 次”。

7．B　【解析】根据《排污单位环境管理台账及排污许可证执行报告技术规范

总则（试行）》，纸质台账、电子台账保存时间原则上均不低于 3 年。

8. D 【解析】《建设项目环境影响评价技术导则　总纲》9.4，“d）对存在较大潜在人群健康风险的建设项目，应提出环境跟踪监测计划。”

9. A 【解析】根据《固定污染源烟气（SO_2、NO_x、颗粒物）排放连续监测技术规范》（HJ 75—2017），CEMS 系统数据失控时段污染物排放量按照规范需求进行修约，污染物浓度和烟气参数不修约。

10. B 【解析】根据《环境影响评价技术导则　地表水环境》9.3.3，监测因子需与评价因子相协调。地表水环境质量监测断面或点位设置需与水环境现状监测、水环境影响预测的断面或点位相协调，并应强化其代表性、合理性。

11. C 【解析】根据《环境影响评价技术导则　地表水环境》9.3.5，对下泄流量有泄放要求的建设项目，在闸坝下游应设置生态流量监测系统。

12. A 【解析】根据《水污染源在线监测系统（COD_{Cr}、NH_3-N 等）数据有效性判别技术规范》（HJ 356—2007），缺少水质自动分析仪监测值内容包括：缺少 COD_{Cr}、NH_3-N、TP 监测值以缺失时间段上推至与缺失时间段相同长度的前一时间段监测值的算术平均值替代，缺失 pH 值以缺失时间段上推至与缺失时间段相同长度的前一时间段 pH 值中位值替代。如前一时间段数据缺失，再依次往前类推。

二、不定项选择题

1. ABCDE 【解析】根据《排污单位自行监测技术指南　总则》4，“自行监测的一般要求　包括制定监测方案、设置和维护监测设施、开展自行监测、做好监测质量保证与质量控制、记录和保存监测数据。”

2. CD 【解析】生态监测是观测与评价生态系统的自然变化及对人为变化所做出的反应，是对各类生态系统结构和功能的时空格局变量的测定。项目运营期隧道穿越段应进行的监测包括鸟类生态习性和植物生长状况。

3. ABC 【解析】《排污单位自行监测技术指南　总则》5.2.1.1，“符合以下条件的废气排放口为主要排放口：a）主要污染源的废气排放口、b）‘排污许可证申请与核发技术规范’确定的主要排放口、c）对于多个污染源共用一个排放口的，凡涉主要污染源的排放口均为主要排放口。”

4. ABD

5. CD 【解析】参见《排污单位自行监测技术指南　总则》5.2.1.4。

6. ABCD 【解析】参见《排污单位自行监测技术指南　总则》4.3。

7. BCD 【解析】监测频率的确定遵循以下原则：①监测频率的确定主要根据水文地质概念模型，此外还需要考虑满足趋势分析的需要；②分析监测点位与污染源的关系，对于位于污染源下游的点位需增加监测频率；③满足精度需要，能区别污染物随时间的变化；④能反映污染物的短期波动，如季节性波动；⑤能反映土地利用的变化对水质的影响。

8. AC 【解析】参见《排污单位自行监测技术指南 总则》5.3.3.2。

9. ABD 【解析】生态监测的目的是：①了解背景，即继续对生态的观察和研究，认识其特点和规律；②验证假说，即验证环境影响评价中所做出的推论、结论是否正确，是否符合实际；③跟踪动态，即跟踪监测实际发生的影响，发现评价中未曾预料到的重要问题，并据此采取相应的补救措施。

10. ABCD

11. ABC 【解析】根据《环境影响评价技术导则 地下水环境》11.3.2.1，“跟踪监测点数量要求：a）一级、二级评价的建设项目，一般不少于3个，应至少在建设项目场地及其上、下游各布设1个。一级评价的建设项目，应在建设项目的平面布置基础上，结合预测评价结果和应急响应时间要求，在重点污染风险源处增设监测点。”

第七章　环境风险分析

一、单项选择题（每题的备选选项中，只有一个最符合题意）

1. 根据《建设项目环境风险评价技术导则》，依据（　　），将大气环境敏感程度分为三级。

A．大气环境敏感性　　B．环境敏感目标环境敏感性

C．人口密度　　D．大气功能敏感性

2. 某项目事故情况下危险物质泄漏到地表水Ⅲ类水体，其下游 5 km 有一个水产养殖区，则该项目地表水环境敏感程度分级属于（　　）。

A．环境高度敏感区　　B．环境中度敏感区

C．环境低度敏感区　　D．不敏感

3. 某建设项目涉及的物质和工艺系统的危险性等级为 P2，项目所在地的环境敏感程度为 E2，则该建设项目环境风险潜势划分为（　　）级。

A．Ⅰ　　B．Ⅱ　　C．Ⅲ　　D．Ⅳ

4. 建设项目环境风险评价中，最大可信事故是指（　　）。

A．在所有预测的概率不为零的事故中，对环境（或健康）危害最严重的事故

B．在所有预测的概率大于 1 的事故中，对环境（或健康）危害最严重的事故

C．基于经验统计分析，在一定可能性区间内发生的事故中，造成环境危害最严重的事故

D．基于合理计算，在一定可能性区间内发生的事故中，造成环境危害最严重的事故

5. 关于事故源强的确定，下列说法正确的是（　　）。

A．事故源强设定可采用事件树分析法、计算法和经验估算法

B．火灾伴生/次生的污染物释放可使用计算法确定事故源强

C．以应力作用引起的泄漏型为主的事故可使用经验估算法确定事故源强

D．计算法适用于以腐蚀或应力作用等引起的泄漏型为主的事故

6. 环境风险识别中的生产系统危险性识别不包括（　　）。

A．主要生产装置　　B．公用工程

C．主要原辅材料　　D．辅助生产设施

7. 气体泄漏速率计算公式$Q_G = YC_d AP\sqrt{\frac{M\gamma}{RT_G}\left(\frac{2}{\gamma+1}\right)^{\frac{\gamma+1}{\gamma-1}}}$，$\gamma$表示（　　）。

A. 流出系数　　B. 气体的绝热指数

C. 气体泄漏系数　　D. 气体常数

8. $\frac{P_0}{P} \le \left(\frac{2}{\gamma+1}\right)^{\frac{\gamma}{\gamma-1}}$成立的条件是（　　）。

A. 气体流动属于亚音速流动　　B. 气体流动属于音速流动

C. 气体流动属于紊流　　D. 气体流动属于黏滞流

9. 公式（　　）是用来计算过热液体闪蒸蒸发速率的。

A. $Q_1 = Q_L \times F_v$　　B. $Q_G = YC_d AP\sqrt{\frac{M\gamma}{RT_G}\left(\frac{2}{\gamma+1}\right)^{\frac{\gamma+1}{\gamma-1}}}$

C. $Q_3 = \alpha p \frac{M}{RT_0} u^{\frac{(2-n)}{(2+n)}} r^{\frac{(4+n)}{(2+n)}}$　　D. $Q_2 = \frac{\lambda S \times (T_0 - T_b)}{H\sqrt{\pi \alpha t}}$

10. 当包气带防污性能为 D1，地下水功能性敏感性为 G2 时，其对应的地下水环境敏感程度应达到（　　）。

A. E1　　B. E2　　C. E3　　D. E4

11. 进行物质泄漏量计算时，一般情况下，设置紧急隔离系统的单元，泄漏时间可设定为（　　）min。

A. 30　　B. 15～30　　C. 15　　D. 10

12. 关于事故源强的确定，以下说法错误的是（　　）。

A. 装卸事故，泄漏量按装卸物质流速和管径及失控时间计算

B. 油气长输管线泄漏事故，按管道截面 50%断裂估算泄漏量

C. 油气长输管线泄漏事故，截断阀启动前，泄漏量按实际工况确定

D. 水体污染事故源强应结合污染物释放量、消防用水量及雨水量等因素综合确定

13. 大气环境风险防范应结合环境风险预测分析结果、区域交通道路和安置场所位置等，提出（　　）人员的疏散通道及安置等应急建议。

A. 平时状态下　　B. 特定状态下

C. 一般状态下　　D. 事故状态下

14. 应急储存设施不应根据（　　）确定。

A．发生事故的设备容量　　B．事故时消防用水量

C．可能进入应急储存设施的雨水量　　D．最大生产设备容量

15．某甲醇生产装置甲醇精馏单元采用三塔精馏工艺，自动控制每塔的流量。建设项目环境风险评价中，下列事故风险源项单元划分，正确的是（　　）。

A．单塔分别作为危险单元

B．两塔组合作为危险单元

C．三塔整体作为一个危险单元

D．甲醇生产装置整体作为一个危险单元

16．环境风险应急预案的编制内容不包括（　　）。

A．预案适用范围　　B．明确项目危险因素

C．监控和预警　　D．预案管理与演练

17．企业突发环境事件应急预案应体现（　　）。

A．主要危险物质　　B．优化的平面布局

C．分级响应、区域联动的原则　　D．现有环境风险防范措施的有效性

18．环境风险评价结论中，对（　　）的建设项目，须提出环境影响后评价的要求。

A．涉及剧毒物质　　B．存在较大环境风险

C．位于敏感区　　D．污染物排放量较大

19．某化工企业发生环境风险事故，汽油储罐发生火灾，参与燃烧的汽油为 10 t/s，则火灾伴生/次生污染物中 CO 产生量为（　　）kg/s。

A．1 188.3　　B．1 500　　C．297.1～1 188.3　　D．243

20．某建设项目涉及的危险物质有甲烷、甲醇，厂内物质贮存总量分别为 3 t 和 4 t，甲烷和甲醇临界量均为 10 t，则该项目风险潜势是（　　）。

A．Ⅰ　　B．Ⅱ　　C．Ⅲ　　D．Ⅳ

21．某盐酸甲罐区存储盐酸 600 m^3，罐区围堰内净空容量为 100 m^3，事故废水管道容量为 10 m^3，消防设施最大给水流量为 18 m^3/h，消防实施对应的设计消防历时为 2 h，发生事故时在 2 h 内可以转输到乙罐区盐酸 80 m^3，发生事故时生产废水及雨水截断无法进入事故废水管道，则在甲罐区设置的应急池设计容量至少为（　　）。

A．410 m^3　　B．546 m^3　　C．456 m^3　　D．446 m^3

22．油气长输管线泄漏事故，按管道截面（　　）断裂估算泄漏量，应考虑截断阀启动前、后的泄漏量。

A．25%　　B．50%　　C．75%　　D．100%

23．不属于环境风险三级评价基本要求的附图是（　　）。

A．环境敏感目标位置图　　B．危险单元分布图
C．预测结果图　　D．评价范围图

24．某项目危险物质数量与临界量比值 $Q\geqslant 100$，行业及生产工艺为 M3，其对应的工艺系统危险性等级为（　　）。

A．P1　　B．P2　　C．P3　　D．P4

25．在生产系统危险性识别中，分析危险单元内潜在风险源的依据是（　　）。

A．生产工艺流程　　B．物质危险性
C．平面布置功能区　　D．危险单元

26．热量蒸发速率公式 $Q_2=\dfrac{\lambda S\left(T_0-T_{\mathrm{b}}\right)}{H\sqrt{\pi a t}}$，$\lambda$ 表示（　　）。

A．热量蒸发速率　　B．液体气化热
C．表面热导系数　　D．表面热扩散系数

27．质量蒸发中，当液池有围堰时，液池半径应为（　　）。

A．围堰最小等效半径　　B．围堰平均等效半径
C．围堰最大等效半径　　D．液池等效半径

28．事故水环境风险防范措施中，应明确（　　）的环境风险防控体系要求。

A．封堵系统　　B．应急储存设施
C．单元—厂区—园区/区域　　D．预防为主

二、不定项选择题（每题的备选项中至少有一个符合题意）

1．在建设项目环境风险评价中，依据（　　），将地下水环境敏感程度分为三级。

A．地下水功能敏感性　　B．集中式饮用水水源级别
C．污染控制难易程度　　D．包气带防污性能

2．环境风险潜势，是对建设项目潜在环境危害程度的概化分析表达，是基于（　　）的综合表征。

A．建设项目涉及的物质　　B．建设项目涉及的工艺系统危险性
C．所在地环境敏感程度　　D．建设项目类别

3．建设项目环境风险潜势划分为（　　）级。

A．Ⅰ　　B．Ⅱ　　C．Ⅲ　　D．Ⅳ　　E．$Ⅳ^+$

4．关于危险物质数量与临界量比值（Q），以下说法正确的是（　　）。

A．计算所涉及的每种危险物质在厂界内的最大存在总量与其在附录 B 中对应临界量的比值 Q

B．在不同厂区的同一种物质，按其在厂界内的最大存在总量计算

C．长输管线项目，按照两个截断阀室之间管段危险物质最大存在总量计算

D．将 Q 值划分为：$1 \leqslant Q < 10$、$10 \leqslant Q < 100$、$Q \geqslant 100$

5．以下属于物质危险性识别内容的是（　　）。

A．原辅材料　B．燃料　C．中间产品

D．污染物　E．火灾和爆炸伴生/次生物

6．采用计算法确定事故源强，适用于（　　）。

A．火灾伴生/次生的污染物释放

B．爆炸伴生/次生的污染物释放

C．腐蚀作用引起的泄漏型为主的事故

D．应力作用引起的泄漏型为主的事故

7．某聚氯乙烯项目，以电石为原料，乙炔与氯化氢在汞触媒作用下生成聚乙烯单体，聚合生产产品聚乙烯。该项目事故风险源分析应包括（　　）。

A．聚合单元　B．生产控制室

C．氯化氢输送管道　D．电石存放库

8．企业应设置事故废水收集和应急储存设施，以满足事故状态下收集（　　）的需要。

A．泄漏物料　B．初期雨水　C．污染消防水　D．污染雨水

9．企业突发环境事件应急预案的编制内容包括（　　）等。

A．预案适用范围　B．环境事件分类与分级

C．组织机构与职责　D．善后处置

E．预案管理与演练等内容

10．环境风险管理过程中，应（　　）。

A．针对主要风险源，提出设立风险监控及应急监测系统

B．实现事故预警和快速应急监测、跟踪

C．提出应急物资的管理要求

D．提出人员的管理要求

11．风险事故源强设定可以采用的数据有（　　）。

A．液体泄露速率理论估算数据　B．同类事故类比源强数据

C．事故源强设计数据　D．雨水收集池数据

12．风险事故情形的设定应在环境风险识别的基础上筛选，设定的事故情形应具有（　　）等方面的代表性。

A．生产工艺　B．危险物质　C．环境危害　D．影响途径

13．属于建设项目环境风险评价基本附表要求的有（　　）。

A．建设项目环境敏感特征表　B．事故源项及事故后果基本信息表

C．大气风险预测模型主要参数表　　D．环境风险评价自查表

14．对于长输管道运输项目评估生产工艺情况，项目评估中分段评价的依据是（　　）。

A．站场　　B．阀门

C．管线　　D．控制台

15．环境风险类型及危害分析中，根据物质及生态系统危险性识别结果，分析（　　）。

A．环境风险类型

B．危险物质向环境转移的可能途径和影响方式

C．危险物质泄漏

D．生产系统安全性

16．风险事故源强设定可以采用的数据有（　　）。

A．液体泄漏速率理论估算数据　　B．同类事故类比源强数据

C．事故源强设计数据　　D．雨水收集池数据

17．下列设施中，属于石化项目水体风险防控措施的有（　　）。

A．消防水储罐　　B．车间排水监测井

C．消防废水收集池　　D．有机液体罐区围堰

18．质量蒸发中，（　　）决定液池最大直径。

A．泄漏点附近的地域构型　　B．围堰厚度

C．泄漏的连续性或瞬时性　　D．液体泄漏量

参考答案

一、单项选择题

1. A 【解析】《建设项目环境风险评价技术导则》附录D，“D.1 大气环境　依据环境敏感目标环境敏感性及人口密度划分环境风险受体的敏感性，共分为三种类型，E1为环境高度敏感区，E2为环境中度敏感区，E3为环境低度敏感区，分级原则见表D.1。”

2. B 【解析】《建设项目环境风险评价技术导则》附录D.2，“排放点进入地表水水域环境功能为Ⅲ类，可判断出地表水敏感性为较敏感F2；发生事故时，危险物质泄漏到内陆水体的排放点下游（顺水流向）10 km范围内有水产养殖区，该敏感目标分级属于S2；根据表D.2可判断出该项目地表水环境敏感程度分级属于环境中度敏感区E2。”

3. C 【解析】根据《建设项目环境风险评价技术导则》6.1 节表 2 判断可知，危险物质及工艺系统危险性 P2，项目所在地的环境敏感程度为 E2，则该建设项目环境风险潜势划为Ⅲ级。

4. C 【解析】《建设项目环境风险评价技术导则》3.6，“最大可信事故是基于经验统计分析，在一定可能性区间内发生的事故中，造成环境危害最严重的事故。”

5. D 【解析】《建设项目环境风险评价技术导则》8.2.2，“事故源强设定可采用计算法和经验估算法。计算法适用于以腐蚀或应力作用等引起的泄漏型为主的事故；经验估算法适用于以火灾、爆炸等突发性事故伴生/次生的污染物释放。”

6. C 【解析】环境风险识别中的生产系统危险性识别包括主要生产装置、储运设施、公用工程和辅助生产设施，以及环境保护设施等。

7. B 【解析】《建设项目环境风险评价技术导则》附录 F.1.2，γ——气体的绝热指数（比热容比），即定压比热容 C_p 与定容比热容 C_V 之比。

8. B 【解析】当 $\frac{P_0}{P} \leqslant \left(\frac{2}{\gamma+1}\right)^{\frac{\gamma}{\gamma-1}}$ 成立时，气体流动属音速流动；当 $\frac{P_0}{P} > \left(\frac{2}{\gamma+1}\right)^{\frac{\gamma}{\gamma-1}}$ 成立时，气体流动属于亚音速流动。

9. A 【解析】选项 B 是气体泄漏速率计算公式，选项 C 是质量蒸发速率计算公式，选项 D 是热量蒸发速率的估算公式。

10. A 【解析】当包气带防污性能为 D1，地下水功能敏感性为 G2 时，地下水环境敏感性程度为 E1。

包气带防污性能	地下水功能敏感性		
	G1	G2	G3
D1	E1	E1	E2
D2	E1	E2	E3
D3	E2	E3	E3

11. D 【解析】《建设项目环境风险评价技术导则》8.2.2.1，“泄漏时间应结合建设项目探测和隔离系统的设计原则确定。一般情况下，设置紧急隔离系统的单元，泄漏时间可设定为 10 min。”

12. B 【解析】《建设项目环境风险评价技术导则》8.2.2.3，“a）装卸事故，泄漏量按装卸物质流速和管径及失控时间计算，失控时间一般可按 5～30 min 计。b）油气长输管线泄漏事故，按管道截面 100%断裂估算泄漏量，应考虑截断阀启动前、后的泄漏量。截断阀启动前，泄漏量按实际工况确定；截断阀启动后，泄漏量以管道泄压至与环境压力平衡所需要时间计。c）水体污染事故源强应结合污染物释放量、消防用水量及雨水量等因素综合确定。”

13. D 【解析】《建设项目环境风险评价技术导则》10.2.1，“大气环境风险防范应结合风险源状况明确环境风险的防范、减缓措施，提出环境风险监控要求，并结合环境风险预测分析结果、区域交通道路和安置场所位置等，提出事故状态下人员的疏散通道及安置等应急建议。”

14. D 【解析】《建设项目环境风险评价技术导则》10.2.2，“应急储存设施应根据发生事故的设备容量、事故时消防用水量及可能进入应急储存设施的雨水量等因素综合确定。”

15. D 【解析】源项分析的步骤中，通常按功能划分建设项目工程系统，一般建设项目有生产运行系统、公用工程系统、储运系统、生产辅助系统、环境保护系统、安全消防系统等。将各功能系统划分为功能单元，每一个功能单元至少应包括一个危险性物质的主要贮存容器或管道。并且每个功能单元与所有其他单元有分隔开的地方，即有单一信号控制的紧急自动切断阀。因此，在本题中需将甲醇生产装置整体作为一个危险单元。

16. B 【解析】《建设项目环境风险评价技术导则》10.3.1，“按照国家、地方和相关部门要求，提出企业突发环境事件应急预案编制或完善的原则要求，包括预案适用范围、环境事件分类与分级、组织机构与职责、监控和预警、应急响应、应急保障、善后处置、预案管理与演练等内容。”

17. C 【解析】《建设项目环境风险评价技术导则》10.3.2，“企业突发环境事件应急预案应体现分级响应、区域联动的原则，与地方政府突发环境事件应急预案相衔接，明确分级响应程序。”

18. B 【解析】《建设项目环境风险评价技术导则》11.4，“对存在较大环境风险的建设项目，须提出环境影响后评价的要求。”

19. C 【解析】《建设项目环境风险评价技术导则》附录 F.3.2，油品火灾伴生/次生一氧化碳产生量公式为

$$G_{co}=2\,330\,qCQ$$

式中，C 为物质中碳的含量，取 85%；q 为化学不完全燃烧值，取 1.5%～6%；Q 为参与燃烧的物质量，t/s。

20. A 【解析】《建设项目环境风险评价技术导则》附录 C 中 C.1.1，当 $Q<1$ 时，该项目环境风险潜势为Ⅰ。

21. D 【解析】根据《事故状态下水体污染的预防与控制技术要求》（Q/SY 1190—2013）附录B，事故缓冲设施总有效容积计算公式为：$V_{总}=(V_1+V_2-V_3)_{max}+V_4+V_5$，$V_2=\Sigma Q_{消}\times t_{消}$，$V_5=10q\times f$，$q=q_a/n$。式中，$V_1$为收集系统范围内发生事故的物料量（$m^3$）；$V_2$为发生事故的储罐、装置或铁路、汽车装卸区同时使用的消防设施给

水流量（m^3/h）；$t_{消}$为消防设施对应的设计消防历时（h）；V_3为发生事故时可以传输到其他储存或处理设施的物料（m^3）；V_4为发生事故时仍必须进入该收集系统的生产废水（m^3）；V_5为发生事故时可能进入该收集系统的降雨量（m^3）；q为降雨强度，按平时日降雨量（mm）；q_a为年平均降雨量（mm）；n为平均降雨量数；f为必须进入事故废水收集系统的雨水汇总面积（$10^4\ m^2$）。根据题意，V_1=600（m^3），V_2=18×2=36（m^3），V_3=80+100+10=190（m^3），V_4+V_5=0。则$V_{总}$=600+36−190=446（m^3）。

22. D 【解析】《建设项目环境风险评价技术导则》8.2.2.3，"油气长输管线泄漏事故，按管道截面 100%断裂估算泄漏量，应考虑截断阀启动前、后的泄漏量。"

23. C 【解析】参见《建设项目环境风险评价技术导则》附录 J.1.

24. B 【解析】根据《建设项目环境风险评价技术导则》表 C.2，判断出危险性等级为 P2。

25. A 【解析】《建设项目环境风险评价技术导则》7.2.3.1，"按工艺流程和平面布置功能区划，结合物质危险性识别，以图表的方式给出危险单元划分结果及单元内危险物质的最大存在量。按生产工艺流程分析危险单元内潜在的风险源。"

26. C 【解析】根据《建设项目环境风险评价技术导则》附录 F.1.4.2 热量蒸发速率公示，λ为表面热导系数。

27. C 【解析】液池最大直径取决于泄漏点附近的地域构型、泄漏的连续性或瞬时性。有围堰时，以围堰最大等效半径为液池半径；无围堰时，设定液体瞬时扩散到最小厚度时，推算液池等效半径。

28. C 【解析】《建设项目环境风险评价技术导则》10.2.2，"事故废水环境风险防范应明确'单元—厂区—园区/区域'的环境风险防控体系要求。"

二、不定项选择题

1. AD 【解析】《建设项目环境风险评价技术导则》附录 D，"D.3 地下水环境　依据地下水功能敏感性与包气带防污性能，共分为三种类型，E1 为环境高度敏感区，E2 为环境中度敏感区，E3 为环境低度敏感区，分级原则见表 D.5。"

2. ABC 【解析】《建设项目环境风险评价技术导则》3.2，"环境风险潜势　对建设项目潜在环境危害程度的概化分析表达，是基于建设项目涉及的物质和工艺系统危险性及其所在地环境敏感程度的综合表征。"

3. ABCDE 【解析】《建设项目环境风险评价技术导则》6.1，"建设项目环境风险潜势划分为Ⅰ级、Ⅱ级、Ⅲ级、Ⅳ/Ⅳ$^+$级。"

4. ABC 【解析】《建设项目环境风险评价技术导则》附录 C.1.1：计算所涉及的每种危险物质在厂界内的最大存在总量与其在附录 B 中对应临界量的比值 Q。

在不同厂区的同一种物质，按其在厂界内的最大存在总量计算。对于长输管线项目，按照两个截断阀室之间管段危险物质最大存在总量计算。将 Q 值划分为：$Q<1$、$1\leqslant Q<10$、$10\leqslant Q<100$、$Q\geqslant 100$。

5. ABCDE 【解析】《建设项目环境风险评价技术导则》7.1.1，“物质危险性识别，包括主要原辅材料、燃料、中间产品、副产品、最终产品、污染物、火灾和爆炸伴生/次生物等。”

6. CD 【解析】《建设项目环境风险评价技术导则》8.2.2，“事故源强设定可采用计算法和经验估算法。计算法适用于以腐蚀或应力作用等引起的泄漏型为主的事故；经验估算法适用于以火灾、爆炸等突发性事故伴生/次生的污染物释放。”

7. ACD 【解析】源项分析步骤包括：①划分各功能单元；②筛选危险物质，确定环境风险评价因子，如分析各功能单元涉及的有毒有害、易燃易爆炸的名称和贮量，主要列出各单元所有容器和管道中的危险物质清单，包括物料类型、相态、压力、温度、体积或重量；③事故源项分析和最大可信事故筛选；④估算各功能单元最大可信事故泄露量和泄漏率。

8. ACD 【解析】《建设项目环境风险评价技术导则》10.2.2，“事故废水环境风险防范应明确‘单元—厂区—园区/区域’的环境风险防控体系要求，设置事故废水收集（尽可能以非动力自流方式）和应急储存设施，以满足事故状态下收集泄漏物料、污染消防水和污染雨水的需要。”

9. ABCDE 【解析】《建设项目环境风险评价技术导则》10.3.1，“按照国家、地方和相关部门要求，提出企业突发环境事件应急预案编制或完善的原则要求，包括预案适用范围、环境事件分类与分级、组织机构与职责、监控和预警、应急响应、应急保障、善后处置、预案管理与演练等内容。”

10. ABCD 【解析】《建设项目环境风险评价技术导则》10.2.4，“针对主要风险源，提出设立风险监控及应急监测系统，实现事故预警和快速应急监测、跟踪，提出应急物资、人员等的管理要求。”

11. ABC 【解析】根据《建设项目环境风险评价技术导则》（HJ 169—2018）规定，事故源强是为事故后果预测提供分析模拟情形。事故源强设定可采用计算法和经验估算法。计算法适用于以腐蚀或应力作用等引起的泄露型为主的事故，包括事故源强设计数据；经验估算法适用于以火灾、爆炸等突发性事故伴生、次生的污染物释放，包括液体泄露速率理论估算、同类事故类比法。

12. BCD 【解析】《建设项目环境风险评价技术导则》8.1.2.4，“风险事故情形的设定应在环境风险识别的基础上筛选，设定的事故情形应具有危险物质、环境危害、影响途径等方面的代表性。”

13. ABCD 【解析】《建设项目环境风险评价技术导则》附录J、附录K。

14．AC　【解析】计算所涉及的每种危险物质在厂界内的最大存在总量与其在附录 B 中对应临界量的比值 Q。在不同厂区的同一种物质，按其在厂界内的最大存在总量计算对于长输管线项目，按照两个截断阀门之间管段危险物质最大存在总量计算。而长输管道运输项目应按站场、管线分段进行评价。

15．AB　【解析】《建设项目环境风险评价技术导则》7.2.4.2，根据物质及生态系统危险性识别结果，分析环境风险类型、危险物质向环境转移的可能途径和影响方式。

16．ABC　【解析】《建设项目环境风险评价技术导则》8.2.2，事故源强是为事故后果预测提供分析模拟情形。事故源强设定可采用计算法和经验估算法。计算法适用于以腐蚀或应力作用等引起的泄漏型为主的事故；经验估算法适用于以火灾、爆炸等突发性事故伴生/次生的污染物释放。其中计算法包括事故源强设计数据，经验估算法包括液体泄漏速率理论估算、同类事故类比法。

17．CD　【解析】A 项，消防水储罐是消防设施，属于环境风险防范措施；B 项，车间排水监测井作为常规监测点，不能预防环境风险事故，也不属于水体风险防控措施。

18．AC　【解析】《建设项目环境风险评价技术导则》F.1.4.3，液池最大直径取决于泄漏点附近的地域构型、泄漏的连续性或瞬时性。有围堰时，以围堰最大等效半径为液池半径；无围堰时，设定液体瞬时扩散到最小厚度时，推算液池等效半径。

第八章　环境影响经济损益分析

一、单项选择题（每题的备选选项中，只有一个最符合题意）

1. 通过构建模拟市场来揭示人们对某种环境物品的支付意愿，从而评价环境价值的方法是（　）。

A．隐含价格法　　B．调查评价法

C．影子工程法　　D．机会成本法

2. 购买桶装纯净水作为应对水污染的防护措施，由此引起的额外费用，可视为水污染的损害价值，这种方法属于（　）。

A．影子工程法　　B．防护费用法

C．生产力损失法　　D．恢复或重置费用法

3. 在标准的环境价值评估方法中，下列方法在环境影响经济评价中，最常用而且最经济的是（　）。

A．人力资本法　　B．隐含价格法

C．调查评价法　　D．成果参照法

4. 城市生活污水二级处理厂，在排放前常采用消毒处理，最经济的消毒方法是（　）。

A．过氧化氢　　B．臭氧法

C．紫外线法　　D．二氧化氯法

5. 用于评估风景名胜区、森林公园、旅游胜地的环境价值的常用方法为（　）。

A．隐含价格法　　B．旅行费用法

C．旅行费用法　　D．影子工程法

6. 恢复或重置费用法、人力资本法、生产力损失法、影子工程法的共同特点是（　）。

A．基于人力资本的评估方法　　B．基于支付意愿衡量的评估方法

C．基于标准的环境价值评估方法　　D．基于费用或价格的评估方法

7. 在可能的情况下，下列环境影响经济评价的方法中，首选（　）。

A．医疗费用法、机会成本法、影子工程法、隐含价格法

B．隐含价格法、旅行费用法、调查评价法、成果参照法

C. 人力资本法、医疗费用法、生产力损失法、恢复或重置费用法、影子工程法

D. 反向评估法、机会成本法

8. 在环境影响经济评价方法中最常用的是（ ）。

A. 防护费用法　　B. 隐含价格法

C. 成果参照法　　D. 反向评估法

9. 成果参照法、隐含价格法、旅行费用法、调查评价法在环境影响经济评价中的共同特点是（ ）。

A. 基于人力资本的评估方法　　B. 基于购买意愿衡量的评估方法

C. 基于标准的环境价值评估方法　　D. 基于费用或价格的评估方法

10. 某地水土流失后的治理费用是 85 万元/km^2，那么，该地水土流失的环境影响的损失就是 85 万元/km^2，此种计算方法属于环境影响经济评价方法中的（ ）。

A. 影子工程法　　B. 隐含价格法

C. 恢复或重置费用法　　D. 旅行费用法

11. 某处因噪声污染需安装隔音设施花费 70 万元，如果这 70 万元就算是噪声污染的环境影响损失，那此种环境影响经济评价的方法是（ ）。

A. 机会成本法　　B. 防护费用法

C. 恢复或重置费用法　　D. 隐含价格法

12. 用复制具有相似功能的工程的费用来表示该环境的价值，是（ ）的特例。

A. 影子工程法　　B. 机会成本法

C. 反向评估法　　D. 重置费用法

13. 费用效益分析是从（ ）角度出发分析某一项目对整个国民经济净贡献的大小。

A. 小区　　B. 全社会

C. 厂商　　D. 功能区

14. 在环境价值评价方法中，（ ）通过构建模拟市场来揭示人们对某种环境物品的支付意愿，从而评价环境价值。

A. 调查评价法　　B. 机会成本法

C. 旅行费用法　　D. 隐含价值法

15. 反应项目对国民经济贡献的相对量指标是（ ）。

A. 贴现率　　B. 经济净现值

C. 环境影响的价值　　D. 经济内部收益率

16. 在费用效益分析中，当经济净现值（ ）时，表示该项目的建设能为社会做出贡献，即项目是可行的。

A. 小于零　　B. 小于1　　C. 大于零　　D. 大于1

17. 当项目的经济内部收益率（　　）行业基准收益率时，表示该项目是可行的。

A. 小于　　B. 大于或等于　　C. 等于　　D. 大于

18. 人们虽然不使用某一环境物品，但该环境物品仍具有的价值属于环境的（　　）。

A. 直接使用价值　B. 非使用价值　C. 间接使用价值　D. 选择价值

19. 费用—效益分析法中的经济净现值是用（　　）将项目计算期内各年的净收益折算到建设起点的现值之和。

A. 银行贴现率　B. 环境贴现率　C. 金融贴现率　D. 社会贴现率

20. 通过分析和预测一个或多个不确定性因素的变化所导致的项目可行性指标的变化幅度，判断该因素变化对项目可行性的影响程度，此种分析法是（　　）。

A. 敏感性分析法　B. 环境价值法　C. 影子工程法　D. 反向评估法

21. 环境影响经济损益分析中最关键的一步是（　　）。

A. 量化环境影响　　B. 筛选环境影响

C. 对量化的环境影响进行货币化　　D. 对量化的环境影响进行对比分析

22. 关于环境影响经济损益分析的步骤，下列叙述正确的是（　　）。

A. 筛选环境影响→量化环境影响→评估环境影响的货币化价值→将货币化的环境影响价值纳入项目的经济分析

B. 量化环境影响→筛选环境影响→评估环境影响的货币化价值→将货币化的环境影响价值纳入项目的经济分析

C. 筛选环境影响→评估环境影响的货币化价值→量化环境影响→将货币化的环境影响价值纳入项目的经济分析

D. 筛选环境影响→量化环境影响→将货币化的环境影响价值纳入项目的经济分析→评估环境影响的货币化价值

23. 将货币化的环境影响价值纳入项目的经济分析时，关键是将估算出的环境影响价值纳入（　　）。

A. 环境现金流量表　　B. 经济现金流量表

C. 社会现金流量表　　D. 财务现金流量表

24. 森林具有平衡碳氧、涵养水源等功能，这是环境的（　　）。

A. 非使用价值　　B. 直接使用价值

C. 间接使用价值　　D. 存在价值

25. 假如一片森林的涵养水源量是100万m^3，而在当地建设一座有效库容为100万m^3的水库所需费用是400万元，则可以此费用表示该森林的涵养水源功能价值，此方法称为（　　）。

A．防护费用法　B．恢复费用法　C．影子工程法　D．机会成本法

二、不定项选择题（每题的备选项中至少有一个符合题意）

1．环境的使用价值通常包含（　　）。

A．直接使用价值　B．间接使用价值

C．非使用价值　D．选择价值

2．在费用效益分析中，考察项目对环境影响的敏感性时，可以考虑分析的指标或参数是（　　）。

A．环境影响的价值　B．环境影响持续的时间

C．环境计划计划执行情况　D．生产成本

3．（　　）具有完善的理论基础，能对环境价值有一个正确的度量。

A．旅行费用法　B．生产力损失法　C．影子工程法

D．隐含价格法　E．防护费用法

4．（　　）能够用于评估环境污染的健康影响。

A．影子工程法　B．生产力损失法　C．人力资本法

D．旅行费用法　E．医疗费用法

5．为避免某呼吸道疾病 1 个病日，人们的支付意愿是 50 元。而当前该疾病持续 7 天，该疾病第一年估计影响该区域 100 万人的 1%，则这一健康影响第一年的总价值是 350 万元。那么总价值受（　　）内容的影响。

A．单位价值　B．受影响的人数

C．受影响的天数　D．受影响的范围

6．在费用—效益分析法中，判断项目可行性的重要判断指标包括（　　）。

A．销售利润率　B．经济净现值

C．贴现率　D．经济内部收益率

7. 环境影响的经济评价中，费用效益分析和财务分析的主要不同点包括(　　)。

A．分析的角度不同　B．分析的类别不同

C．对项目外部影响的处理不同　D．对税收、补贴等项目的处理不同

8．环境影响经济损益分析时，对环境影响的筛选，可以不考虑做损益分析的是（　　）。

A．难以定量化的环境影响　B．项目设计时已被控制的环境影响

C．小的、轻微的环境影响　D．环境影响本身是否发生具有不确定性

E．内部的环境影响

9．环境价值评估的隐含价格法的应用条件包括（　　）。

A．人们对环境质量变化敏感度

B．房地产价格在市场中自由形成

C．人们对环境质量变化的支付意愿

D．可获得完整的、大量的市场交易记录以及长期的环境质量记录

10．关于3组环境价值评估方法的选择，下列说法正确的是（　　）。

A．首选第Ⅰ组评估方法，因其理论基础完善，是标准的环境影响评估方法

B．再选第Ⅱ组评估方法，可作为低限值，但有时具有不确定性

C．后选第Ⅲ组评估方法，有助于项目决策

D．首选第Ⅰ组评估方法，可作为低限值，有助于项目决策

11．在环境经济评价方法中，影响环境价值支付意愿的因素包括（　　）。

A．收入　　B．年龄

C．替代品价格　　D．消费水平

参考答案

一、单项选择题

1．B

2．B 【解析】防护费用法属于第Ⅱ组评估方法中的第六种用于评估噪声、危险品和其他污染造成的损失。该方法用避免某种污染的费用来表示该环境污染造成损失的价值。

3．D

4．C 【解析】为避免或减少消毒时产生的二次污染物，最好用紫外线或二氧化氯消毒。很明显，最经济的是紫外线法。

5．C 【解析】旅行费用法一般用来评估户外游憩地的环境价值，如评估森林公园、城市公园、自然景观等的游憩价值。旅行费用法的基本思维是到该地旅游要付出代价，这一代价即旅行费用。旅行费用越高，来该地游玩的人越少；旅行费用越低，来该地游玩的人越多。所以，旅行费用成了旅游地环境服务价格的替代物。据此，可以求出人们在消费该旅游地环境服务时获得的消费者剩余。旅游地门票为零时，该消费者剩余就是这一景观的游憩价值。

6．D

7．B 【解析】选项B是有完善的理论基础的环境价值评估方法，也称标准的环境价值评估方法。

8．D　9．C　10．C　11．B

12．D 【解析】影子工程法属于第Ⅱ组评估方法中的第五种用于评估水污染

造成的损失、森林生态功能价值等。用复制具有相似环境功能的工程的费用来表示该环境的价值，是重置费用法的特例。

13. B 【解析】费用效益分析，又称国民经济分析、经济分析，是环境影响的经济评价中使用的另一个重要的经济评价方法。它是从全社会的角度，评价项目、规划或政策对整个社会的净贡献。费用效益分析是对项目（可行性研究报告中）财务分析的扩展和补充，是在财务分析的基础上，考虑项目等的外部费用（环境成本等），并对项目中涉及的税收、补贴、利息和价格等的性质重新界定和处理后，评价项目、规划或政策的可行性。

14. A 【解析】调查评价法可用于评估几乎所有的环境对象，如大气污染的环境损害、户外景观的游憩价值、环境污染的健康损害、人的生命价值、特有环境的非使用价值。调查评价法通过构建模拟市场来揭示人们对某种环境物品的支付意愿（WTP），从而评价环境价值。它通过人们在模拟市场中的行为，而不是在现实市场中的行为来进行价值评估，通常不发生实际的货币支付。

15. D 【解析】经济内部效益率是反应项目对国民经济贡献的相对量指标。它是使项目计算期内的经济净现值等于零时的贴现率。

16. C 17. D

18. B 【解析】环境的非使用价值是指人们虽然不使用某一环境物品，但该环境物品仍具有的价值。根据不同动机，环境的非使用价值又可分为遗赠价值和存在价值。如濒危物种的存在，有些人认为，其本身就是有价值的，这种价值与人们是否利用该物种谋取经济利益无关。

19. D 20. A 21. C 22. A 23. B 24. C 25. C

二、不定项选择题

1. ABD 【解析】此题主要考查环境除有直接使用价值和间接使用价值外还有选择价值。

2. ABC 【解析】费用效益分析中，考察项目对环境影响的敏感性时，可以考虑分析的指标或参数有：①贴现率（10%、8%、5%）；②环境影响的价值（上限、下限）③市场边界（受影响人群的规模大小）；④环境影响持续的时间（超出项目计算期时）；⑤环境计划执行情况（好、坏）。

3. AD 4. CE 5. ABC 6. BD

7. ACD 【解析】环境影响的经济评价中，费用效益分析和财务分析的主要不同有：① 分析的角度不同。财务分析，是从厂商（以盈利为目的的生产商品或劳务的经济单位）的角度出发，分析某一项目的盈利能力。费用效益分析则是从全社会的角度出发，分析某一项目对整个国民经济净贡献的大小。② 使用的价格不同。财务分析中所使用的价格是预期的现实中要发生的价格；而费用效益分析中使用的价格是反映整个社会资源供给与需求状况的均衡价格。③ 对项目外部影响的处理不同。财务分析只考虑，厂商自身对某项目方案的直接支出和收入；而费用效益分析除了考虑这些直接收支外，还要考虑该项目引起的间接的、未发生实际支付的效益和费用，如环境成本和环境效益。④ 对税收、补贴等项目的处理不同。在费用效益分析中，补贴和税收不再被列入企业的收支项目中。

8. BC

9. BD 【解析】 隐含价格法可用于评估大气质量改善的环境价值，也可用于评估大气污染、水污染、环境舒适性和生态系统环境服务功能等的环境价值。隐含价格法应用条件包括：①房地产价格在市场中自由形成；②可获得完整的、大量的市场交易记录以及长期的环境质量记录。

10. ABC 【解析】3 组环境评估方法的选择优先序（在可能情况下）应为：①首选第Ⅰ组评估方法，因其理论基础完善，是标准的环境价值评估方法；②再选第Ⅱ组评估方法，可作为低限值，但有时具有不确定性；③后选第Ⅲ组评估方法，有助于项目决策。

11. ABC 【解析】无论使用价值还是非使用价值，价值的恰当量度都是人们的最大支付意愿（WTP），即一个人为获得某种物品（服务）而愿意付出的最大货币量。影响支付意愿的因素有收入、替代品价格、年龄、教育、个人独特偏好以及对该物品的了解程度等。

第九章 综合练习（一）

一、单项选择题（每题的备选选项中，只有一个最符合题意）

1．在建设项目环境风险评价中，未设置紧急隔离系统的单元，物质泄漏时间可设定为（　　）min。

A．30　　B．10　　C．15～30　　D．15

2．某化工厂罐区设计甲醇最大贮存量 23 t，液氯最大贮存量 5 t，甲醇临界量 10 t，氯气临界量 1 t。厂区危险物质数量与临界量比值（Q）正确的是（　　）。

A．7.3　　B．6.3　　C．2.3　　D．5

3．某工业项目使用液氨为原料，每年工作 8 000 h，用液氨 1 000 t（折纯），其中 96%的氨进入主产品，3.5%的氨进入副产品，0.3%的氨进入废水，剩余的氨全部以无组织形式排入大气。则用于计算卫生防护距离的氨排放参数是（　　）kg/h。

A．0.15　　B．0.25　　C．0.28　　D．0.38

4．某企业锅炉燃油量为 10 000 t/a，含硫量为 1%，若 SO_2 总量控制指标为 40 t/a，则该锅炉脱硫设施的效率至少应大于（　　）。

A．90%　　B．80%　　C．70%　　D．60%

5．关于排污单位废气自行监测，以下选项中不属于主要监测指标的是（　　）。

A．挥发性有机物中排放量较大的污染物指标

B．颗粒物

C．排污单位所在区域环境质量超标的污染物指标

D．能在动植物体内积蓄但不产生长远不良影响的有毒污染物指标

6．某建设项目，排气筒 A 和 B 相距 40 m，高度分别为 25 m 和 40 m，排放同样的污染物。排气筒 A、B 排放速率分别为 0.52 kg/h 和 2.90 kg/h，其等效排气筒高度及排放速率是（　　）和（　　）。

A．32.5 m，2.9 kg/h　　B．32.5 m，3.42 kg/h

C．33.35 m，2.9 kg/h　　D．33.35 m，3.42 kg/h

7．大气颗粒污染物按气态考虑时，其粒径应为（　　）μm。

A．<15　　B．<30　　C．<50　　D．<100

8．某城市有 6 个环境空气例行监测点，各点 TSP 日平均浓度监测值如下表所示，TSP 日平均浓度执行《环境空气质量标准》（GB 3095—2012）的二级标准（0.30 mg/m^3），该城市现状监测值的最大超标为（　　）倍。

点位	TSP 日平均浓度/（mg/m^3）	点位	TSP 日平均浓度/（mg/m^3）
1	0.20～0.27	4	0.20～0.36
2	0.25～0.31	5	0.3～0.42
3	0.21～0.25	6	0.18～0.28

A．0.1　　B．0.2　　C．0.4　　D．0.5

9．某监测点全年 PM_{10} 质量监测数据 300 个，其中有 40 个超标、5 个未检出、5 个不符合监测技术规范要求，SO_2 全年超标率为（　　）。

A．13.7%　　B．13.6%　　C．13.3%　　D．17.0%

10．某监测点 TSP 日平均浓度为 0.36 mg/m^3，超过环境空气质量二级标准，其超标倍数为（　　）。

A．0.2　　B．1.2　　C．2.0　　D．2.2

11.固定顶罐总容积为 5 000 m^3，最大储存量为 80%，储罐与恒压（101.3 kPaG）废气收集处理系统相连，储罐气象空间温度从 10℃匀速上升至 13℃过程中，向废气收集系统排放的气量是（　　）。

A．42.38 m^3　　B．1 200 m^3　　C．41.38 m^3　　D．1 100 m^3

12．已知采样时的饱和溶解氧浓度估算为 9.0 mg/L，河流断面实测溶解氧为 10.0 mg/L，该断面执行地表水 III 类标准，溶解氧限值 5.0 mg/L，则该断面溶解氧的标准指数为（　　）。

A．−0.25　　B．0.25　　C．2.0　　D．5.0

13.某项目涉及循环水系统用水量为 1 000 m^3/h，新鲜水补水量为用水量的 10%，循环水系统排水量为 30 m^3/h，循环水利用率为（　　）。

A．90%　　B．90.9%　　C．87%　　D．79%

14．某扩建项目现状工程污染源调查，下列优先采用的数据是（　　）。

A．在线监测数据　　B．年度排污许可执行报告

C．环评数据或补充污染源监测数据　　D．项目监督性监测数据

15．统计风玫瑰图资料时，除考虑 16 个方位的风向频率外，还需统计（　　）。

A．静风频率　　B．风速频率　　C．小风频率　　D．大气稳定度

16．某建成项目有两个排气筒，据实际需要两根排气筒的高度都为 12 m，SO_2 实际排放速率一根为 1.0 kg/h，另一根为 0.8 kg/h；两根排气筒的直线距离为 10 m。该项目排气筒 SO_2 排放速率（　　）。（15 m 排气筒执行最高允许排放速率为 3.0 kg/h）

A．达标　　B．不达标　　C．无法确定

17．根据危险废物安全填埋入场要求，禁止填埋的是（　　）。

A．含水率小于 75%的废物　　B．含铜、铬固体废物

C．医疗废物　　D．含氰化物固体废物

18．拟建危险废物填埋场的天然基础层饱和渗透系数不应大于（　　）cm/s，且其厚度不应小于 2 m，刚性填埋场除外。

A．1.0×10^{-7}　　B．1.0×10^{-9}　　C．1.0×10^{-5}　　D．1.0×10^{-11}

19．排污单位废水排放量大于（　　）的，应安装自动测流设施并开展流量自动监测。

A．100 t/h　　B．100 t/d　　C．1 000 t/h　　D．1 000 t/d

20．某企业 A 车间废水量 100 t/d，废水水质为 pH 2.0，COD 浓度 2 000 mg/L；B 车间废水量也为 100 t/d，废水水质为 pH 6.0，COD 浓度 1 000 mg/L，上述 A、B 车间废水纳入污水站混合后水质为（　　）。

A．pH 4.0，COD 1 500 mg/L　　B．pH 4.0，COD 1 800 mg/L

C．pH 2.3，COD 1 500 mg/L　　D．pH 3.3，COD 1 800 mg/L

21．当需要预测排放口所在水域形成的混合区范围时，应适当（　　）预测点位。

A．不改变　　B．减少　　C．加密　　D．引用

22．狄龙模型可用于下列（　　）污染因子的预测。

A．总磷　　B．水温　　C．溶解氧　　D．重金属

23．对于感潮河段的下游水位边界确定，应选择（　　）作为基本水文条件进行计算。

A．对应时段潮周期　　B．一个潮周期

C．实测潮位过程　　D．历史最大潮周期

24．当采用（　　）进行水环境影响预测时，可对预测水域进行合理概化。

A．解析法　　B．一维模型　　C．数值解模型　　D．二维模型

25．为预防拟建项目对地下水的污染，环境影响评价中优先进行的是（　　）。

A．合理选址　　B．划定饮用水水源保护区

C．基础防渗　　D．优化生产工艺

26．城市污水处理厂厌氧工艺无组织排放的废气中，含氮污染物主要是（　　）。

A．NO　　B．NO_2　　C．N_2O　　D．NH_3

27．评价废水可生化性的重要指标是（　　）。

A．COD/DO　　B．TOC/COD　　C．DO/TOC　　D．BOD_5/COD

28．传统活性污泥法处理工艺流程示意图如下，其中（2）（3）（4）（5）分别是（　　）。

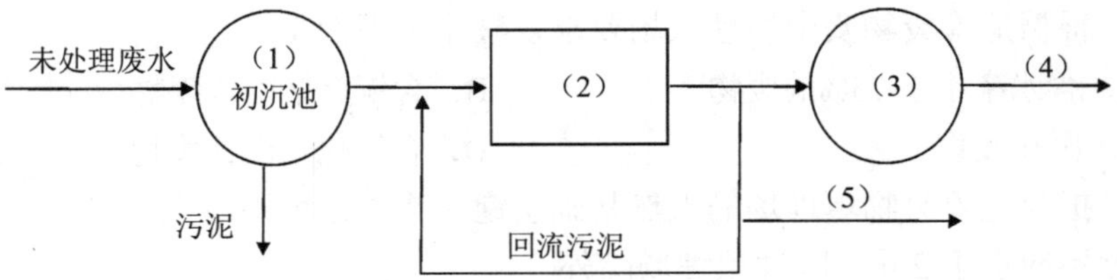

A．二沉池、曝气池、出水、剩余污泥

B．曝气池、二沉池、出水、剩余污泥

C．曝气池、污泥浓缩池、出水、干化污泥

D．曝气池、二沉池、剩余污泥、出水

29．湖泊、水库水质完全混合模式是（　　）模型。

A．三维　　B．二维　　C．一维　　D．零维

30．地表水环境影响预测模型参数确定的方法有（　　）。

A．类比法　　B．数值法　　C．解析法　　D．模型法

31．河流一维稳态水质模型 $C=C_0e^{-kx/u}$ 可以用于（　　）的水质预测。

A．$\alpha \leqslant 0.027$ 且 $Pe \geqslant 1$　　B．$\alpha \leqslant 0.027$ 且 $Pe < 1$

C．$0.027 < \alpha \leqslant 380$　　D．$\alpha > 380$

32．采用河流一维对流扩散简化模型进行水质预测，至少要调查（　　）。

A．流量、水面宽、粗糙系数　　B．流速、纵向扩散系数、水面宽

C．水面宽、水深、坡度　　D．流速、综合衰减系数

33．不达标区建设项目选择废水处理措施时，应优先考虑（　　）。

A．水环境质量改善目标　　B．替代源的削减方案实施情况

C．治理效果　　D．最低排放强度和排放浓度

34．水污染影响型水文情势调查内容不包括（　　）。

A．水文年及水期的划分　　B．河流物理形态参数

C．不利水文条件及特征水文参数　　D．水动力学参数

35．在排污企业排放污染物核算中，通过监测并计算核定日平均水污染物排放量后，按（　　）计算污染物年排放总量。

A．建设单位所属行业平均年工作天数　　B．建设单位年工作的计划天数

C．建设单位年工作的实际天数　　D．行业排放系数

36．由于大气降水使表层土壤中的污染物在短时间内以饱和状态渗流形式进入含水层，这种污染属于（　　）污染。

A．间歇入渗型　　B．连续入渗型

C．含水层间越流型　　D．径流型

37．适用于狭长、均匀河口连续点源模型分析的水文水力学调查，至少包括

（　　）等参量。

A．流量、流速和水深　　　　B．流速、河宽和水深

C．流量、流速和水位　　　　D．流速、底坡降和流量

38．已知干、支流汇流前的流量分别为 9 m^3/s、1 m^3/s，氨氮浓度分别为 0.2 mg/L、2.0 mg/L，汇流混合后的氨氮平均浓度为（　　）。

A．1.10 mg/L　B．0.48 mg/L　C．0.42 mg/L　D．0.38 mg/L

39．城市污水处理厂尾水排入河流，排放口下游临界氧亏点的溶解氧浓度一般（　　）该排放口断面的溶解氧浓度。

A．高于　B．低于　C．略高于　D．等于

40．某河流拟建引水式电站，将形成 6 km 的减水河段，减水河段无其他水源汇入，下游仅有取水口一个，取水量 2 m^3/s，若减水河段最小生态需水量为 10 m^3/s，问大坝至少应下放的流量为（　　）。

A．2 m^3/s　B．8 m^3/s　C．10 m^3/s　D．12 m^3/s

41．某拟建项目厂址位于平原地区，为调查厂址附近地下潜水水位和流向，应至少布设潜水监测井位（　　）。

A．1 个　B．2 个　C．3 个　D．4 个

42．水污染通过地下岩溶孔道进入含水层造成地下水污染，按污染途径判断该污染类型属于（　　）。

A．间歇入渗型　　　　B．连续入渗型

C．径流型　　　　D．含水层间越流型

43．一般认为导致水体富营养化的原因是（　　）的增加。

A．氮、磷　　　　B．pH、叶绿素 a

C．水温、水体透明度　　　　D．藻类数量

44．集中式生活饮用水地表水源地硝基苯的限值为 0.017 mg/L。现有一河段连续 4 个功能区（从上游到下游顺序为Ⅱ类、Ⅲ类、Ⅳ类、Ⅴ类）的实测浓度分别为 0.020 mg/L、0.019 mg/L、0.018 mg/L 和 0.017 mg/L。根据标准指数法判断可能有（　　）功能区超标。

A．1 个　B．2 个　C．3 个　D．4 个

45．某建设工程迹地位于华南低山区，雨量充沛。按植被分布特征判断，自然状态下多年后可能出现的植被类型是（　　）。

A．云杉群落　　　　B．红松群落

C．华山松群落　　　　D．马尾松群落

46．某次样方调查资料给出了样方总数和出现某种植物的样方数，据此可以计算出该种植物的（　　）。

A．密度　B．优势度　C．频度　D．多度

47．生态影星评价制图应采用标准地形图作为工作地图，精度一般为（　）。

A．1∶10 000　B．1∶15 000　C．1∶50 000　D．1∶100 000

48．描述物种在群落中重要程度的指标是（　）。

A．样方数、采样频次和样方面积　B．相对密度、相对优势度和相对频度

C．种数、种类与区系组成　D．种类总和、样地总面积和样地总数量

49．在环境影响评价中做好（　）是生态影响评价的重要基础。

A．群落结构分析　B．物种评价

C．现状调查　D．水土流失预测

50．以下属于鸟类调查方法的是（　）。

A．鸣声计数法　B．分区直数法

C．卵块统计法　D．标记重捕法

51．某新建公路拟经过国家重点保护植物集中分布地，工程方案中应优先考虑的保护措施是（　）。

A．迁地保护　B．育种种植

C．货币补偿　D．选线避让

52. 用放射性标记物测定自然水体中的浮游植物光合作用固定的某元素要用“暗呼吸”法做校正，这是因为植物在黑暗中能吸收（　）。

A．O^2　B．H^2　C．N^2　D．^{14}C

53．下列方法中，不属于生态现状调查的方法是（　）。

A．遥感法　B．类比法

C．资料收集法　D．专家和公众咨询法

54. 用黑白瓶测定水体初级生产量，得出初始瓶（IB）、黑瓶（DB）和白瓶（LB）的溶解氧量分别为5.0 mg/L、3.5 mg/L 和9.0 mg/L，则净初级生产量和总初级生产量分别是（　）。

A．4.0 mg/L 和5.5 mg/L　B．5.5 mg/L 和1.5 mg/L

C．4.0 mg/L 和1.5 mg/L　D．1.5 mg/L 和5.5 mg/L

55．风力侵蚀强度分级指标包括（　）。

A．植被覆盖度、年平均风速和年风蚀厚度

B．年平均风速、植被覆盖度和侵蚀模数

C．植被覆盖度、年风蚀厚度和侵蚀模数

D．侵蚀模数、年风蚀厚度和年平均风速

56．公路建设过程中控制（　）是减少生态影响的重要措施。

A．施工进度　B．施工机械数量

C．作业时段　　D．作业带宽度

57．在无法获得项目建设前的生态质量背景资料时，应首选（　）作为背景资料进行类比分析。

A．当地长期科学观测累积的数据资料
B．同一气候带类似生态系统类型的资料
C．全球按气候带和生态系统类型的统计资料
D．当地地方志记载的有关资料

58．下列鸟类物种中，被列为极危物种的是

A．镰翅鸡　B．海南孔雀雉　C．赤颈鹤　D．白鹤

59．寒温带分布的地带性植被类型为（　）。

A．雨林　B．针阔混交林　C．常绿阔叶林　D．落叶针叶林

60．等声级线图绘制过程中，线的间隔不应大于（　）。

A．1 dB　B．5 dB　C．2 dB　D．101 dB

61．反映地面生态学特征的植被指数 NPVI 是指（　）。

A．比值植被指数　B．农业植被指数
C．归一化差异植被指数　D．多时植被指数

62．输气管道建成后，适合在其上方覆土绿化的植物物种是（　）。

A．松树　B．柠条　C．杨树　D．苜蓿

63．某隧道工程穿越石灰岩地区，在环境影响评价中，应特别重视（　）。

A．水文地质条件　B．隧道长度　C．出渣量　D．爆破方式

64．在鱼道设计中必须考虑的技术参数是（　）。

A．索饵场分布　B．水流速度　C．河流水质　D．鱼类驯化

65．野外现场渗水试验目的是（　）。

A．含水层孔隙度　B．包气带孔隙度
C．含水层垂向渗透系数　D．包气带垂向渗透系数

66．承压水含水层一般不易受其顶部的地表污染源污染的主要原因是（　）。

A．承压水含水层水流速度快
B．承压水含水层水量大
C．承压水含水层比其上部岩层的渗透系数大
D．承压水含水层与其补给区空间分布不一致

67．降雨初期的地下水入渗方式主要有（　）。

A．水动力弥散　B．淋溶
C．稳定渗流　D．非饱和渗流

68．某炼油企业储油罐发生泄漏，进入含水层引起地下水污染，下列关于含水层

污染羽化演化特征的说法，正确的是（　　）。

A．污染羽范围不变，浓度场中心向下游迁移

B．污染羽范围不变，浓度场中心不变

C．污染羽中心浓度变小，浓度场中心不变

D．污染羽中心浓度变小，且向下游迁移

69．某项目区基岩为碳酸岩，岩溶暗河系统十分发育，水文地质条件复杂，地下水评价等级为一级。下列地下水流模拟预测方法选择中，正确的是（　　）。

A．概化为等效多孔介质，优先采用数值法

B．概化为等效多孔介质，优先采用解析法

C．概化为地表河流系统，优先采用解析法

D．概化为地表河流系统，优先采用数值法

70．某沟渠厂 2 000 m，两侧与浅层地下水联系密切且补给地下水，已知潜水含水层渗透系数 100 m/d，地下水力坡度 0.2%，水力坡度取值段含水层平均厚度 4 m，则该沟渠对地下水渗漏补给量是（　　）。

A．1 000 m^3/d　　B．1 500 m^3/d　　C．1 600 m^3/d　　D．2 000 m^3/d

71．适合高效处理高温、高湿、易燃易爆含尘气体的除尘器是（　　）。

A．重力沉降室　　B．袋式除尘器　　C．旋风除尘器　　D．湿式除尘器

72．含汞废气的净化方法是（　　）。

A．吸收法　　B．氧化还原法　　C．中和法　　D．催化氧化还原法

73．对空气柱振动引发的空气动力性噪声的治理，一般采用（　　）的措施。

A．安装减振垫　　B．安装消声器

C．加装隔声罩　　D．设置声屏障

74．在评价噪声源现状时，评价量为最大 A 声级的是（　　）。

A．稳态噪声　　B．偶发噪声

C．起伏较大的噪声　　D．脉冲噪声

75．线性工程声环境保护目标与项目关系图比例尺应不小于（　　）。

A．1∶1 000　　B．1∶5 000　　C．1∶10 000　　D．1∶50 000

76．无限长线声源 10 m 处噪声级为 82 dB，在自由空间传播约至（　　）m 处噪声级可衰减为 70 dB。

A．40　　B．80　　C．120　　D．160

77．开展厂界噪声环境监测的建设项目，应至少（　　）开展一次监测。

A．每年　　B．每月　　C．每五年　　D．每季度

78．某厂区压缩机是最大噪声源，其噪声源表述正确的是（　　）。

A．距离压缩机 r 处的 A 声功率级

B. 距离压缩机 r 处的 A 声压级

C. 压缩机的 A 声压级

D. 距离压缩机 r 处的中心频率为 63～8 000 Hz 8 个倍频带的声功率级

79. 公路项目环境影响评价的噪声防治措施中，应优先考虑（　　）。

A. 声源控制　　B. 声屏障

C. 线路与敏感目标的合理距离　　D. 个人防护

80. 下列噪声中，可以用最大 A 声级进行评价的是（　　）。

A. 突发噪声　B. 稳态连续噪声　C. 道路运输噪声　D. 风机运行噪声

81. 某拟建工程的声源为固定声源，声环境影响评价范围内现有一固定声源，敏感点分布如下图，声环境现状监测点应优先布置在（　　）敏感点。

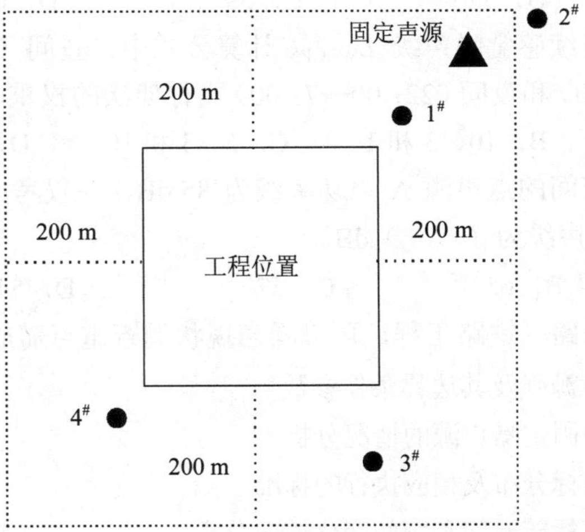

A. 1#　　B. 2#　　C. 3#　　D. 4#

82. 环境振动监测中无规则振动采用的评价量为（　　）。

A. 铅垂向 Z 振级　　B. 铅垂向 Z 振级最大值

C. 累计百分铅垂向 Z 振级　　D. 累计百分振级

83. 我国现有环境噪声标准中，主要评价量为（　　）。

A. 等效声级和计权有效感觉噪声级

B. 等效声级和计权有效感觉连续噪声级

C. 等效连续 A 声级和计权等效连续感觉噪声级

D. A 计权等效声级和计权等效连续噪声级

84. 在一开阔硬质地面上作业的大型挖掘机声功率级为 95 dB，在只考虑几何发散衰减并忽略背景噪声情况下，利用点声源模式计算挖掘机 50 m 处理声级为（　　）dB。

A．70　　B．67　　C．53　　D．50

85．已知某车间（近似扩散声场）窗户的传输损失TL为20 dB，靠近窗户的室内声级为85 dB，则关窗时靠近窗户的室外声级为（　　）dB。

A．59　　B．65　　C．71　　D．75

86．点声源A、B、C在某一预测点处的噪声叠加值为75 dB，其中A、B两声源对预测点产生的噪声值分别为61 dB和67 dB，则C声源对预测点产生的噪声值为（　　）dB。

A．71　　B．72　　C．73　　D．74

87．某平直公路段长5 km，路宽7 m，距中心线15 m处噪声为64 dB，不考虑背景噪声情况下，距公路中心线30 m处噪声为（　　）dB。

A．55　　B．57　　C．59　　D．61

88．计权等效连续感觉噪声级 L_{WECPN} 计算公式中，昼间（7：00—19：00）、晚上（19：00—22：00）和夜间（22：00—7：00）飞行架次的权重取值分别是（　　）。

A．1、3和10　　B．10、3和1　　C．2、3和10　　D．3、1和10

89．位于自由空间的点声源A声功率级为85 dB，在仅考虑几何发散衰减时，距声源10 m处的A声级为（　　）dB。

A．85　　B．65　　C．57　　D．54

90．对于拟建公路、铁路工程，环境噪声现状调查重点需放在（　　）。

A．线路的噪声源强及其边界条件参数

B．工程组成中固定噪声源的情况分析

C．环境敏感目标分布及相应执行的标准

D．环境噪声目标随时间和空间变化情况分析

91．环境噪声的防治措施优先考虑的环节为（　　）。

A．受体保护

B．从声源上和传播途径上降低噪声

C．从声源上降低噪声和受体保护

D．从传播途径上降低噪声和受体保护

92．以噪声为主的建设项目，为减轻对周边居民人群的影响，应优先采用的噪声防治措施是（　　）。

A．居住人群搬迁　　B．设置声屏障

C．加大噪声源与居住区的距离　　D．选用低噪声设备

93．消声器主要用来降低（　　）。

A．机械噪声　　B．电磁噪声

C．空气动力性噪声　　D．撞击噪声

94．从声源上降低噪声的措施是（ ）。

A．敏感目标保护　　B．选用低噪声设备

C．将噪声源置于地下　　D．调整声源与敏感目标距离

95．已知某一段时间内不同时刻的瞬时 A 声级，要求计算该时段内的等效声级，采用的计算方法是（ ）。

A．算术平均法　　B．能量平均法

C．几何平均法　　D．调和平均法

96．污染影响型项目土壤理化特性调查内容不包括（ ）。

A．有机质　　B．有效钾

C．总磷　　D．全氮

97．某地土壤实测体积含水量为 40%，用 100 cm^3 环刀取原状土，实测土壤鲜重为 200 g，该土壤的干容重是（ ）。

A．0.4 g/cm^3　B．1.6 g/cm^3　C．2.4 g/cm^3　D．2 g/cm^3

98．在建设项目土壤环境现状调查资料收集过程中，不需要收集的图件是（ ）。

A．植被类型图　　B．土地利用现状图

C．土地利用规划图　　D．土壤类型分布图

99．以下不属于土壤理化特性调查内容的是（ ）。

A．阳离子交换量　　B．氧化还原电位

C．包气带岩性　　D．孔隙度

100．某改建项目，土壤环境影响评价工作等级为二级，应对现有工程的土壤环境保护措施情况进行调查，并重点调查（ ）的土壤污染现状。

A．敏感点　　B．主要装置或设施附近

C．污水站附近　　D．评价范围内农用地

101．经检测土壤 pH 为 8，则可判断出该土壤属于（ ）。

A．极重度酸化　　B．重度酸化

C．中度酸化　　D．无酸化或碱化

102．对于土壤环境影响评价，涉及三个地区的建设项目，应（ ）开展评价工作。

A．对影响最大的区域　　B．同时

C．分别　　D．对影响较大的地区

103．确认前期场地环境调查与风险评估提出的土壤修复范围是否清楚，特别要关注（ ）。

A．四周边界　　B．污染土层深度分布

C．地下水埋深　　D．污染土层异常分布情况

104．危险物质数量与临界量比值（Q）是指危险物质在厂界内（　　）与临界量的比值。

A．最大存在总量　　B．平均存在总量
C．危险物质总量　　D．最小存在总量

105．在工程分析方法中，类比法是指（　　）。

A．利用同类工程已有的环境影响报告书或者可行性研究报告等资料进行工程分析的方法
B．在分析过程中把一个工程项目的设计资料和另外一个不同类型的工程项目的设计资料加以对比
C．在生产过程中投入系统的物料总量必须等于产出的产品量和物料流失量之和
D．利用与拟建项目类型相同的现有项目的设计资料或实测数据进行工程分析的常用方法

106．工程分析中将没有排气筒或排气筒高度低于（　　）的排放源定位为无组织排放源。

A．15 m　　B．20 m　　C．8 m　　D．25 m

107．河流水域概化中，预测河段及代表性断面的宽深比≥（　　）时，可视为矩形河段。

A．10　　B．15　　C．20　　D．25

108．以下水文地质试验方法中可以确定包气带渗透性能的是（　　）。

A．注水试验　　B．渗水试验　　C．浸溶试验　　D．土柱淋滤试验

109．用来反映岩土透水性能的指标是（　　）。

A．渗流速度　　B．渗透系数　　C．有效孔隙度　　D．水力坡度

110．统计噪声级 L_{10} 表示（　　）。

A．取样时间内 10%的时间超过的噪声级，相当于噪声平均峰值
B．取样时间内 90%的时间超过的噪声级，相当于噪声平均底值
C．取样时间内 10%的时间超过的噪声级，相当于噪声平均底值
D．取样时间内 90%的时间超过的噪声级，相当于噪声平均峰值

111．现有车间的噪声现状调查，重点为处于（　　）dB（A）以上的噪声源分布及声级分布。

A．65　　B．75　　C．85　　D．95

112．一定地段面积内某个时期生存着的活动有机体的质量是（　　）。

A．物种量　　B．生长量　　C．生物生产力　　D．生物量

113．陆地生态系统生物量是衡量环境质量变化的主要标志，应采用（　　）进行测定。

A．样地调查收割法　　　　　　B．系统分析法

C．随机抽样法　　　　　　　　D．收集资料法

114．关于大气污染源，下列说法正确的是（　　）。

A．按污染物的排放形式可分为连续源、瞬时源、间歇源

B．面源包括无组织排放源和数量多、源强源高都不大的点源

C．凡不通过排气筒或通过 15 m 高度以下排气筒的排放，均属于无组织排放

D．按污染源的几何高度可分为点源、面源和线源

115．大气环境影响预测时，对于临近污染源的高层住宅楼，应适当考虑（　　）的预测受体。

A．不同代表长度上　　　　　　B．不同代表宽度上

C．不同代表高度上　　　　　　D．不同代表朝向上

116．对于持久性污染物（连续排放），沉降作用明显的河段适用的水质模式是（　　）。

A．河流完全混合模式　　　　　B．河流一维稳态模式

C．零维模式　　　　　　　　　D．S-P 模式

117．采用瞬时点源排放模式预测有毒有害化学品事故泄漏进入水体的影响，首先需要（　　）。

A．判断是否可以作为瞬时点源处理

B．判断有毒有害化学品进入水体的浓度

C．判断水面上大气中有毒污染的分压是否达标

D．判断悬浮颗粒物浓度是否达标

118．在达西定律中，关于渗透系数的说法错误的是（　　）。

A．渗透系数是表征含水介质透水性能的重要参数

B．渗透系数与颗粒成分、颗粒排列等有关

C．渗透系数与流体的物理性质有关

D．粒径越大，渗透系数（*K*）越小

119．某地拟新建化工项目，根据现状调查，距离项目 200 m 处有一机械加工企业，职工人数为 400 人，500 m 处有 1 村庄，村民人数为 110 人，4 km 处有一学校，师生总人数为 1 000 人，该化工项目大气环境风险评价环境敏感程度为（　　）。

A．E1　　　　　　　B．E2　　　　　　　C.E3

120．某炼油项目填海 7 hm^2，配套建设成品油码头及罐区，并对航道进行疏浚。施工期海域专题的主要评价因子是（　　）。

A．成品油　　　B．悬浮物　　　C．重金属　　　D．溶解氧

121．植被调查中，频度是指（　　）。

A．单位面积上某种植物株数

B．群落中包含某种植物的样地数与总样地数之比

C．某种植物个体在不同样地中出现的频率

D．植物冠层垂直投影面积

122．下列选项中，利用修正的A-P值法估算环境容量需要掌握的基本资料不包括（　　）。

A．区域环境功能分区

B．第 i 个功能区的污染控制浓度 C_i

C．开发区质量目标和达标情况

D．第 i 个功能区的污染物背景浓度 C_{ib}

123．高速公路环境保护验收在噪声监测时，符合布设24 h连续测量点位的监测点是（　　）。

A．车流量有代表性的路段，距高速公路路肩50 m、高度1.3 m

B．车流量有代表性的路段，距高速公路路肩50 m、高度1.2 m

C．车流量有代表性的路段，距高速公路路肩60 m、高度1.3 m

D．车流量有代表性的路段，距高速公路路肩60 m、高度1.2 m

124．从土壤剖面采取土壤样品正确的方法是（　　）。

A．随机取样　B．由上而下分层取样

C．由下而上分层取样　D．由中段向上下两侧扩展取样

二、不定项选择题（每题的备选项中至少有一个符合题意）

1．属大气污染源面源的有（　　）。

A．车间　B．工棚　C．露天堆料场

D．15 m以下排气筒　E．锅炉房20 m高度的烟囱

2．影响噪声源对声环境敏感目标噪声贡献值的因素有（　　）。

A．噪声源位置　B．声源源强

C．人口密度　D．空气的温度、湿度

3．制定生态影响型项目营运期生态跟踪监测方案时，以（　　）作为监测对象。

A．植被　B．国家重点保护物种

C．地区特有物种　D．对环境变化敏感的物种

4．狄龙模型适合于（　　）水质预测。

A．湖中氮的　B．湖中磷的

C．光合作用显著的河流的　D．水库中氮、磷的

5．在建设项目噪声影响预测计算中，需要的基础数据有（　　）。

A．声源源强　　B．声源运行时段

C．声源与预测点的位置　　D．声波的传播条件

6．大气污染的常规控制技术分为（　　）等。

A．洁净燃烧技术　　B．高烟囱烟气排放技术

C．烟粉尘净化技术　　D．气态污染物净化技术

7．在工业污染型项目的工程分析中，应具备的基本图件有（　　）。

A．工厂平面布置图　　B．工艺流程图

C．物料平衡图　　D．环境监测布点图

E．评价范围图

8．按照地方和相关部门要求，提出企业突发环境事件应急预案编制或完善的原则要求。应急预案内容应包括（　　）。

A．预案适用范围　　B．环境事件分类与分级

C．应急保障　　D．应急演练

9．某煤制烯烃项目由备煤、气化、变换、净化、甲醇合成、甲醇制烯烃、硫回收、污水处理场等单元组成。该项目排放硫化氢的无组织排放单元有（　　）。

A．气化　　B．硫回收　　C．甲醇制烯烃　　D．污水处理厂

10．在固废填埋场中，控制渗滤液产生量的措施有（　　）。

A．防止雨水在场地积聚　　B．将地表径流引出场地

C．最终盖层采用防渗材料　　D．采取防渗措施防止地下水渗入

11．某管线项目穿越省级森林生态系统类型的自然保护区实验区，环境影响评价需具备的基本生态图件有（　　）。

A．土地利用现状图　　B．植被分布现状图

C．重要物种分布图　　D．自然保护区功能分区图

12．城市污水处理厂污泥稳定过程中（　　）。

A．厌氧消化　　B．好氧消化

C．化学稳定和混合　　D．污泥浓缩

13．在城市垃圾填埋场的环境影响评价中，应（　　）。

A．分析渗滤液的产生量与成分

B．评价渗滤液处理工艺的适用性

C．预测渗滤液处理排放的环境影响

D．评价控制渗滤液产生量的措施有效性

14．为满足噪声源噪声级的类比测量要求，应当选取与建设项目噪声源（　　）进行。

A．相似的型号规格　　B．相近的工况

C．相似的环境条件　　D．相同的测量时段

15．河流完全混合过程长度估值时，需要（　　）等数据。

A．水面宽度　　B．排放口到岸边距离

C．断面流速　　D．横向扩散系数

16．下列属于水动力及水质模型中所需参数的有（　　）。

A．流量　　B．流速　　C．糙率　　D．扩散系数

17．生态影响评价中，陆生野生动物的调查内容一般应包括（　　）。

A．动物种类及区系组成　　B．分布范围及生境状况

C．种群数量及繁殖规律　　D．迁徙行为及迁徙通道

18．某技改扩建项目拟依托原有公辅工程，其治理措施可行性分析应考虑的因素（　　）。

A．能力匹配性　　B．工艺可行性

C．经济合理性　　D．现行环保政策相符性

19．在城市垃圾填埋场的环境影响评价中，应对（　　）进行分析或评价。

A．填埋场废气产量　　B．废气的综合利用途径

C．集气、导气系统失灵状况下的环境影响　　D．废气利用方案的环境影响

20．公路建设项目环境影响评价中，减少占用耕地可行的工程措施有（　　）。

A．优化线路方案　　B．高填方路段收缩路基边坡

C．以桥梁代替路基　　D．编制基本农田保护方案

21．从河流A的上游筑坝，跨流域调水补给河流B的中游，其生态影响评价范围应包括（　　）。

A．河流A的上游　　B．河流A的中、下游

C．河流B的中、下游　　D．调水线路所穿越地区

22．距离某空压机站10 m处声级为80 dB（A），距离空压机站150 m、180 m、300 m、500 m 各有一村庄。该空压机站应布置在距离村庄（　　）m 外，可满足GB 3096—2008中2类区标准要求。

A．150　　B．180　　C．300　　D．500

23．属于环境风险源项的有（　　）。

A．系统故障导致高浓度 SO_2 事故排放　　B．氨从储罐大量泄出

C．污水处理站事故排放　　D．运输液氯的槽车事故泄漏

24．进行河流水环境影响预测，需要确定（　　）等。

A．受纳水体的水质状况　　B．拟建项目的排污状况

C．设计水文条件　　D．边界条件（或初始条件）

25．进行陆生动物哺乳动物多样性调查时，调查方法可采用（　）。

A．样线（带）调查法　　B．踪迹判断法

C．红外相机陷阱法　　D．生态图法

26．下列固废中，属于一般工业固体废物的有（　　）。

A．燃烧电厂产生的粉煤灰　　B. 石油加工业产生的油泥

C. 煤矸石　　D. 电镀废水物化处理产生的污泥

27．某河流多年平均流量为 250 m^3/s，在流经城区河段拟建一集装箱货码头，在环境影响预测分析中需关注的内容应包括（　　）。

A．集中供水水源地　　B．洄游性鱼类

C．浮游生物　　D．局地气候

28．污染型建设项目的工程分析应给出（　　）等项内容。

A．工艺流程及产污环节　　B．污染物源强核算

C．项目周围污染源的分布及源强　　D．清洁生产水平

E．环保措施与污染物达标排放

29．下列生态影响方式属于间接生态影响的有（　　）。

A．水文情势变化导致生境条件、水生生态系统发生变化

B．不可逆转的生物多样性下降

C．物种迁徙（或河游）、扩散、种群交流受到阻隔

D．资源减少及分布变化导致种群结构或种群动态发生变化

30．某大型水电站建于干热河谷，为跟踪监测电站建成后对干热河谷陆生生态的影响，监测计划应包括的内容有（　）

A．物候变化　　B．局地气候变化

C．土壤理化性质的变化　　D．陆生动植物物种的变化

31．用类比法预测河流筑坝对鱼类资源的影响时，类比调查应重点考虑（　　）。

A．工程特性与水文情势变化　　B．饵料生物丰度

C．鱼类区系组成及其生活习性　　D．有无洄游性、珍稀保护、地方特有鱼类

32．在生态影响型建设项目的环境影响评价中，选择的类比对象应（　　）。

A．与拟建项目性质相同

B．与拟建项目工程规模相似

C．与拟建项目具有相似的生态环境背景

D．与拟建项目类似且稳定运行一定时间

33．生态现状评价常用的方法有（　　）。

A．图形叠置法　　B．生态机理分析法

C．景观生态学方法　　D．情景分析法

E. 系统分析法

34. 在建设项目环境影响评价中，环境现状调查包括（　　）。

A. 自然环境现状调查与评价　　B. 环境保护目标调查

C. 社会环境现状调查　　D. 环境质量现状调查

35. 在进行陆生野生动物物种调查时，应调查（　　）。

A. 动物毛发　　B. 动物粪便

C. 动物足迹　　D. 动物叫声

36. 对弃渣场进行工程分析时需明确（　　）等。

A. 弃渣场的数量　　B. 弃渣场的占地类型及其面积

C. 弃渣量　　D. 弃渣方式

E. 生态恢复方案

37. 关于入海河口、近岸海域补充监测点位设置与采样频次的说法正确的有（　　）。

A. 一级评价可布设5～7个取样断面

B. 原则上一个水期在一个潮周期内采集水样

C. 当上、下层水质变幅较大时，应分层取样

D. 对于近岸海域，一个水期宜在半个太阴月内的大潮期或小潮期分别采样

38. 生态影响型建设项目工程分析中，应纳入生态影响源项分析的有（　　）。

A. 占地类型和面积　　B. 取弃土场位置和土石方量

C. 移民安置方案　　D. 生态恢复

39. 水污染源调查中，属于点源排放的有（　　）。

A. 农田退水　　B. 农村生活污水

C. 大型造纸厂排放污水　　D. 城市污水处理厂排水

40. 假设枯水期事故排放导致苯胺瞬时泄漏进入河流，若河流径流量为常数，采用一维动态水质解析模式进行下游敏感断面苯胺浓度预测，需要的基本参数有（　　）。

A. 横向混合系数　　B. 纵向离散系数

C. 河道过水断面积　　D. 苯胺的一级降解系数。

41. 在环境影响评价中提出的污染物总量控制指标建议值应满足的要求有（　　）。

A. 污染物达标排放　　B. 影响区的环境质量达标

C. 国家或地方有关污染物控制总量　　D. 环保投资符合项目投资概算

42. 属于主要排放口监测指标的有（　　）。

A. 二氧化硫、氮氧化物和挥发性有机物

B．所在区域环境质量超标的污染物指标

C．属于优先控制污染物，能在环境或动植物体内积蓄对人类产生长远不良影响的有毒污染物指标

D．有毒污染物指标

43．按照水力学特点分类，地下水污染途径大致可分为四种类型。污染物从上到下经包气带进入含水层的类型有（　　）。

A．间歇入渗型　　B．连续入渗型

C．径流型　　D．含水层间越流型

44．当污染物由上而下经包气带进入含水层，其对地下水的污染程度主要取决于包气带的（　　）。

A．地质结构　　B．岩性　　C．厚度　　D．渗透性

45．下列技术中，属于地下水污染水力控制技术的有（　　）。

A．抽水系统控制技术　　B．注水系统控制技术

C．水动力屏障系统控制技术　　D．可渗透性反应墙技术

46. 进行河流均匀混合模型预测必须确定（　　）。

A．污染物排放浓度　　B．污水排放量

C．河流上游污染物浓度　　D．河流流量

47．控制燃煤锅炉 SO_2 排放的有效方法是（　　）。

A．炉内喷钙　　B．石灰石—石膏湿法

C．循环流化床锅炉　　D．氨法

E．燃用洁净煤

48．生态影响预测应包括（　　）方面的分析。

A．生态影响因素　　B．生态影响受体

C．生态影响效应　　D．生态防护措施

49．控制燃煤锅炉 NO_x 排放的有效方法有（　　）。

A．非选择性催化还原法　　B．选择性催化还原法

C．炉内喷钙法　　D．低氮燃烧技术

50．具有日调节性能的水电站，运营期对坝址下游河道水生生态产生影响的要素有（　　）。

A．水量波动　　B．水位涨落

C．水温分层　　D．气候变化

51．对于一个选址符合环保要求的拟建垃圾填埋场，控制和预防地下水污染的措施包括（　　）。

A．防渗工程　　B．渗滤液疏导、处理工程

C．雨水截流工程　　D．渗滤液系统监测系统

52．某项目环境空气现状监测，采样时间为每天 20 h。下列污染物中，不满足日平均浓度有效性规定的有（　　）。

A．PM_{10}日平均浓度　　B．$PM_{2.5}$日平均浓度

C．B*a*P 日平均浓度　　D．TSP 日平均浓度

53．利用遥感资料可给出的信息有（　　）。

A．植被类型及其分布　　B．土地利用类型及其面积

C．土壤类型及其分布　　D．群落结构及物种组成

54．动物调查的内容一般应包括（　　）。

A．动物的种类　　B．种群数量　　C．迁徙行为

D．分布情况　　E．生境条件

55．对降低空气动力性噪声有效的技术措施有（　　）。

A．吸声　　B．隔声　　C．消声　　D．减振

56．从声源上降低噪声，可采取的方法有（　　）。

A．选用低噪声设备　　B．保持设备良好运转状态

C．采用天然地形遮挡声源　　D．合理安排建筑物平面布局

57．影响重金属污染物在包气带土层中迁移的主要因素包括（　　）。

A．水的运移　　B．重金属的特性

C．土层岩性　　D．含水层中水流速度

58．隧道施工可能对生态环境产生影响的因素有（　　）。

A．弃渣占地　　B．施工涌水

C．施工粉尘　　D．地下水疏干

59．建设项目环境保护措施的经济论证内容包括（　　）。

A．环保措施的投资费用　　B．环保措施的运行费用

C．环保措施的处理效率　　D．环保措施的环境经济效益

60．计算一个植物种在群落中重要值的参数有（　　）。

A．相对密度　　B．相对优势度

C．相对频度　　D．相对高度

61．在污染型项目的工程分析中，应具备的基本图件有（　　）。

A．项目平面布置图　　B．工艺流程图

C．环境监测布点图　　D．评价范围图

62．进行环境噪声现状测量时，测量记录的内容应包括（　　）。

A．有关声源运行情况　　B．测量仪器情况

C．测量时的环境条件　　D．采样或计权方式

E．测点声级数据及其测量时段

63．有限长线声源的噪声预测，可依据预测点与线声源的距离和声源长度之间的关系，分别按（　　）进行计算。

A．无限长线声源　　B．点声源

C．有限长线声源　　D．$L_p(r)=L_p(r_0)-15\lg(r/r_0)$

64．下列关于环境质量现状评价，错误的是（　　）。

A．PM_{10}、CO 和 O_3 长期监测数据的年评价指标包括 PM_{10} 24 小时平均第 98 百分位数、CO_2　4 小时平均第 95 百分位数、O_3 8 小时平均第 90 百分位数和 PM_{10}、CO、O_3 的年平均值

B．补充监测数据的现状评价内容，分别对各监测点位不同污染物的短期浓度进行环境质量现状评价。对于超标的污染物，计算其超标倍数和超标率

C．Pb 的浓度单位为μg/m³时，数据要求保留 2 位小数

D．采用多个长期监测点位数据进行现状评价，取各污染物相同时刻各监测点位的浓度最大值作为评价范围内环境空气保护目标及网格点环境质量现状浓度

65．湖库水平衡计算中的出水量包括（　　）。

A．地表径流量　　B．城市生活取水量

C．农业取水量　　D．湖库水面蒸发量

66．影响垃圾卫生填埋的渗滤液产生量的因素有（　　）。

A．垃圾含水量　　B．垃圾填埋总量

C．区域的降水量与蒸发量　　D．渗滤液的输导系统

67．生态影响型项目工程分析应包括的内容有工程建设性质、工程投资及（　　）等。

A．占地类型和面积　　B．施工方案

C．弃渣量　　D．施工废水排放量

68．对于大气环境风险预测，一级评价需选取（　　），选择适用的数值方法进行分析预测。

A．最不利气象条件　　B．最不利地形

C．事故发生地的最常见气象条件　　D．典型事故案例中的气象条件

69．为了满足烟尘排放浓度小于 50 mg/m³，燃煤电厂可采用的除尘器有（　　）。

A．水膜除尘器　　B．静电除尘器

C．旋风除尘器　　D．布袋除尘器

70．在模拟湖库（　　）时，可采用解析解模型。

A．水域形态规则　　B．水域面积较小

C．水流均匀　　D．排污稳定

71．影响建设项目对敏感点等效声级贡献值的主要原因有（　　）。

A．声源源强　　B．声源的位置

C．声波传播条件　　D．敏感点处背景值

72．绘制工矿企业噪声贡献值等声级图时，等效声级（　　）。

A．间隔不大于5 dB　　B．最低值和功能区夜间标准相一致

C．可穿越建筑物　　D．最高值可为75 dB

73．大气环境影响预测进行模型计算设置时，对于城市/农村选项，（　　）应选择“城市”。

A．项目周边3 km半径范围内一半以上面积属于城市建成区

B．项目周边3 km半径范围内一半以上面积属于城市规划区

C．项目周边5 km半径范围内人口较多

D．项目周边5 km半径范围内一半以上面积属于城市建成区

74．大气环境影响评价中复杂风场是指（　　）。

A．静风场　　B．山谷风环流

C．海陆风环流　　D．城市热岛环流

75．采用大气估算模式计算点源最大地面浓度时，所需参数包括排气筒出口处的（　　）。

A．内径　　B．烟气温度

C．环境温度　　D．烟气速度

76. 某集中供热项目大气环境影响评价等级为一级，评价结果表达应包含（　　）。

A．基本信息底图　　B．网格浓度分布图

C．项目基本信息图　　D．大气环境防护区域图

77．评价等级为二级的大气环境影响预测内容至少应包括（　　）。

A．正常排放时小时平均浓度　　B．非正常排放时小时平均浓度

C．正常排放时日平均浓度　　D．非正常排放时日平均浓度

78．大气估算模式中点源参数调查清单应包括排气筒坐标、排气筒底部海拔高度、排气筒高度、评价因子源强及（　　）。

A．排气筒内径　　B．烟气出口速度

C．烟气出口温度　　D．排气筒出口处环境风速

79．利用一维水质模型预测非持久性污染物排放对下游河段的影响，需确定的参数有（　　）。

A．综合衰减系数　　B．纵向扩散系数

C．横向混合系数　　D．垂向扩散系数

80．有关河流水域概化要求说法正确的有（　　）。

A. 预测河段及代表性断面的宽深比≥20时，可视为矩形河段

B. 河段弯曲系数>1.3时，可视为弯曲河段，其余可概化为平直河段

C. 对于河流水文特征值和水质急剧变化的河段，应分段概化，并分别进行水环境影响预测

D. 预测河段及代表性断面的宽深比≥15时，可视为矩形河段

81. 地表水面源污染负荷估算模型有（　　）。

A. 源强系数法　　B. 水文分析法

C. 河流数学模型　　D. 面源模型法

82. 某公路拟在距离厂界10 m处安装4台小型方体冷却塔，预测时厂外敏感点噪声超标，通常采用的噪声治理方法有（　　）。

A. 设置声屏障　　B. 选用低噪声冷却塔

C. 调整冷却塔的位置　　D. 进风口安装百叶窗式消声器

83. 分析工业污染型项目总图布置方案合理性时，应考虑（　　）。

A. 项目选址　　B. 周围环境敏感点位置

C. 气象、地形条件　　D. 污染源的位置

84. 有关污水处理工艺说法正确的有（　　）。

A. 采用厌氧和好氧组合工艺时，厌氧工艺单元应设置在好氧工艺单元前

B. 一级处理主要是去除污水中呈胶体和溶解状态的有机污染物

C. 当污（废）水中含有生物毒性物质，应在污（废）水进入生物处理单元前去除毒性物质

D. 三级处理主要是去除污水中呈悬浮或漂浮状态的污染物

85. 某公路改扩建工程，在路中心两侧分布有5个距离相同的敏感点，如下图，合理的监测点设置方案有（　　）。

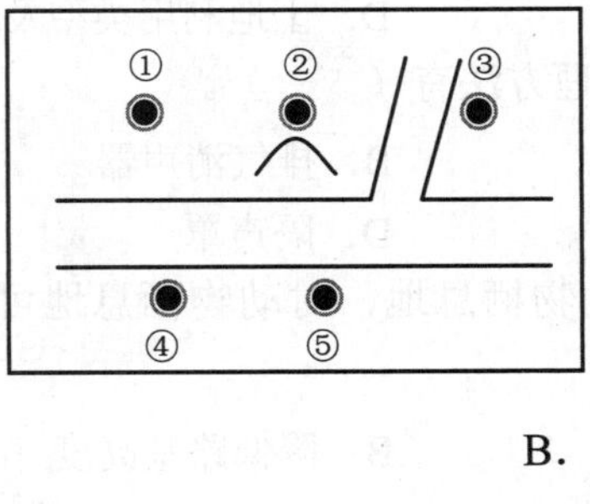

A. ①②③　　B. ②③④

C. ①④⑤　　D. ①③⑤

86. 进行河流稳态水质模拟预测需要确定（　　）。

A. 污染物排放位置、排放强度　　B. 水文条件

C. 初始条件　　D. 水质模型参数值

87．洁净煤燃烧技术包括（　　）。

A．循环流化床燃烧　　B．型煤固硫技术

C．低 NO_x 燃烧技术　　D．煤炭直接液化

88．袋式除尘器的清灰方式有（　　）。

A．机械振动清灰　　B．脉冲喷吹清灰

C．逆气流清灰　　D．蒸汽喷吹清灰

89．生产力评价中涉及（　　）。

A．生物生产力　　B．生物量

C．物种量　　D．富营养化

90．清洁生产分析中，原辅材料选取可考虑的定性分析指标有（　　）。

A．毒性　　B．可再生性

C．可回收利用性　　D．原辅材料价格

91．下列关于生态影响评价图件编制规范要求的说法，正确的有（　　）

A．当图件主题内容无显著变化时，制图数据源的时效性要求可在无显著变化期内适当放宽，无须现场勘验校核

B．生态影响评价制图应采用标准地形图作为工作底图，精度不低于工程设计的制图精度，比例尺一般在1∶10 000以上

C．调查样方、样线、点位、断面等布设图、生态监测布点图等应结合实际情况选择适宜的比例尺，一般为1∶10 000～1∶2 000

D．生态影响评价图件应符合专题地图制图的规范要求，图面内容包括主图以及图名、图例、比例尺、方向标、注记、制图数据源、成图时间等辅助要素

92．利用遥感资料可给出的信息有（　　）。

A．植被类型及其分布　　B．地形

C．群落结构及物种组成　　D．土地利用类型及其面积

93．对鼓风机噪声可采取的治理方法有（　　）。

A．进气消声器　　B．排气消声器

C．减振垫　　D．隔声罩

94．拟建高速公路穿越两栖动物栖息地，对动物栖息地可采取的保护措施有（　　）。

A．增加路基高度　　B．降低路基高度

C．收缩路基边坡　　D．增设桥涵

95．某拟建高速公路经过某种爬行动物主要活动区，公路营运期对该动物的影响有（　　）。

A．减少种群数量　　B．改变区系成分

C．阻隔活动通道　　　　　　　　D．分割栖息生境

96．可行的陆生植被现状调查方法有（　　）。

A．遥感调查　　　　　　　　　　B．样地调查

C．机理分析　　　　　　　　　　D．收集资料

97．根据建设项目特点、可能产生的环境影响和当地环境特征，有针对性收集调查评价范围内的相关土壤资料，主要内容包括（　　）。

A．土地利用现状图、土地利用规划图、土壤类型分布图

B．气象资料、地形地貌特征资料

C．土地利用历史情况

D．与建设项目土壤环境影响评价相关的其他资料

E．水文及水文地质资料

98．下列关于土壤环境现状监测点数量的要求，说法正确的有（　　）。

A．生态影响型建设项目可优化调整占地范围内、外监测点数量，保持总数不变

B．生态影响型建设项目占地范围超过 2 000 hm^2 的，每增加 1 000 hm^2 增加 1 个监测点

C．污染影响型建设项目可优化调整占地范围内、外监测点数量，保持总数不变

D．污染影响型建设项目占地范围超过 100 hm^2 的，每增加 20 hm^2 增加 1 个监测点

99．根据《环境影响评价技术导则　土壤环境（试行）》，建设项目导致土壤（　　）等影响的，可根据土壤环境特征，结合建设项目特点，分析土壤环境可能受到影响的范围和程度。

A．潜育化　　　　　　　　　　　B．酸化、碱化

C．沼泽化　　　　　　　　　　　D．潴育化

100．进行污染场地修复时，提出的修复目标包括（　　）。

A．确认目标污染物　　　　　　　B．确认场地状况

C．提出修复目标值　　　　　　　D．确认修复范围

101．建设项目运行过程中产生不符合经审批的环境影响报告书情形的，应当开展环境影响后评价的建设项目有（　　）。

A．水利、水电、采掘、港口、铁路行业中实际环境影响程度和范围较大，且主要环境影响在项目建成运行一定时期后逐步显现的建设项目

B．穿越重要生态环境敏感区的建设项目

C．冶金、石化和化工行业中有重大环境风险，建设地点敏感，且持续排放重金属或者持久性有机污染物的建设项目

D．审批环境影响报告书的环境保护主管部门认为应当开展环境影响后评价的其

他建设项目

102．应对企业突发环境事件应急预案的原则是（ ）。

A．分级响应　　B．预防为主

C．安全第一　　D．区域联动

103．在建设项目环境风险评价中，大气环境敏感程度分级表述正确的是（ ）。

A．环境风险受体的敏感性依据环境敏感目标敏感性及人口密度划分

B．环境风险受体的敏感区分为环境高度敏感区环境中度敏感区和环境不敏感区

C．周边 500 m 范围内人口总数小于 500 人的，大气环境敏感程度为 E3 级

D．油气、化学品输送管线管段周边 500 m 范围内每千米人口数量是大气环境敏感程度分级依据

104．核实污染源污染物排放量的方法通常有（ ）。

A．现场实测法　　B．类比法

C．物料核算法　　D．排污系数法

105．对可能造成土壤盐化、酸化、碱化影响的建设项目，应选取（ ）等作为预测因子。

A．土壤盐分含量　　B．pH 值

C．特征因子　　D．基本因子

106．生态影响型项目工程分析的基本内容包括（ ）。

A．提出工程施工期和运营期的影响及潜在影响因素，能量化的要给出量化指标

B．结合工程的建设进度，介绍工程的施工规划

C．环境保护方案分析

D．影响源识别

107．关于大气污染源调查方法正确的说法有（ ）。

A．新建项目可通过类比调查或设计资料确定

B．改、扩建项目的现有工业污染源可以现有的工业污染源调查资料为基础，再对变化情况进行核实、调整

C．评价区内其他污染源及界外区较大污染源可参照建设项目的方法进行调整

D．有时候可以参照水环境的调查方法

108．某油气田开发项目位于西北干旱荒漠区，占地面积 100 km^2，1 km 外有以保护鸟类为主的国家重要湿地保护区，下列方法中，可用于评价该建设项目生态环境现状的有（ ）。

A．图形叠置法　　B．列表清单法

C．单因子指数法　　D．景观生态学法

109．建设项目所在地区气候资料调查的主要内容有（ ）。

A．年平均气温　　B．年平均云量

C．年平均风速　　D．年降水量

110．大气环境质量现状调查资料的来源途径主要是（　　）。

A．收集评价范围内及邻近评价范围的各例行空气质量监测点的近三年与项目有关的监测资料

B．收集近两年与项目有关的历史监测资料

C．收集近三年与项目有关的历史监测资料

D．进行现场监测

111．下列敏感保护目标符合《中华人民共和国水土保持法》规定的是（　　）。

A．植被　　B．水产资源

C．温泉　　D．泥石流易发区

112．影响项目场地潜水含水层易污性的因素有（　　）。

A．地表水与地下水的联系程度　　B．项目场地包气带介质

C．项目场地分区防渗　　D．项目场地地下水污染监控

113．液体泄漏速率（Q_L）用伯努力方程计算式中液体泄漏系数（C_d）的影响因素包括（　　）。

A．雷诺数　　B．裂口形状

C．容器内介质压力　　D．液体比重

114．地下水评价Ⅰ类新建项目，需要调查的环境水文地质问题有（　　）。

A．地下水污染　　B．天然劣质地下水

C．土壤污染　　D．地面沉降

115．水生生物方面主要调查（　　）等。

A．浮游动植物的种类和数量　　B．水生生物群落结构

C．藻类的种类和数量　　D．底栖无脊椎动物的种类和数量

116．大气环境防护距离计算模式的主要输入参数包括（　　）。

A．面源长度　　B．小时评价标准

C．年排放小时数　　D．污染物排放速率

117．下列使用二维稳态混合模式的是（　　）。

A．需要评价的河段小于河流中达到横向均匀混合的长度

B．需要评价的河段大于河流中达到横向均匀混合的长度（计算得出）

C．大中型河流，横向浓度梯度明显

D．非持久性污染物完全混合段

118．湖泊（水库）水环境影响预测的方法有（　　）。

A．湖泊、水库水质箱模式　　B．S-P 模式

C．湖泊（水库）的富营养化预测模型　D．湖泊、水库一维稳态水质模式

119．某项目排放污水中含重金属，排放口下游排放区域内分布有鱼类产卵场等敏感区。现状评价中应调查（　　）。

A．常规水质因子　　B．项目特征水质因子

C．水生生物项目特征因子　　D．沉积物项目特征因子

120．采用侵蚀模数预测水土流失时，常用方法包括（　　）。

A．经验估算法　　B．现场调查法

C．水文手册查算法　　D．数学模型法

参考答案

一、单项选择题

1．A　【解析】《建设项目环境风险评价技术导则》（HJ 169—2018）8.2.2.1，“泄漏时间应结合建设项目探测和隔离系统的设计原则确定。一般情况下，设置紧急隔离系统的单元，泄漏时间可设定为 10 min；未设置紧急隔离系统的单元，泄漏时间可设定为 30 min。”

2．A

3．B　【解析】[1 000×（1−96%−3.5%−0.3%）×10^3]/8 000=0.25。

4. B 【解析】SO_2 产生量=10 000×1%×2=200（t/a），（200−40）/200×100%=80%

5．D　【解析】参见《排污单位自行监测技术指南　总则》5.2.1.3。

6．D　7．A

8．C　【解析】（0.42−0.3）/0.3=0.4。

9．B　【解析】超标率=40/（300−5）×100%=13.6%。不符合监测技术规范要求的监测数据不计入监测数据个数。未检出点位数计入总监测数据个数中。

10．A　【解析】超标倍数=（监测数据值 − 环境质量标准）/环境质量标准=（0.36−0.3）/0.3=0.2。该题为 2008 年考题。

11．A　【解析】$PV=nRT$，压力恒定，体积与温度成正比，4 000/V_2=（273.15+10）/（273.15+13），V_2=42.38（m^3）。

12．B　【解析】参见《环境影响评价技术导则　地表水环境》附录 D.1.2 中溶解氧标准指数计算公式：

$$DO_j > DO_f \qquad S_{DO,j}=|DO_f-DO_j|/|DO_f-DO_S|$$

13．A　【解析】新鲜水补水量=1 000 × 10%=100（m^3/h），循环水系统用水量=新鲜水+重复利用水量，故重复用水量=900（m^3/h），水重复利用率=900/1 000×100%=90%

14．D　15．A

16．B　【解析】

（1）该两个排气筒排放相同的污染物，其距离（10 m）小于其几何高度之和（24 m），可以合并视为一根等效排气筒。

（2）等效排气筒污染物排放速率计算：

$$Q = Q_1 + Q_2 = 1.0 + 0.8 = 1.8 \text{（kg/h）}$$

（3）等效排气筒高度计算：

$$h = \sqrt{\frac{1}{2}\left(12^2 + 12^2\right)} = 12 \text{（m）}$$

（4）等效排气筒 12 m 高度应执行的排放速率限值（外推法）计算：

$$Q = Q_b\left(\frac{h}{h_b}\right)^2 = 3 \times \left(\frac{12}{15}\right)^2 \approx 1.9 \text{（kg/h）}$$

等效排气筒 12 m 达不到 15 m 高度的最低要求，其排放速率应严格按 50%执行，即 1.9×0.5=0.95（kg/h）

（5）等效排气筒 12 m 的排放速率为 1.8 kg/h，大于排放速率限值 0.95 kg/h，该项目排气筒的排放速率不达标。

17．C　18．C　19．B　20．C

21．C　【解析】《环境影响评价技术导则　地表水环境》（HJ 2.3—2018）7.12.1.2 当需要预测排放口所在水域形成的混合区范围时，应适当加密预测点位。

22．A　【解析】参考 HJ 2.3—2018 E.2 零维数学模型、E.2.3 狄龙模型。

23．A　【解析】根据 HJ 2.3—2018 7.10.1.2，入海河口、近岸海域设计水文条件要求：a）感潮河段、入海河口的上游水文边界条件参照 7.10.1.1 的要求确定，下游水位边界的确定，应选择对应时段潮周期作为基本水文条件进行计算，可取用保证率为 10%、50%和 90%潮差，或上游计算流量条件下相应的实测潮位过程；b）近岸海域的潮位边界条件界定，应选择一个潮周期作为基本水文条件，选用历史实测潮位过程或人工构造潮型作为设计水文条件。

24．A　【解析】根据《环境影响评价技术导则　地表水环境》（HJ 2.3—2018）7.7.1，当选用解析解方法进行水环境影响预测时，可对预测水域进行合理的概化。

25．A　26．D　27．D　28．B

29．D　【解析】零维模型是将整个环境单元看作处于完整均匀的混合状态，模型中不存在空间环境质量上的差异，主要用于湖泊和水库水质模拟；一维模型横向和纵向混合均匀，仅考虑纵向变化，适用于中小河流；二维模型垂向混合均匀，考虑纵向和横向变化，适用于宽而浅型江河湖库水域；三维模型考虑三维空间的变化，适用于排污口附近的水域水质计算。

30. A 【解析】根据 HJ 2.3—2018 7.11.2，模型参数确定可采用类比、经验公式、实验室测定、物理模型试验、现场实测及模型率定等，可以采用多类方法比对确定模型参数。当采用数值解模型时，宜采用模型率定法核定模型参数。

31. A 【解析】参考 HJ 2.3—2018 附录 E 中 E3.2.解析法。

32. D 【解析】HJ 2.3—2018 附录 E 中一维对流扩散降解简化模型为 $C=C_0\exp\left(\dfrac{kx}{u}\right)$，其中河流流速 u、综合衰减系数 k 为公式中的参数项。

33. C 【解析】根据 HJ 2.3—2018 9.2.3，不达标区建设项目选择废水处理措施或多方案比选时，应优先考虑治理效果，结合区（流）域水环境质量改善目标、替代源的削减方案实施情况，确保废水污染物达到最低排放强度和排放浓度。

34. B 【解析】河流物理形态参数属于水文要素影响型调查内容。

35. C 36. A

37. B 【解析】一维水质模型公式中需要“过水断面面积”参数，过水断面面积则需要河宽和水深的数据。

38. D 39. B 40. D 41. C 42. C 43. A

44. C 【解析】集中式生活饮用水地表水水源地分一级和二级，对应的功能为Ⅱ类、Ⅲ类，从实测值来看，Ⅱ类、Ⅲ类的应该超标。Ⅴ类的 0.017 mg/L，能达到集中式生活饮用水地表水水源地的限值，对Ⅴ类来说，肯定不超标。Ⅳ类的实测值 0.018 mg/L，由于不知道其相应限值，很难确定超标或不超标，都有可能。因此选 C。

45. D 46. C 47. C 48. B 49. C 50. B 51. D 52. D 53. B 54. A 55. C 56. D 57. A 58. B

59. D 【解析】雨林—热带；常绿阔叶林—亚热带；针阔混交林—暖温带。

60. B 61. C 62. D 63. A 64. B 65. D 66. D 67. D 68. D 69. C 70. C 71. D

72. A 【解析】国内净化含汞废气的方法有：活性炭充氯吸附法、文丘里复挡分离 0.1%过硫酸铵吸收法、文丘里—填料塔喷淋高锰酸钾法等。

73. B 74. B 75. B

76. D 【解析】根据无限长线声源的几何发散衰减规律，声传播距离增加 1 倍，衰减值是 3 dB。因此，可推算出答案为 160 m。当然，此题也可以用公式计算，只是掌握了上述规律后，计算的速度会快一些，节省了考试时间。

77. D 78. B 79. C 80. A

81. A 【解析】根据《环境影响评价技术导则 声环境》，“当声源为固定声源时，现状测点应重点布设在可能既受到现有声源影响，又受到建设项目声源影响的敏感目标处，以及有代表性的敏感目标处。”

82．C　83．C

84．C　【解析】噪声源处于半自由声场，利用公式：$L_A(r)=L_{Aw}-20\lg(r)-8$。声源在均匀、各向同性的媒质中，边界的影响可以不计的声场称为自由声场。在自由声场中，声波按声源的辐射特性向各个方向不受阻碍和干扰地传播。有一个面是全反射面，其余各面都是全吸声面，这样的空间称半自由声场。

85．A　【解析】室内近似为扩散声场利用此式计算：$L_{P_2}=L_{P_1}-(TL+6)$。

86．D

87．D　【解析】本题的噪声可以认为是无限长线声源。

88．A

89．D　【解析】噪声源处于自由声场，利用公式：$L_A(r)=L_{Aw}-20\lg(r)-11$。

90．C　91．B　92．D　93．C　94．B　95．B　96．C　97．B

98．A　【解析】《环境影响评价技术导则　土壤环境（试行）》7.3.1，“根据建设项目特点、可能产生的环境影响和当地环境特征，有针对性收集调查评价范围内的相关资料，主要包括以下内容：（a）土地利用现状图、土地利用规划图、土壤类型分布图；（b）气象资料、地形地貌特征资料、水文及水文地质资料等；（c）土地利用历史情况；（d）与建设项目土壤环境影响评价相关的其他资料。”

99．C　【解析】《环境影响评价技术导则　土壤环境（试行）》7.3.2.1，“在充分收集资料的基础上，根据土壤环境影响类型、建设项目特征与评价需要，有针对性地选择土壤理化特性调查内容，主要包括土体构型、土壤结构、土壤质地、阳离子交换量、氧化还原电位、饱和导水率、土壤容重、孔隙度等。”

100．B　【解析】《环境影响评价技术导则　土壤环境（试行）》7.3.3.2，“改、扩建的污染影响型建设项目，其评价工作等级为一级、二级的，应对现有工程的土壤环境保护措施情况进行调查，并重点调查主要装置或设施附近的土壤污染现状。”

101．D　【解析】土壤 $5.5 \leqslant pH < 8.5$，属于无酸化或碱化。

102．C　【解析】《环境影响评价技术导则　土壤环境（试行）》4.2.4，“涉及两个或两个以上场地或地区的建设项目应按 4.2.3 分别开展评价工作。”

103．D　【解析】根据《污染场地土壤修复技术导则》5.2.3 确认修复范围，“确认前期场地环境调查与风险评估提出的土壤修复范围是否清楚，包括四周边界和污染土层深度分布，特别要关注污染土层异常分布情况，比如非连续性自上而下分布。”

104．A　【解析】《建设项目环境风险评价技术导则》（HJ 169—2018）附录C，“计算所涉及的每种危险物质在厂界内的最大存在总量与其在附录 B 中对应临界量的比值（Q）。在不同厂区的同一种物质，按其在厂界内的最大存在总量计算。对于长输管线项目，按照两个截断阀室之间管段危险物质最大存在总量计算。”

105. D 【解析】类比法是用与拟建项目类型相同的现有项目的设计资料或实测数据进行工程分析的一种常用方法。采用此法时，为提高类比数据的准确性，应充分注意分析对象与类比对象之前的相似性和可比性。

106. A 【解析】工程分析中将没有排气筒或排气筒高度低于 15 m 的排放源定为无组织排放源。

107. C 【解析】预测河段及代表性断面的宽深比≥20时，可视为矩形河段。

108. B 【解析】渗水试验目的是测定包气带的渗透性能及防污性能。

109. B 【解析】岩石的透水性是指岩石允许水透过的能力，一般采用渗透系数来表征，单位为 m/d 或 cm/s。

110. A 【解析】L_{10}表示在取样时间内10%的时间超过的噪声级，相当于噪声平均峰值。

111. C 【解析】根据工矿企业环境噪声现状水平调查方法，现有车间的噪声现状调查，重点为处于 85 dB（A）以上的噪声源分布及声级分布。

112. D

113. A 【解析】生物量是衡量环境质量变化的主要标志，生物量的测定一般采用样地调查收割法。

114. C 【解析】按污染物排放时间可分为连续源、瞬时源和持续有限时间源；按污染物排放形式可分为有组织排放源和无组织排放源；按污染物几何高度可分为高架源、中架源和低架源；按污染源几何形状可分为点源、线源、面源、体源。没有排气筒或排气筒高度低于 15 m 的排放源定为无组织排放。

115. C 【解析】对于临近污染源的高层住宅楼，应适当考虑不同代表高度上的预测受体。

116. B 【解析】对于持久性污染物（连续排放），完全混合河段，采用河流完全混合模式；不考虑混合距离的重金属污染物、部分有毒物质及其他保守物质的下游浓度预测，采用零维模式；对于溶解氧，采用 S-P 模式；对于持久性污染物（连续排放），沉降作用明显的河段适用的水质模式是河流一维稳态模式。

117. A

118. D 【解析】渗透系数是表征含水介质透水性能的重要参数，其大小一方面取决于介质的性质，如粒度成分、颗粒排列等，粒径越大，渗透系数也就越大；另一方面还与流体的物理性质（如黏滞性）有关。

119. B 【解析】根据 HJ 169—2018 附录 D，大气环境敏感程度分级判定：周边 5 km 范围内居住区、医疗卫生、文化教育、科研、行政办公等机构人口总数大于

1 万人，小于 5 万人；或周边 500 m 范围内人口总数大于 500 人，小于 1 000 人。

120. B 【解析】施工期是航运码头工程造成生态破坏和环境污染的主要环节，应重点考虑填充造陆工程、航道疏浚工程、护岸工程和码头施工对水域环境与生态系统的影响，说明施工工艺和施工布置方案的合理性，从施工全过程识别和估算影响源。施工期主要评价因子为悬浮物。

121. B 【解析】频度指群落中包含某种植物的样地数与总样地数之比，相对频度是指群落中一个种的频度占所有种的频度的百分比。

122. C 【解析】利用 A-P 值法估算环境容量需要掌握的基本资料有：①开发区范围和面积；②区域环境功能分区；③第 i 个功能区的面积 S_i；④第 i 个功能区的污染物控制浓度（标准浓度限值）；⑤第 i 个功能区的污染物背景浓度 C_{ib}；⑥第 i 个功能区的环境质量保护目标 C_{i0}。

123. D 【解析】高速公路环境保护验收在噪声监测时，选择车流量有代表性的路段，在距高速公路路肩 60 m、高度大于 1.2 m 范围内布设 24 h 连续测量点位。

124. C 【解析】根据《土壤环境监测技术规范》（HJ/T 166—2004）6.1.5，采样次序自下而上，先采剖面的底层样品，再采中层样品，最后采上层样品。

二、不定项选择题

1. ABC 【解析】根据《大气污染物综合排放标准》3.4，无组织排放低矮排气筒的排放属于有组织排放，但在一定条件下也可造成与无组织排放相同的后果。

2. ABD 3. ABCD

4. ABD 【解析】狄龙模型用于描述营养物平衡。

5. ABC 6. ABCD 7. ABC 8. ABCD

9. ABD 【解析】甲醇制烯烃过程主要为纯甲醇脱水裂解成烯烃，无硫化物。

10. ABCD 11. ABC 12. ABC 13. ABCD 14. ABC

15. ABCD 【解析】混合过程段长度估算公式中各参数为水面宽度（B）、排放口到岸边距离（α）、断面流速（u）、污染物横向扩散系数（E_y）。

16. ABCD 【解析】水动力及水质模型参数包括水文及水力学参数、水质（包括水温及富营养化）参数等。其中水文及水力学参数包括流量、流速、坡度、糙率等；水质参数包括污染物综合衰减系数、扩散系数、耗氧系数、复氧系数、蒸发散热系数等。

17. ABCD 18. ABCD 19. ABCD 20. ABC 21. ABCD

22. D 【解析】GB 3096—2008 中 2 类区标准是昼间 60 dB，夜间 50 dB。为了满足 2 类区标准要求，声级至少应衰减至 50 dB，则距离村庄至少在 320 m 外。

23. ABCD 24. ABCD 25. ABC 26. AC 27. ABC 28. ABDE

29. AD 【解析】间接生态影响包括：水文情势变化导致生境条件、水生生态系统发生变化；地下水水位、土壤理化特性变化导致动植物群落发生变化；生境面积和质量下降导致个体死亡、种群数量下降或种群生存能力降低；资源减少及分布变化导致种群结构或种群动态发生变化；因阻隔影响造成种群间基因交流减少，导致小种群灭绝风险增加；滞后效应。

30. ABCD 31. ABCD 32. ABCD 33. ABCE 34. ABD

35. ABCD 【解析】野生动物现状调查需记录动物实体数、遗迹（包括足迹、粪便、尿迹、卧迹、羽毛、巢、卵等）动物的鸣声、发现时间、离观察者距离、栖息生境等。

36. ABCDE

37. ABCD 【解析】根据《环境影响评价技术导则 地表水环境》（HJ 2.3—2018）附录 C.3.1，水质取样断面和取样垂线的设置，一级评价可布设 5～7 个取样断面，二级评价可布设 3～5 个取样断面。C3.3 采样频次，原则上一个水期在一个潮周期内采集水样，明确所采样品所处潮时，必要时对潮周日内的高潮和低潮采样。当上、下层水质变幅较大时，应分层取样。入海河口上游水质取样频次参照感潮河段相关要求执行，下游水质取样频次参照近岸海域相关要求执行。对于近岸海域，一个水期宜在半个太阴月内的大潮期或小潮期分别采样，明确所采样品所处潮时。

38. ABC 39. CD 40. AC 41. ABC 42. ABC 43. AB 44. ABCD

45. ABC 【解析】可渗透反应墙可以通过地下水，属于化学生物的处理措施。

46. ABCD 47. ABCDE 48. ABC 49. ABD 50. AB 51. ABCD 52. BD 53. ABC 54. ABCDE 55. ABC 56. AB 57. ABCD 58. ABD 59. ABD 60. ABC 61. AB 62. ABCDE 63. ABD 64. AD 65. ABC 66. ABC 67. ABCD

68. AC 【解析】根据 HJ 169—2018 4.4.4.1，“大气环境风险预测。一级评价需选取最不利气象条件和事故发生地的最常见气象条件，选择适用的数值方法进行分析预测。”

69. BD

70. ACD 【解析】根据 HJ 2.3—2018 7.6.3.2，水动力模型及水质模型，“b）湖库数学模型。湖库数学模型选择要求见表 5。在模拟湖库水域形态规则、水流均匀且排污稳定时可以采用解析解模型。”

71. ABC 72. ABD 73. AB 74. BCD 75. ABCD

76. ABCD 【解析】《环境影响评价技术导则 大气环境》评价结果表达部分内容。

77. ABC 【解析】非正常排放时只预测环境空气保护目标小时平均浓度。

78. ABC

79. AB 【解析】根据河流纵向一维水质模型方程的简化、分类判别条件［即 O'Connor 数（α）和贝克莱数（Pe）的临界值］，选择相应的解析解公式。分类判别需要纵向扩散系数 E_x、污染物综合衰减系数 k、流速 u 进行判定采用具体哪个降解模型。

80. ABC　81. ABD　82. ABCD　83. ABCD

84. AC 【解析】根据《水污染治理工程技术导则》（HJ 2015—2012）工艺组合，采用厌氧和好氧组合工艺处理污（废）水时，厌氧工艺单元应设置在好氧工艺单元前；当污（废）水中含有生物毒性物质，且污（废）水处理工艺组合中有生物处理单元时，应污（废）水进入生物处理单元前去除毒性物质；一级处理主要是去除污水中呈悬浮或漂浮状态的污染物；三级处理是对经过二级处理后没有得到较好去除的污染物质进行深化处理。

85. AB 【解析】首先地形条件不一致分别布点，当地形条件车流量基本一致，在不同距离处选代表性布点。根据距离、障碍物及噪声源情况，5 个监测点可以分成 3 类①④⑤、②、③。②和③必须要监测，①④⑤可以选择其中一个。

86. ABD　87. ABCD　88. ABC　89. ABC　90. ABC　91. CD　92. ABD　93. ABCD　94. BD　95. ACD　96. ABD

97. ABCDE 【解析】《环境影响评价技术导则　土壤环境（试行）》7.3.1，"根据建设项目特点、可能产生的环境影响和当地环境特征，有针对性收集调查评价范围内的相关资料，主要包括以下内容：a）土地利用现状图、土地利用规划图、土壤类型分布图；b）气象资料、地形地貌特征资料、水文及水文地质资料等；c）土地利用历史情况；d）与建设项目土壤环境影响评价相关的其他资料。"

98. AD 【解析】《环境影响评价技术导则　土壤环境（试行）》7.4.3，"7.4.3.2 生态影响型建设项目可优化调整占地范围内、外监测点数量，保持总数不变；占地范围超过 5 000 hm^2 的，每增加 1 000 hm^2 增加 1 个监测点。7.4.3.3 污染影响型建设项目占地范围超过 100 hm^2 的，每增加 20 hm^2 增加 1 个监测点。"

99. ACD 【解析】《环境影响评价技术导则　土壤环境（试行）》8.1.5，"建设项目导致土壤潜育化、沼泽化、潴育化和土地沙漠化等影响的，可根据土壤环境特征，结合建设项目特点，分析土壤环境可能受到影响的范围和程度。"

100. ACD 【解析】根据《污染场地土壤修复技术导则》5.2 提出修复目标，"通过对前期获得的场地环境调查和风险评估资料进行分析，结合必要的补充调查，确认污染场地土壤修复的目标污染物、修复目标值和修复范围。"

101. ABCD 【解析】参见《建设项目环境影响后评价管理办法》第三条。

102. AD 【解析】《建设项目环境风险评价技术导则》（HJ 169—2018）10.3.2:

“企业突发环境事件应急预案应体现分级响应、区域联动的原则，与地方政府突发环境事件应急预案相衔接，明确分级响应程序。”

103. AC

104. ACD 【解析】核实污染物排放量一般有3种方法：①现场实测法；②物料核算法；③排污系数法。

105. AB

106. CD 【解析】生态影响型项目工程分析应包括以下基本内容：①工程概况；②初步论证；③影响源识别；④环境影响识别；⑤环境保护方案分析；⑥其他分析，包括非正常工况类型及源强、事故风险识别和源项分析以及防范与应急措施说明。

107. AB 【解析】污染源调查与分析方法根据不同的项目可采用不同的方式，一般对于新建项目可通过类比调查、物料核算或设计资料确定；对于评价范围内的在建和未建项目的污染源调查，可使用已批准的环境影响报告书中的资料；对于现有项目和改、扩建项目的现状污染源调查，可利用已有有效数据或进行实测；对于分期实施的工程项目，可利用前期工程最近5年内的验收监测资料、年度例行监测资料或进行实测。

108. ABCD 109. AC

110. ACD 【解析】大气环境质量现状调查资料来源有三种，可视不同评价等级对数据的要求采用：①收集评价范围内及邻近评价范围的各例行空气质量监测点的近三年与项目有关的监测资料；②收集近三年与项目有关的历史监测资料；③进行现场监测。

111. AD 【解析】《中华人民共和国水土保持法》规定的敏感保护目标包括：水土资源、植被、（坡）荒地、崩塌滑坡危险区、泥石流易发区。

112. ABC 【解析】项目场地所处位置与含水层易污染特征的关系：潜水含水层且包气带岩性（如粗砂、砾石等）渗透性强的地区；地下水与地表水联系密切地区；不利于地下水中污染物稀释、自净的地区。

113. AB

114. ABD 【解析】环境水文地质问题调查的主要内容包括：①原生环境水文地质问题调查，包括天然劣质水分布状况，以及由此引发的地方性疾病等环境问题；②地下水开采过程中水质、水量、水位的变化情况，以及引起的环境水文地质问题；③与地下水有关的其他人类活动情况调查，如保护区划分情况。

115. ABCD 【解析】水生生物方面主要调查的内容包括：①浮游动植物的种类和数量；②藻类的种类和数量；③底栖无脊椎动物的种类和数量；④水生生物群落结构等。

116. ABD 【解析】大气环境防护距离计算模式的主要输入参数包括：①面源有效高度；②面源宽度；③面源长度；④污染物排放速率；⑤小时评价标准。

117. AC

118. AC 【解析】湖泊（水库）水环境影响预测方法有：①湖泊、水库水质箱模式，以年为时间尺度来研究湖泊、水库的富营养化过程中，往往可以把湖泊看作一个完全混合反应器；②湖泊（水库）的富营养化预测模型，湖泊（水库）中早期经典的营养盐负荷预测模型有 Vollen weider 模型和 Dillon 模型等。

119. ABCD 【解析】需要调查的水质因子有 3 类：①常规水质因子，以《地表水环境质量标准》（GB 3838—2002）中所列的 pH、溶解氧、高锰酸盐指数或化学耗氧量、五日生化需氧量、总氮或氨氮、酚、氰化物、砷、汞、铬（六价）、总磷及水温为基础，根据水域类别、评价等级及污染源状况适当增减；②特殊水质因子，根据建设项目特点、水域类别和评价等级以及建设项目所属行业的特征水质参数表进行选择，可以适当删减；③其他方面的因子，被调查水域的环境质量要求较高（如自然保护区、饮用水水源地、珍贵水生生物保护区、经济鱼类养殖区等），且评价等级为一级、二级，应考虑调查水生生物和底质，其调查项目可根据具体工作要求确定，或从下列项目中选择部分内容，水生生物方面主要调查浮游动植物、藻类、底栖无脊椎动物的种类和数量，水生生物群落结构等，底质方面主要调查与建设项目排污水质有关的易积累的污染物。

120. BCD 【解析】采用侵蚀模数预测水土流失时，常用方法包括：①已有资料调查法；②物理模型法；③现场调查法；④水文手册查算法；⑤土壤侵蚀及产沙数学模型法。

第十章　综合练习（二）

一、单项选择题（每题的备选选项中，只有一个最符合题意）

1．建设项目环境影响识别中，必须包括的阶段是（　　）。

A．项目选址期　　B．建设期和运营期

C．项目初步设计期　　D．产业链规划期

2．化工项目生产污水处理场工艺方案应包括运行可靠性论证和（　　）。

A．处理工艺的技术可行性分析　　B．投资费用的来源分析

C．拟建项目的产品方案论证　　D．生活污水排放量计算

3．用经验排污系数法进行工程分析时，此法属于（　　）。

A．物料平衡法　　B．类比法

C．数学模式法　　D．资料复用法

4．采用定向钻法进行穿越河流的天然气管线施工，需关注的主要环境问题是（　　）。

A．施工对河流底栖生物的影响　　B．泥浆产生的环境影响

C．施工爆破产生的振动影响　　D．施工产生的噪声影响

5．下列关于建设项目与环境影响的说法正确的是（　　）。

A．对于建设项目环境影响评价而言，环境影响就是拟建项目对环境造成的危害和影响

B．环境影响主要指拟建项目受到不同环境因素的制约情况

C．环境影响是指拟建项目和环境之间的相互作用

D．评价环境影响时，各个环境要素具有同样的重要性

6．环境空气质量不达标的区域，为了实施区域限期达标规划，建设项目应采取（　　）。

A．经济合理的　　B．技术可行的环境保护措施

C．国内外先进可行的环境保护措施　　D．满足长期达标排放的环境保护措施

7．以下属于干法排烟脱硫技术的是（　　）。

A．石灰—石膏法　　B．回收硫铵法　　C．碱式硫酸铝法　　D．接触氧化法

8．某乙烯裂解炉年运行时间 8 000 h，每年计划清焦作业 5 次，每次 36 h，烟气排放 42 000 m^3/h，氮氧化物浓度 240 mg/m^3。单台裂解炉在非正常工况时年排放氮氧化物的总量是（　　）t。

A．0.01　　B．0.36　　C．1.81　　D．14.51

9．预测某发声源在 15 m 处的预测点的等效声级贡献值为 60 dB，而该预测点的背景值为 70 dB，则该处的预测等效声级为（　）。

A．70 dB（A）　　B．72 dB（A）　　C．75 dB（A）　　D．76 dB（A）

10．下列关于高速公路交通噪声监测技术要求的有关说法，不正确的是（　）。

A．在公路两侧距路肩小于或等于 200 m 范围内选取至少 5 个有代表性的噪声敏感区域，分别设点进行监测

B．噪声敏感区域和噪声衰减测量，连续测量 2 d，每天测量 4 次

C．噪声敏感区域和噪声衰减量，昼、夜间各测两次，分别在车流量最小时段和高峰时段

D. 24 h 连续交通噪声测量，每小时测量一次，每次测量不少于 20 min，连续测 2 d

11．某直径为 3 m 的风机离地高度 40 m，已知风机的声功率级为 105 dB（A），在只考虑几何发散衰减时，距风机 20 m 处的 A 声级为（　）dB（A）。

A．81　　B．78　　C．71　　D．68

12．某声源的最大几何尺寸为 2 m，则在不同方向上，均符合点生源几何发散衰减公式计算要求的最小距离是（　）m。

A．2　　B．3　　C．5　　D．7

13．下列利用某时段内瞬时 A 声级数据系统计算等效连续 A 声级的方法中，正确的是（　）。

A．调和平均法　　B．算术平均法　　C．几何平均法　　D．能量平均法

14．某敏感点处昼间前 8 个小时测得的等效声级为 55.0 dB（A），后 8 个小时测得的等效声级为 65.0 dB（A），该敏感点处的昼间等效声级是（　）dB（A）。

A．60　　B．62.4　　C．65　　D．65.4

15．某公路建设项目和现有道路交叉，周围敏感点如下图所示，应优先设置为现状监测点的是（　）。

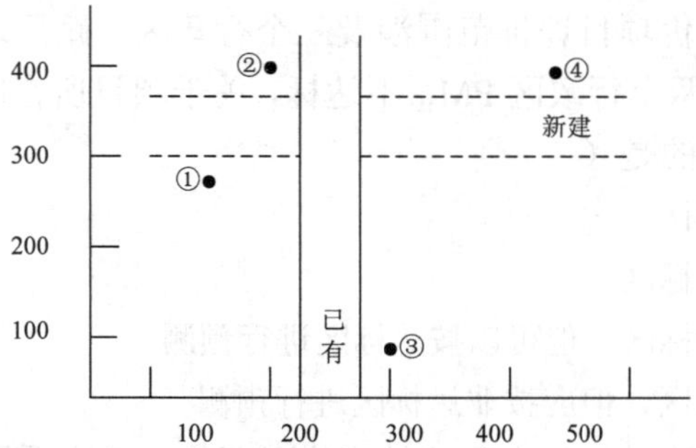

A．①　　B．②　　C．③　　D．④

16. 某企业废水排入附近河流，该企业 COD 排放量为 20 t/a，排放浓度为 60 mg/L，排放口上游 COD 背景浓度为 20 mg/L，设计水文条件下排污河段排放口断面处稀释比为 7，则排放口断面完全混合后 COD 平均浓度为（　　）mg/L。

A．25　　B．25.7　　C．30　　D．35

17．在（　　）情况下的河流流动可视为恒定均匀流。

A．河道均匀，流量基本不随时间变化

B．河道中沿城的水流要素变化剧烈

C．上游来流有一座日调节水库控制

D．河道断面形态、底坡基本不变

18．某石油化工类项目开展地下水环境一级评价，设置监测井井深 19.0 m，监测井内地下水水位距井口 3.0 m，正确的地下水取样点位置是（　　）。

A．井口下 4.0 m 处　　B．井口下 9.5 m 处

C．井口下 5.0 m 处　　D．井口下 11.0 m 处

19．（　　）会引起地下水的矿化度比较高。

A．泉排泄　　B．蒸发排泄　　C．泄流排泄　　D．人工排泄

20．某拟建项目污水排放量为 2 m/s，排放污水中氨氮浓度为 10 mg/L,上游来水量为 24 m/s，氨氮浓度为 5 mg/L，暗淡在该河流水文条件下的 O’Connor 数为 6，则采取纵向一维水质模型方程计算得到的排放断面氨氮起始混合浓度为（　　）mg/L。

A．8.6　　B．5.4　　C．1.08　　D．0.21

21．某厂锅炉，最大耗煤量为 50 kg/h，煤中硫转成 SO_2 的转化率取 80%，则烟气 SO_2 的排放量为（　　）。

A．222.2 mg/s　　B．800 mg/h　　C．3.99 mg/L　　D．111.1 mg/s

22．某铜冶炼企业，大气环境影响评价等级为一级，非正常工况应预测（　　）。

A．1 h 平均质量浓度　　B．日平均浓度

C．植物生长季平均浓度　　D．年平均浓度

23．某一级评价项目评价范围涉及三个行政区，距厂址最近的行政区基本污染物全部达标，其余两个行政区 PM_{10} 不达标，关于项目所在区域是否属于达标区的判断，下列说法正确的是（　　）。

A．属于达标区

B．属于非达标区

C．属于非达标区，但可以按达标区进行预测

D．属于达标区，但应按非达标区进行预测

24．对海岸滩涂进行生态系统健康状况评价，适宜采用的指标是（　　）。

A．生物量　　B．植被覆盖度

C．香农-威纳多多样性指数　　D．生物完整性指数

25．某地生物多样性有所下降，生态系统结构和功能受到一定程度破坏，生态系统稳定性受到一定程度干扰，生态影响程度属于（　　）。

A．强　　B．中　　C．弱　　D．无

26．关于地下水含水层中渗透速度与实际流速之间关系说法正确的是（　　）。

A．渗透速度等于实际速度　　B．渗透速度小于实际流速

C．渗透速度大于实际流速　　D．渗透速度与实际流速无关

27．下列关于含水层渗透系数（K）和介质粒径（d）之间的关系，说法正确的是（　　）。

A．d越小，K越大　　B．d越大，K越大

C．K与d无关，与液体黏滞性相关　　D．K与d相关，与液体黏滞性无关

28．用于查明固体废物受雨水淋滤时，其中的有害成分转移到水中，对水体环境直接形成的污染或通过地层渗漏对地下水造成的间接影响，常用的环境水文地质试验方式是（　　）。

A．土柱淋滤试验　　B．浸溶试验

C．弥散试验　　D．流速试验

29．地下水污染异地处理可采用的技术是（　　）。

A．含水层生物通风技术　　B．含水层淋洗技术

C．含水层原位强化微生物修复　　D．抽出处理技术

30．拟建危险废物填埋场的天然基础层饱和渗透系数大于1.0×10^{-6} cm/s，应选择渗透系数不大于（　　）的人工合成材料进行防渗处理。

A．1.0×10^{-7} cm/s　　B．1.0×10^{-9} cm/s

C．1.0×10^{-12} cm/s　　D．1.0×10^{-11} cm/s

31．湖库补充监测点位设置和采样频次说法正确的是（　　）。

A．一级评价在评价范围内布设的水质取样垂线数宜不少于16条

B．二级评价在评价范围内布设的水质取样垂线数宜不少于10条

C．每个水期可监测一次，每次同步连续取样2～4 d

D．溶解氧和水温监测频次，每间隔4 h取样监测一次

32．某输气管线位于山岭重丘区，推荐路线占地为15 km^2，工程沿线不涉及生态敏感区，则该项目在生态现状评价中重点提供的图件是（　　）。

A．生态系统类型分布图　　B．土地利用现状图

C．重要生境分布图　　D．土壤侵蚀分布图

33．某个植被样方调查面积为10 m，调查结果如下表。样方中物种乙的密度，相对密度分别为（　　）。

物种	数量/个	覆盖面积/m^2
甲	2	2
已	2	3
丙	1	1

A．0.2 个/m^2，40%　　B．0.2 个/m^2，50%

C．0.3 个/m^2，40%　　D．0.3 个/m^2，50%

34．生态影响评价中，关于综合指数法应用的说法错误的是（　　）。

A．综合指数法适用于生态系统功能评价

B．综合指数法适用于生态系统结构评价

C．综合指数法适用于生态系统多因子综合质量评价

D．综合指数法适用于分析生态因子的性质及变化规律

35．某自然景观距拟建高速公路的最小距离为 1 200 m，按“相对距离”单项指标判断该景观的“敏感程度”为（　　）。

A．极敏感　　B．很敏感　　C．中等敏感　　D．不敏感

36．用边长为 50 cm 的带钢铁铗采集某湖泊植物样品样方，样方中高等植物平均鲜重生物量为 100 g（无滴水时的鲜重），则湖泊中高等植物群落平均鲜重生物量为（　　）

A．250 g/m^2　　B．500 g/m^2　　C．200 g/m^2　　D．400 g/m^2

37．气温 22℃时，某河段溶解氧浓度为 8.0 mg/L，该河段属于Ⅱ类水体，如采用单项指数法评价，其指数为（　　）mg/L。

A．0.26　　B．0.65　　C．2.50　　D．1.40

38．某企业单位产品 COD 排放定额为 100 g/t 产品，年产品总量为 6 t，该企业排污系数为 0.7，污染物排放总量为（　　）。

A．0.6 kg　　B．4.2 kg　　C．0.6 kg/a　　D．4.2 kg/a

39．对某顺直、均匀河流的二维稳态水质模型进项验证，水质计算值与监测值见下表：由表可知，模拟计算采用的（　　）。

距左岸距离/m	0	20	50	100	200
BOD 计算值/（mg/L）	18.5	17.0	15.5	14.0	10.0
BOD 监测值/（mg/L）	20	19	18	14	7

A．横向混合系数偏大　　B．横向混合系数偏小

C．耗氧系数偏大　　D．耗氧系数偏小

40．某河流单位时间内通过的某一断面平均流量为 2 000 m^3，该河流断面以上区域面积为 1 000 km^2，则该河路断面的径流模数为（　　）。

A．2 000 L/（s·km^2）　　B．0.002 L/（s·km^2）

C．2 000 mm　　D．0.002 mm

41．下列选项中，说法错误的是（　　）。

A．环境背景值：环境中的水、土壤、大气、生物等要素，在其自身的形成与发展过程中，还没受到外来污染影响下形成的化学元素组分的正常含量，又称环境本底值

B．背景噪声：在还未受到外来噪声污染下的噪声值

C．环境区划分为环境要素区划、环境状态与功能区划、综合环境区划等

D．环境灾害：由于人类活动引起环境恶化所导致的灾害，是除自然变异因素外的另一重要原因

42．按照《环境影响评价技术导则　大气环境》（HJ 2.2—2018）所推荐的进一步预测模式，输入的地面气象观测资料需要逐日每天 24 次的连续观测资料，对于每日实测观测次数不足 24 次的，应进行差值处理，若实际观测次数为一日 8 次以上，应采用（　　）。

A．均值差值法　　B．两端插值法

C．跳跃插值法　　D．连续均匀插值法

43．西南山区某拟建风电场，其选址位于候鸟迁徙通道上，为避免风电场建设对候鸟迁徙造成影响，应优先采取的措施是（　　）。

A．减少风机高度　　B．减少占地面积

C．减少风机数量　　D．风电场另行选址

44．景观生态学中，相对面积大、连通程度高、有动态控制功能的背景地块是（　　）。

A．斑块　　B．基质　　C．廊道　　D．景观

45．利用遥感影像资料可识别（　　）。

A．鱼类的产卵场　　B．植被的分布情况

C．候鸟的迁徙通道　　D．陆生动物的活动规律

46．输油管线工程建设过程中，减少工程施工对植被影响的重要措施是（　　）。

A．加快施工进度　　B．减少施工机械数量

C．缩短作业时段　　D．缩小作业带宽度

47．降雨初期的地下水入渗方式主要是（　　）。

A．水动力弥散　　B．淋溶　　C．稳定渗流　　D．非饱和渗流

48．Ⅱ类一般工业固废填埋场的底部与潜水面之间的岩土层一般为（　　）。

A．饱水带　　B．非饱和带

C．天然隔水层　　D．人工合成材料防渗层

49. 固定污染源烟气在线监测系统（CEMS）采样口应优先取样的位置是（　　）。

A．水平管段的负压区域　　B．垂直管段的负压区域

C．水平管段的正压区域　　D．垂直管段的正压区域

50．河流数学模型中纵向一维模型的适用条件为（　　）。

A．水域基本均匀混合　　B．垂向分层特征明显

C．沿程横断面均匀混合　　D．水流恒定、排污稳定

51．土壤环境影响评价等级为（　　）的建设项目应填写土壤剖面调查表。

A．一级　　B．一级、二级　　C．二级　　D．三级

52．假定气体特性为理想气体，其泄漏率为 Q_G 按公式计算

$$Q_G = YG_d AP\sqrt{\frac{M\gamma}{RT_G}\left(\frac{2}{\gamma+1}\right)^{\frac{\gamma+1}{\gamma-1}}}$$

当裂口形状为圆形时，气体泄漏系数 C_d 取值正确的是（　　）

A．1.0　　B．0.65　　C．0.5　　D．0.45

53．土壤环境影响分析可（　　）说明建设项目对土壤环境产生的影响及趋势。

A．定量　　B．定性或半定量　　C．定性　　D．半定量

54．根据《环境影响评价技术导则　土壤环境（试行）》，可通过工程分析计算土壤中某种物质的（　　）。

A．淋溶排出　　B．增量　　C．输入量　　D．输出量

55．对于分期设施的工程项目，大气污染源调查与分析可利用前期工程最近（　　）的验收监测资料、年度例行监测资料或进行实测。

A．1年内　　B．2年内　　C．3年内　　D．5年内

二、不定项选择题（每题的备选项中，至少有1个符合题意）

1. 某建设项目，以原油为原料生产汽柴油，废水直接外排的总排口中需每月开展监测的有（　　）。

A．苯　　B．甲苯　　C．总氰化物　　D．总有机碳

2．化工区内新建液氯管道输送过程中的环境风险防范与减缓措施有（　　）。

A．提高管道设计等级　　B．规定应急疏散通道

C．储备救援物资　　D．管廊设防雨顶盖

3. 某拟建工程附近有一自然保护区，主要保护对象有梅花鹿、人参、长白松等，在进行生态现状调查评价结果统计时，需要明确并图示的内容有（　　）。

A．自然保护区核心区与工程的位置关系

B．梅花鹿活动区与工程的位置关系

C．自然保护区实验区与工程的位置关系

D．拟建工程项目施工工艺图

4．合成氨生产工艺流程及产污节点图中，可以表示出（　　）。

A．氨的无组织排放分布　　B．生产工艺废水排放位置

C．生产废气排放位置　　D．固体废物排放位置

5．水文地质条件调查的主要内容（　　）。

A．气象

B．包气带岩性、结构、厚度、分布等

C．含水层岩性、分布、结构、厚度等

D．地下水水位、水质、水温、化学类型

6．某建设项目地下水污染防控对策主要包括（　　）。

A．采用水平防渗为主

B．难以水平防渗的场地，采用垂向防渗为主，局部水平防渗为辅。

C．服务年限内存在超出厂界超标的，应提出优化总图布置的建议。

D．根据场地包气带防污性能提出防渗要求。

7．南方某硫铁矿山露天开采后，因氧化和雨水侵蚀形成的弱酸性地表径流，造成矿区迹地土壤贫瘠、土层很薄，下列生态恢复措施正确的有（　　）。

A．表层覆土

B．种植大型乔木

C．种植草本植物或灌木

D．利用河泥、湖泥或农业废弃秸秆等增加土壤有机质

8．适用于生态环境影响评价和预测的方法有（　　）。

A．类比分析法　　B．图形叠置法

C．生态机理分析法　　D．列表清单法

9．下列情形，可使用二维稳态混合模式的有（　　）。

A．需要评价的河段小于河流中达到横向均匀混合的长度

B．需要评价的河段大于河流中达到横向均匀混合的长度（计算得出）

C．大中型河流，横向浓度梯度明显

D．非持久性污染物完全混合段

10．某石灰石矿山原矿区已开采完毕，将外延扩建新矿区，工程分析时应说明（　　）。

A．新矿区征用的土地量　　B．原矿山的渣场

C．新矿区办公楼的建筑面积　　D．原矿山采矿机械设备

11．油气开发项目工程分析除运营期外，还应包括的时段有（　　）。

A．勘察设计期　　B．施工期　　C．试运营期　　D．退役期

12．废水的三级处理中，可用于去除 SS 的化学絮凝剂有（　　）。

A．铝化合物　　B．氢氧化钠　　聚合物　　D．碳酸钠

13．某企业生产项目生产废水 COD≥15 000 mg/L，经厂内污水处理站处理后排入市政污水处理厂的收集管网。可选用的污水处理方案有（　　）。

A．调节→过滤→厌氧→沉淀→排放

B．调节→过滤→厌氧（UASB）→氧化沟→沉淀→排放

C．调节→过滤→氧化沟→沉淀→排放

D．调节→过滤→A^2/O→沉淀→排放

14．企业突发环境事件应急预案的编制内容包括（　　）等。

A．预案适用范围　　B．环境事件分类与分级

C．组织机构与职责　　D．监控和预警

E．应急保障

15．属于工业固废处置方案的有（　　）。

A．电炉钢渣用于生产水泥　　B．废电机的拆解

C．含银废液中提取氯化银　　D．棉织品丝光废碱液回收

16．生活垃圾填埋场管理机构和地方生态环境主管部门均应对封场后的生活垃圾填埋场的污染物浓度进行测定。每三个月测定一次的指标有（　　）。

A．化学需氧量　　B．粪大肠菌群数

C．总氮、氨氮　　D．悬浮物

17．建设项目环境风险评价内容包括（　　）。

A．环境风险潜势初判　　B．风险识别

C．风险事故情形分析　　D．环境风险管理

18．减缓地下水过量开采影响的措施有（　　）。

A．减少开采量　　B．优化地下水开采布局

C．人工补给地下水　　D．地表水和地下水联合调度

19．影响地下水水量均衡应考虑的因素有（　　）。

A．地下水类型　　B．均衡要素

C．水文地质参数　　D．均衡期

20．根据埋藏条件和含水层介质，地下水类型可划分为（　　）

A．毛细水、重力水　　B．饱和带水、承压水

C．孔隙水、裂隙水、岩溶水　　D．包气带水、潜水、承压水

21．确定地下水水位影响半径的方法有（　　）。

A. 公式计算法　B. 经验数值法　C. 卫星遥感法　D. 图解法

22. 属于地下水环境影响的预测内容的有（　）。

A. 给出预测期内地下水环境保护目标处特征因子随时间的变化规律

B. 给出特征因子不同时段的影响范围、程度，最大迁移距离

C. 污染场地修复治理工程项目应给出污染物变化趋势或污染控制的范围

D. 给出预测期内场地边界特征因子随时间的变化规律

23. 属于地下水污染水力控制技术方法的有（　）。

A. 排水法　B. 注水法

C. 防渗墙法　D. 包气带土层就地恢复法

24. 某河流宽度为 400 m，在河流横断面上离岸边不同距离处设置排污口，关于混合过程段说法正确的是（　）。

A. 排污口均设置在两侧岸边，混合过程段长度一样

B. 距离左岸 50 m 处和距离右岸 50 m 处设置排污口，混合过程段长度一样

C. 距离左岸 120 m 处和距离左岸 280 m 处设置排污口，混合过程段长度一样

D. 距离左岸 150 m 处和距离右岸 100 m 处设置排污口，混合过程段长度一样

25. 当对排入水库的水污染影响型项目预测时，该水库的不利枯水期水文条件为（　）。

A. 近 10 年最低月平均水位

B. 90%保证率最枯月平均水位相应的蓄水量

C. 死库容相应的蓄水量

D. 近 10 年最枯月平均流量

26. 某项目产生温排水，可采用（　）减缓水温影响。

A. 优化冷却方式减少排放量　B. 余热利用措施降低热污染强度

C. 合理选择温排水口的布置和形式　D. 控制高温区范围

27. 某项目排放污水中含重金属，排放口下游排放区域内分布有鱼类产卵场等敏感区。现状评价中应调查（　）。

A. 常规水质因子　B. 项目特征水质因子

C. 水生生物项目特征因子　D. 沉积物项目特征因子

28. 水文要素影响型建设项目临近近岸海域，其地表水评价因子包括（　）。

A. 水温　B. 水位　C. 流向　D. 冲淤变化

29. 区域大气环境容量计算中，应考虑该区域的（　）。

A. 环境空气功能区划　B. 大气扩散、稀释能力

C. 有关项目的工艺水平　D. 产业结构

30. 下列风场中，属于复杂风场的有（　）。

A．恒定均匀风场　B．旋风场　C．山谷风场　D．海陆风场

31．某热电厂大气环境影响评价等级为二级，该热电厂投产后可替代区域内全部采暖锅炉和工业锅炉，该热电厂大气环境影响预测内容应包括（　　）。

A．采暖期小时平均浓度　B．采暖期日平均浓度

C．非采暖期小时平均浓度　D．非采暖期日平均浓度

32．为控制燃煤锅炉 SO_2 的排放，可采用的脱硫措施有（　　）。

A．过滤法　B．石灰石—石膏法　C．炉内喷钙法　D．熔融盐吸收法

33．大气环境影响评价中，二级评价的附图应该包括（　　）。

A．污染源点位及环境空气敏感区分布图　B．基本气象分析图

C．常规气象资料分析图　D．复杂地形的地形示意图

E．污染物浓度等值线分布图

34．下列关于烟（粉）尘控制技术的说法，错误的有（　　）。

A．袋式除尘器的除尘效率一般只能达到 90%

B．完全燃烧产生的烟尘和煤尘等颗粒物比不完全燃烧产生的多

C．电除尘器的主要原理涉及悬浮粒子荷电、带电粒子在电场内迁徙和捕集以及见捕集物从集尘表面上清除 3 个基本过程

D．一般的除尘技术均能达到《火电厂大气污染物排放标准》和《水泥厂大气污染物排放标准》的排放要求

35．某企业产生的有机废气中，挥发性有机化合物（VOCs）的体积分数约在 0.6%，适宜处理该有机废气的方法有（　　）。

A．吸附法　B．冷凝法　C．膜分离法　D．生物法

36．声环境质量现状评价应分析评价范围内的（　　）。

A．声环境保护目标分布情况　B．噪声标准使用区域划分情况

C．敏感目标处噪声超标情况　D．人口密度

37．属于环境噪声现状评价的内容有（　　）。

A．现状噪声源分析　B．声环境质量现状评价

C．固定声源几何尺寸大小分析　D．公路长度分析

38．某医院建设项目，在噪声现状调查时应给出医院用地边界处的评价量包括（　　）。

A．昼间等效连续 A 声级　B．夜间等效连续 A 声级

C．等效连续 A 声级　D．L_{90}

39. 将位于某一空旷区域的室外声源组等效为一个点声源应满足的条件是（　　）。

A．区域内声源有大致相同的高度

B．区域内声源有大致相同的强度

C．点生源到预测点的距离应大于声源组最大几何尺寸的 2 倍

D．区域内声源应按一定规律排列

40．在点声源声场中，和声屏障衰减有关的因素有（　　）。

A．声程差　　B．声波频率　　C．声屏障高度　　D．地面特征

41．工矿企业声环境影响评价中，需着重分析（　　）。

A．主要噪声源　　B．厂界和功能区超标的原因

C．厂区总图布置的合理性　　D．建设项目与相邻工程之间的关系

42．工程采用罗茨鼓风机曝气，为降低罗茨鼓风机及其风管辐射至厂界的噪声，可采用的方法有（　　）。

A．风管与风机间采取软连接　　B．风机加装隔声罩

C．风机进气口安置消声器　　D．风管外侧阻尼包扎

43. 在通用水土流失方程（USLE）中，确定土壤可蚀性（K）值的因素有（　　）。

A．土壤的机械组成　　B．植被覆盖度

C．土壤有机质含量　　D．土壤结构及渗透性

44．下列说法中正确的是（　　）。

A．森林的景观阈值高于灌木　　B．灌丛的景观阈值高于草本

C．周围环境全为裸岩背景，阈值最低　　D．景观阈值与植被关系密切

45．项目评价区有机物污染土壤防控措施有（　　）。

A．挖掘填埋法　　B．化学清洗法　　C．生物培养法　　D．堆肥法

46．某混合式电站在河道上筑拦河大坝，发电引水渠长 10 km，大坝至电站厂房间原河道两岸分布有须从河道取水灌溉的农田，其间另有一工业取水口，电站厂房上游 1 km 处有一支流汇入河道。为保障电站运行期间河道基本需水，从大坝下泄的水量应考虑（　　）。

A．工业取水量　　B．农业灌溉水量

C．河流最小生态流量　　D．厂房上游支流汇入水量

47．为保证堤坝式电站在建设和运行期间不造成下游河道断流，必须考虑下泄生态流量的时期有（　　）。

A．电站初期蓄水期间　　B．电站正常发电过程中

C．电站机组部分停机时　　D．电站机组全部停机时

48．某拟建高速公路局部路段穿越农田集中分布区，为减少公路建设对农田的占用，可采取的措施有（　　）。

A．提高路基高度　　B．降低路基高度

C．收缩路基边坡　　D．以桥梁代替路基

49．下列陆生动物调查方法中，适合哺乳动物调查的是（　　）。

A. 红外相机陷阱法
B. 鸣叫计数法
C. 直观调查法
D. 分区直数法

50. 某拟建高速公路建设期在下列地点设置弃渣场，选址合理的有（　　）。

A. 水田
B. 河道滩地
C. 废弃取土场
D. 荒土凹地

51. 生态影响型建设项目土壤环境现状监测点布设应根据建设项目（　　）确定。

A. 土壤环境影响类型
B. 评价工作等级
C. 土地利用类型
D. 建设项目所在地的地形特征
E. 地面径流方向

52. 土壤二级评价的污染影响型建设项目，占地范围内还应根据（　　）等分析其可能影响的深度。

A. 土体构型
B. 地下水位埋深
C. 土壤质地
D. 饱和导水率

53. 土壤的氧化还原性质对植物的生长起着至关重要的作用，土壤中的各种生物化学过程都受氧化还原电位的制约，各物种的反应活性、迁移、毒性及其能否被生物吸收利用，都与物种的氧化还原状态有关。氯化还原电位与氧化性关系表述错误的是（　　）

A. 土壤氧化还原电位越高，氧化性越强
B. 土壤氧化还原电位越高，氧化性越弱。
C. 土壤氧化还原电位越低，氧化性越弱
D. 土壤氧化还原电位越低，氧化性越强。

54. 土壤环境保护措施与对策包括（　　）。

A. 项目生产设施的规模
B. 保护的目标
C. 实施的保证措施
D. 预期效果的分析

55. 关于公式$\Delta S=n(I_S-L_S-R_S)/(\rho_b \times A \times D)$，以下说法正确的是（　　）。

A. 涉及大气沉降的，可不考虑L_S、R_S
B. ΔS的单位为g/kg或mmol/kg
C. I_S表示预测评价范围内单位年份表层土壤中某种物质的输入量
D. D一般取0.2 m

参考答案

一、单项选择题

1．B　2．A　3．B

4．B　【解析】定向钻施工是在河底施工，在河流底部进行穿越，存在的主要问题是施工期泥浆处理处置问题。

5．C　【解析】对于建设项目环境影响评价而言，环境影响是指拟建项目与环境之间的相互作用，即：[拟建项目]+[环境]→{变化的环境}。各环境要素可由表征该要素特性的各相关环境因子具体描述，构成一个有结构、分层次的环境因子序列。

6．C　7．D

8．C　【解析】非正常工况排放时间为 36 × 5=180（h），氮氧化物的排放量为 42 000= × 240 × 180 × 10^{-9}=1.81（t）。

9．C　【解析】$Leq=10\lg(10^{0.1\times60}+10^{0.1\times70})\approx70.4$（dB）。题中 15 m 为干扰条件。

10．C　【解析】C 项错误，应分别在车流量平均时段和高峰时段进行测量。

11．D　【解析】考查点声源声功率级时的距离发散衰减规律。由“某直径为 3 m 的风机离地高度 40 m”，可以近似认为是自由声场，利用自由声场衰减公式：$L_A(r)=L_{AW}-20\lg(r)-11$ 可计算出。

12．C　【解析】考查点声源的概念。声源中心到预测点之间的距离超过声源最大几何尺寸 2 倍时，可将该声源近似为点声源。

13．D

14．B　【解析】此题不能简单平均。要用能量平均的方法进行计算，导则和教材都有此公式，等效声级$=10\log\left[\frac{1}{16}\times\left(8\times10^{0.1\times55}+8\times10^{0.1\times65}\right)\right]=62.4$。但从考试技巧的角度来讲，就不用计算了，能量平均后的计算结果应该在 55.0 ~ 65.0，答案只有一个。另外，大部分考生也记不住上述公式。

15．B

16．A　【解析】假设排污口排水量为 x，设计水文条件下排污河段排放口断面处稀释比为 7，来水量 $7x$，混合后 COD 平均浓度=（$60x+20\times7x$）/（$1x+7x$）=25 mg/L

17．D　【解析】河流流动视为恒定均匀流的关键是河流流速恒定，只有断面形态不变，河流流速才可能恒定。

18．A　【解析】根据《环境影响评价技术导则　地下水环境》，一般情况下，地下水水质取样只取一个水质样品，取样深度宜在地下水水位以下 1.0 m 左右。

19．B 【解析】蒸发排泄仅消耗水分，盐分仍留在地下水中，所以蒸发排泄强烈地区的地下水，水的矿化度比较高。

20．C 【解析】《环境影响评价技术导则　地表水环境》附录 E.3.2.1 连续稳定排放，根据河流纵向一维水质模型方程的简化、分类判别条件（即 O'Connor 数α和贝克来数 Pe 的临界值），选择相应的解析解公式。当 0.027＜α≤380 时，适用对流扩散降解模型，采用式（E.20）计算即可，$C_0=\left(C_PQ_P+C_hQ_h\right)/[(Q_P+Q_h)\sqrt{1+4a}]=\dfrac{2\times10+24\times5}{(2+24)\times\sqrt{1+4\times6}}=1.08$。

21．A 【解析】烟气 SO_2 排放量为 2×50×80×1%=0.8（kg/h）=222.2（mg/s）。（注意：按照硫元素的物料平衡计算，硫和二氧化硫的分子量相差 32 倍）。

22．A 【解析】项目非正常条件下，预测评价环境空气保护目标和网格点主要污染物的 1 h 最大浓度贡献值。

23．B 【解析】评价范围涉及多个行政区，需分别评价各行政区的达标情况，若存在不达标行政区，则判定项目所在评价区域为不达标区。

24．D 25．B

26．B 【解析】根据公式 $U=V/N$ 可知（U 为实际流速，V 为渗透速度，N 为孔隙度，$N<1$），渗透速度小于实际流速。对于此公式还要理解其实际内涵。

27．B 【解析】此题应理解记忆，参见《环境影响评价技术导则　地下水环境》附录 B.1，比如粗砂肯定比细砂的渗透系数要大。

28．B

29．D 【解析】从考试技巧的角度，也应选 D。

30．C 【解析】根据《危险废物填埋污染控制指标》（GB 18598—2019），人工合成材料衬层一般可以采用高密度聚乙烯，其渗透系数不大于 1.0×10^{-12} m/s，厚度不小于 1.5 mm。

31．C 【解析】《环境影响评价技术导则　地表水环境》（HJ 2.3—2018）附录 C 补充调查监测布点及采样频次中，C.2 湖库监测点位设置与采样频次，对于水污染影响型建设项目，水质取样垂线的设置可采用以排放口为中心，沿放射线布设或网格布设的方法，按照下列原则及方法设置：一级评价在评价范围内布设的水质取样垂线数宜不少于 20 条；二级评价在评价范围内布设的水质取样垂线数宜不少于 16 条。采样频次：每个水期可监测一次，每次同步连续取样 2～4 d，每个水质取样点每天至少取一组水样，但在水质变化较大时，每间隔一定时间取样一次。溶解氧和水温监测频次，每间隔 6 h 取样监测一次，在调查取样期内适当监测藻类。

32．B 【解析】根据《环境影响评价技术导则 生态影响》（HJ 19—2022），当工程占地规模大于 20 km^2 时（包括永久和临时占用陆域和水域），评价等级不低于二级；本项目占地小于 20 km^2，且不涉及生态敏感区属于三级评价，三级评价要求图件土地利用现状图，植被类型图，生态保护目标分布图；

33. A　【解析】物种乙的密度=个体数目/样地面积=2/10=0.2（个/m^2）。所有种的密度=个体数目/样地面积=5/10=0.5（个/m^2）。物种乙的相对密度=一个种的密度/所有种的密度×100=0.2/0.5×100=40%。

34. B

35. C　【解析】相对距离在 800～1 600 m，可作为远景，中等敏感。

36. D　【解析】湖泊中高等植物群落平均鲜重生物量为 100 g/（0.5 m×0.5 m）= 400 g/m^2。

37. A　【解析】当 $DO_j \geqslant DO_s$，则有 $S_{DO}=|DO_f-DO_j|/|DO_f-DO_s|$［式中：DO 为溶解氧；$S_{DO,j}$ 为 DO 的标准指数；DO_f 为某水温、气压条件下的饱和溶解氧浓度，mg/L，计算公式常采用 $DO_f=468/(31.6+t)$，t 为水温，℃；DO_j 为在 j 点的溶解氧实测统计代表值，mg/L；DO_s 为溶解氧的评价标准限值，mg/L］，如题中数据代入上式，$DO_f=468/(31.6+22)=8.7$。$D_{DO,j}=(8.7-8)/(8.7-6)\approx 0.26$。

38. C　【解析】根据经验排污系数法公式：某污染物的排放总量为单位产品某污染物的排放定额乘以产品总产量，因此，100 g/t×6 t=600 g=0.6 kg，污染物排放总量的单位是 kg/a；该题没有用水量指标，排污系数是一个干扰条件，因此，正确答案为 0.6 kg/a。

39. A　【解析】距左岸距离差值分别为 20 m、30 m、50 m、100 m；BOD 监测值在横向上差值分别为 1、1、4、3，而 BOD 计算值在横向上差值分别为 1.5、1.5、1.5、4，BOD 监测值与 BOD 计算值的差值分别为 1.5、2、2.5、3，均表现出偏大的趋势。由于横向浓度差异主要是横向混合系数起主导作用，耗氧系数起一定作用，因而横向混合系数偏大。

40. A　【解析】径流模数公式为 $M=1\,000Q/F$（式中：Q 为单位时间通过河流某一断面的水量，m^3/s；F 为流域面积，km^2），表示流域出口断面流量与流域面积的比值，单位是 L/（s·km^2），将题中数据带入，解得 M=2 000 L/（s·km^2）。

41. B　【解析】B 项中背景噪声值是指除研究对象以外所有噪声的总称。

42. A

43. D　【解析】另行选址是最优措施，选址变了，影响也没了。

44. B　【解析】此题在《环境影响评价技术导则　生态影响》附录 C 中有详细的答案。空间结构分析基于景观是高于生态系统的自然系统，是一个清晰的和可度量的单位。景观由斑块、基质和廊道组成，其中基质是景观的背景地块，是景观中一种可以控制环境质量的组分。因此，基质的判定是空间结构分析的重要内容。判定基质有 3 个标准，即相对面积大、连通程度高、有动态控制功能。

45. B 【解析】此题在教材中能找到答案，但如果有一些遥感影像的常识，也会知道选择B。

46. D 【解析】缩小作业带宽度，也就是减少占地面积，对植被影响就小了。

47. D

48. B 【解析】包气带是指位于地球表面以下、潜水面以上的地质介质。有时人们也把包气带称为非饱和区，但是这两个概念的含义不完全相同。

49. B 【解析】固定污染源烟气在线监测系统（CEMS）采样口应优先选择垂直管段和烟道负压区。

50. C 【解析】《环境影响评价技术导则 地表水环境》（HJ 2.3—2018）7.6.3表4河流数学模型适用条件中，纵向一维模型适用条件为沿程横断面均匀混合。

51. A 【解析】《环境影响评价技术导则 土壤环境（试行）》7.3.2.2，“评价工作等级为一级的建设项目应参照表C.2填写土壤剖面调查表。”

52. A 【解析】根据《建设项目环境风险评价技术导则》附录F，当裂口形状为圆形取1.0，三角形取0.95，长方形取0.90。

53. D 【解析】《环境影响评价技术导则 土壤环境（试行）》8.1.4，“土壤环境影响分析可定性或半定量地说明建设项目对土壤环境产生的影响及趋势。”

54. C 【解析】《环境影响评价技术导则 土壤环境（试行）》附录E.1.2，“可通过工程分析计算土壤中某种物质的输入量；涉及大气沉降影响的，可参照 HJ 2.2 相关技术方法给出。”

55. D

二、不定项选择题

1. ABCD 2. ABCD 3. ABD

4. BCD 【解析】无组织排放分布涉及空间的概念，在工艺流程及产污节点图上只能标出无组织排放的位置，分布则很难看出。

5. ABCD 6. ABCD 7. ACD

8. ABCD 【解析】此题比较简单，复习时对每一种方法的主要原理要理解。

9. AC 【解析】B项采用的是一维模型，D项采用的是一维稳态模式。

10. ABC 【解析】扩建项目工程分析时除了应说明扩建项目的工程情况外，原矿山存在的环境问题也应交代，原矿山的渣场就是其中的环境问题之一。

11. ABD 12. ABCD

13. BD 【解析】废水COD含量较高，是高浓度有机废水，负荷大，不能直接使用好氧处理，需要经过厌氧处理，将其中的大分子转变为小分子，降低COD浓度，从而提升其BOD/COD值，提高生化性，为好氧处理打下基础。厌氧处理一般不单独使用，而是和好氧工艺组合使用，厌氧工艺在好氧工艺之前，B、D 正确。

14. ABCDE 【解析】根据 HJ 169—2018 中的 10.3.1“按照国家、地方和相关部门要求，提出企业突发环境事件应急预案编制或完善的原则要求，包括预案适用范围、环境事件分类与分级、组织机构与职责、监控和预警、应急响应、应急保障、善后处置、预案管理与演练等内容。”

15. ACD 【解析】根据《固体废物污染环境防治法》，处置是指将固体废物焚烧或用其他改变固体废物的物理、化学、生物特性的方法，达到减少已产生的固体废物数量、缩小固体废物体积、减少或者消除其危险成分的活动，或者将固体废物最终置于符合环境保护规定要求的填埋场的活动。选项 B 只能算是处理。

16. ACD 【解析】除化学需氧量、生化需氧量、总氮、氨氮和悬浮物外，其他指标都是每年测定一次。

17. ABC D 18. ABCD 19. ABCD

20. CD 【解析】地下水按埋藏条件分为包气带水、潜水、承压水；按含水介质类型分为孔隙水、裂隙水、岩溶水。

21. ABD 22. ABCD 23. AB

24. ABC 【解析】HJ 2.3—2018 E.1 混合过程段长度估算公式：

$$L_{\mathrm{m}}=0.11+0.7\left[0.5-\frac{a}{B}-1.1\left(0.5-\frac{a}{B}\right)^{2}\right]^{1/2}\frac{uB^{2}}{E_{y}}$$，位于河流中心线同侧的排污口，距离岸边距离越近，混合段长度越短。$a=0$ m，$L_0=0.11+0.33\frac{uB^2}{E_y}$；$L_1=0.11+0.7\frac{uB^2}{E_y}$，因此，距离两侧岸边距离相同时 L 值相同。

25. ABC 【解析】根据 HJ 2.3—2018 的 7.10.1.1，河流、湖库设计水文条件要求：a）河流不利枯水条件宜采用 90%保证率最枯月流量或近 10 年最枯月平均流量；流向不定的河网地区和潮汐河段，宜采用 90%保证率流速为零时的低水位相应水量作为不利枯水水量；湖库不利枯水条件应采用近 10 年最低月平均水位或 90%保证率最枯月平均水位相应的蓄水量，水库也可采用死库容相应的蓄水量。其他水期的设计水量则应根据水环境影响预测需求确定。

26. ABCD 【解析】根据 HJ 2.3—2018 的 9.2.5，对于建设项目引起的水温变化可能对农业、渔业生产或鱼类繁殖与生长等产生不利影响，应提出水温影响减缓措施。对产生低温水影响的建设项目，对其取水与泄水建筑物的工程方案提出环保优化建议，可采取分层取水设施、合理利用水库洪水调度运行方式等。对产生温排水影响的建设项目，可采取优化冷却方式减少排放量，可通过余热利用措施降低热污染强度，合理选择温排水口的布置和形式，控制高温区范围等。

27．ABCD　28．BCD　29．ABD　30．CD　31．ABC

32．BC　【解析】石灰石—石膏法、炉内喷钙法属于为控制 SO_2 排放采用的脱硫措施；熔融盐吸收法是 NO_x 排放的控制技术。

33．ABCE

34．ABD　【解析】A 项错误，袋式除尘器的除尘效率可达 99%以上；B 项错误，完全燃烧产生的烟尘和粉尘等颗粒物比不完全燃烧产生的少；D 项错误，一般的除尘技术不能达到《火电厂大气污染物排放标准》和《水泥厂大气污染物排放标准》的排放要求，故通常采用高效电除尘或布袋除尘器。

35．B　【解析】体积分数大于 0.5%时优先选用冷凝法处理。

36．ABC　37．AB　38．AB　39．ABC

40．ACD　【解析】声波频率是反映声音自身的特点。

41．ABC　42．ABCD　43．ACD　44．ABD　45．ABCD

46．ABCD　【解析】引水式电站是利用人工水渠，将水流引到较远的与下游河道有较大落差的地方，在那里修建电站，利用水流落差发电。生态需水量应该是特定区域内生态系统需水量的总称，包括生物体自身的需水量和生物体赖以生存的环境需水量，生态需水量实质上就是维持生态系统生物群落和栖息环境动态稳定所需的用水量。

47．AD　48．BCD　49．AC

50．CD　【解析】根据《中华人民共和国河道管理条例》第二十四条，在河道管理范围内，禁止修建围堤、阻水渠道、阻水道路；种植高秆农作物、芦苇、杞柳、荻柴和树木（堤防防护林除外）；设置拦河渔具；弃置矿渣、石渣、煤灰、泥土、垃圾等。

51．ABCDE　【解析】根据 HJ 964—2018 的 7.4.2.1 和 7.4.2.3，“土壤环境现状监测点布设应根据建设项目土壤环境影响类型、评价工作等级、土地利用类型确定。”“生态影响型建设项目应根据建设项目所在地的地形特征、地面径流方向设置表层样监测点。”

52．CD　53．BD

54．BCD　【解析】根据 HJ 964—2018 的 9.1.1，“土壤环境保护措施与对策应包括：保护的对象、目标，措施的内容、设施的规模及工艺、实施部位和时间、实施的保证措施、预期效果的分析等，在此基础上估算（概算）环境保护投资，并编制环境保护措施布置图。”

55．ABCD　【解析】根据 HJ 964—2018 的 E.1.2:

“单位质量土壤中某种物质的增量可用下式计算：

$$\Delta S = n\left(I_S - L_S - R_S\right) / \left(\rho_b \times A \times D\right)$$

式中：ΔS —— 单位质量表层土壤中某种物质的增量，g/kg;

表层土壤中游离酸或游离碱浓度增量，mmol/kg;

I_S——预测评价范围内单位年份表层土壤中某种物质的输入量，g;

预测评价范围内单位年份表层土壤中游离酸、游离碱输入量，mmol;

L_S——预测评价范围内单位年份表层土壤中某种物质经淋溶排出的量，g;

预测评价范围内单位年份表层土壤中经淋溶排出的游离酸、游离碱的量，mmol;

R_S——预测评价范围内单位年份表层土壤中某种物质经径流排出的量，g;

预测评价范围内单位年份表层土壤中经径流排出的游离酸、游离碱的量，mmol;

ρ_b——表层土壤容重，kg/m^3;

A——预测评价范围，m^2;

D——表层土壤深度，m。一般取 0.2 m，可根据实际情况适当调整;

n——持续年份，a。”

参考文献

[1] 生态环境部．环境影响评价工程师职业资格考试大纲（2023 年版）[M]．北京：中国环境出版集团，2023.

[2] 生态环境部环境工程评估中心．环境影响评价技术方法（2023 年版）[M]．北京：中国环境出版集团，2023.

[3] 环境保护部．建设项目环境影响评价技术导则　总纲：HJ 2.1—2016[S]．北京：中国环境出版社，2017.

[4] 生态环境部．环境影响评价技术导则　大气环境：HJ 2.2—2018[S]．北京：中国环境出版集团，2018.

[5] 生态环境部．环境影响评价技术导则　地表水环境：HJ 2.3—2018[S]．北京：中国环境出版集团，2019.

[6] 环境保护部．环境影响评价技术导则　地下水环境：HJ 610—2016[S]．北京：中国环境出版社，2016.

[7] 生态环境部．环境影响评价技术导则　声环境：HJ 2.4—2021[S]．北京：中国环境出版集团，2021.

[8] 生态环境部．环境影响评价技术导则　生态影响：HJ 19—2022[S]．北京：中国环境出版集团，2022.

[9] 生态环境部，环境影响评价技术导则　土壤环境（试行）：HJ 964—2018[S]．北京：中国环境出版集团，2019.

[10] 生态环境部．规划环境影响评价技术导则　总纲：HJ 130—2019[S]．北京：中国环境出版集团，2020.

[11] 生态环境部．建设项目环境风险评价技术导则：HJ 169—2018[S]．北京：中国环境出版集团，2019.